普通高等教育"十二五"规划教材

高分子化学
简明教程

熊联明　编著

化学工业出版社

·北京·

本书是一本简明的高分子化学基础教材。全书系统讲述了高分子化合物的合成原理及其化学反应，简要介绍了重要聚合物的合成方法、结构、性能与应用。共分六章，包括绪论、逐步聚合反应、连锁聚合反应、连锁聚合实施方法、开环聚合反应和聚合物的化学反应。每章后附有集知识性与趣味性于一体的小知识和小故事，对各章要点进行了归纳与总结，且编有精选的习题与思考题。

本书可作为工科、理科、师范大学的化学、化工、应用化学、材料、轻工、环境等专业学生的教材，也可供从事高分子化学研究、应用和生产的相关专业技术人员参阅。

图书在版编目（CIP）数据

高分子化学简明教程/熊联明编著 . —北京：化学工业出版社，2010.2（2024.7重印）

普通高等教育"十二五"规划教材

ISBN 978-7-122-07474-4

Ⅰ . 高… Ⅱ . 熊… Ⅲ . 高分子化学-教材

Ⅳ . O63

中国版本图书馆 CIP 数据核字（2009）第 243836 号

责任编辑：刘俊之　　　　　　　　文字编辑：李　玥
责任校对：陶燕华　　　　　　　　装帧设计：关　飞

出版发行：化学工业出版社（北京市东城区青年湖南街 13 号　邮政编码 100011）
印　　装：涿州市般润文化传播有限公司
787mm×1092mm　1/16　印张 10½　字数 257 千字　2024 年 7 月北京第 1 版第 8 次印刷

购书咨询：010-64518888　　　售后服务：010-64518899
网　　址：http：//www.cip.com.cn
凡购买本书，如有缺损质量问题，本社销售中心负责调换。

定　　价：35.00 元

前　言

今天，人类已经进入了高分子时代，可以说高分子无处不在，人们生活在高分子的世界里。高分子科学与技术的发展极为迅猛，对其他科学技术的影响愈来愈大，已成为一门极具广阔发展空间的新兴学科。高分子化学是高分子科学的基础，与四大化学并列，成为第五大化学，并与物理、工程、材料、生物乃至药物等许多学科广泛交叉和综合。高分子化学已成为化学、化工、材料、轻工等众多系科学生必修的基础课程。

本书是一本简明的高分子化学基础教材，集中了作者20多年的高分子教学、科研和生产经验，强调基本概念，重视理论联系实际，力求做到取材新颖、文字通俗、深入浅出、简单明了。在各章后附有集知识性与趣味性于一体的小知识和小故事，以增加学生的学习兴趣，扩大知识面。对各章要点进行了归纳与总结，且编有精选的习题与思考题。

本书内容详简得当，由浅入深，符合学生认知规律，系统性和逻辑性强。按化学课程的体系，有机化学和物理化学是高分子化学的基础，因此，本书以聚合反应机理和聚合反应动力学为主线，并贯穿全书。在绪论之后，依次讲述逐步聚合反应、连锁聚合反应、连锁聚合实施方法、开环聚合反应和聚合物的化学反应。自由基聚合、离子聚合、配位聚合同属连锁聚合范畴，并为一章讲述更为合理。逐步聚合、自由基聚合、连锁聚合实施方法和聚合物的化学反应内容比较成熟，作为本书重点，对尚有争议和处于发展中的理论（如离子聚合、开环聚合），只作基本介绍，未作深入论述。

本书编写注意汲取国内外诸多同类教材之精华，尤其参阅和引用了书末所列著作与文献。研究生郭亮、陈小飞协助完成了大量文字打印与图表绘制工作，并协助整理了部分"知识窗"的有关资料。在此一并致谢。

由于作者水平有限，不足之处在所难免，敬请读者指正。

编著者
2009 年 11 月

目　录

第1章

绪　　论

1.1　现代生活中的高分子材料

材料是现代文明和技术进步的基石。历史学家常用材料作为历史阶段划分的标志，如石器时代、青铜时代、铁器时代等，可见材料在人类社会发展中的重要地位和作用。

自 20 世纪 30 年代以来，高分子科学与技术的发展极为迅猛。高分子材料特别是合成高分子材料由于其具有的优异性能，已在信息、生命等新技术领域，以及工业、农业、国防、交通等部门发挥着重要作用。

高分子材料占飞机总重的约 65%，占汽车总重的约 18%，体积则远远超过金属。

没有合成橡胶用于制备轮胎，就没有现代汽车工业。不仅仅是橡胶轮胎，汽车中的很多部件都来自高分子材料。让我们来解剖一下一款德国"宝马 3"系列轿车，看看哪些部分是由高分子制造的：保险杠、蓄电池壳、仪表壳、挡泥板、发动机罩、空调系统制件、空滤器壳、水箱的材质是 PP 的；坐椅、仪表板、轴地板、减震器、护板的材质是 PUR 的，收音机壳、工具箱、扳手、散热格板、变速箱壳、反射镜壳体是 PC/ABS 合金的；油箱、行李架、刮水器是 PE 的；气门罩、排气管、车身侧面护板是聚酯合金的；散热器盖、衬套、齿轮、皮带轮、水泵叶轮是 PA 的；电缆电线包材、地板垫是 PVC 的；燃油泵、电气设备系统、各种轴承、衬套是 POM 的；遮阳罩、灯罩是 PMMA 的；嵌板、耐冲击格栅是 PPO的；化油器是 PE 的。在汽车工业领域中大量使用塑料零配件替代各种昂贵的有色金属及合金材料，不仅提高了汽车造型的美观与设计的灵活性，降低了零部件的加工、装配与维修费用，还有利于节能和环保。

回顾近年来信息工业和微电子工业的飞速发展，无一不是以电子高分子材料的发展为依托的。没有高分辨光刻胶和塑封树脂的发展就不可能有超大规模集成电路的成功，即今天的计算机技术；没有有机光缆和光信息存储材料的出现，也就不可能有信息高速公路的发展。

高分子材料在现代生活，特别是在人们衣食住行方面的应用更是不胜枚举，如果说我们生活在高分子的世界里，是一点也不为过的。

早晨起床洗漱时，所用的牙刷、水杯是塑料的，它们是高分子的材料，既轻巧又方便；准备早餐时，用不粘锅煎鸡蛋，之所以不粘锅底，是因为锅底的表面涂了一层叫聚四氟乙烯的高分子材料；用微波炉热食物，盛装食品的碗、碟是一种叫聚丙烯的高分子材料制成的；厨房里的很多物件，如调味盒、果汁瓶、洗菜盆、保鲜膜等，都是用高分子材料制造的；即使在冬季，也可以看到黄瓜、西红柿等新鲜蔬菜甚至西瓜等夏季水果，这都是"塑料大棚"的功劳。

而衣着方面，有些外套是化纤的，或是毛涤混纺的，裤子是含高弹性莱卡纤维的，或者尼龙或氨棉的，皮鞋或运动鞋的鞋底是聚氨酯的，这些都来自于高分子材料。

家居建材中，塑钢门窗、窗纱、排进水管道、遮阳棚等，也是由高分子材料制造的；室内的墙壁、冰箱，家具处处都有高分子涂料的踪影；走出室外，大楼、汽车、广告牌、路标、警示牌、信号牌也都被涂料装饰。

还有塑料拼装玩具、一次性医疗用品、婴儿尿不湿等等，高分子在现代生活中的应用随处可见。就连自己的肌体其实除了 60% 的水外，剩下的 40% 的一半以上也是蛋白质、核酸等天然高分子，也属于高分子科学的研究范畴。可以毫不夸张地说，如果没有高分子，就不会有世界和生命。

1.2 高分子科学的发展概况

人类直接利用天然高分子，可以追溯到远古时期，比如利用纤维素造纸、利用蛋白质缫丝和鞣革、利用生漆作涂料和利用动物胶作墨的黏合剂等。

但人工合成高分子化合物则是 20 世纪才开始的。

高分子材料的发展大致经历了三个时期，即天然高分子的利用与加工、天然高分子的改性与加工、高分子的工业生产（高分子科学的建立）。

人类很早就开始利用天然高分子，特别是纤维、皮革和橡胶。例如，中国商朝时蚕丝业就已极为发达，汉唐时期丝绸已行销国外，战国时期纺织业也很发达。公元 105 年（东汉）中国已发明造纸术。至于用皮革、毛裘作为衣着和利用淀粉发酵的历史就更为久远了。

由于工业的发展，天然高分子已远远不能满足人们的需要，19 世纪中叶以后，人们发明了加工和改性天然高分子的方法，如用天然橡胶经过硫化制成橡皮和硬质橡胶；用化学方法使纤维改性为硝酸纤维，并用樟脑作为增塑剂制成赛璐珞、假象牙等，用乳酪蛋白经甲醛塑化制成酪蛋白塑料。这些以天然高分子为基础的塑料在 19 世纪末，已经具有一定的工业价值。20 世纪初，又开始了醋酸纤维的生产。后来合成纤维工业就在天然纤维改性的基础上建立和发展起来了。

高分子合成工业是在 20 世纪建立起来的。第一种工业合成的产品是酚醛树脂，它是 1872 年用苯酚和甲醛合成的，1907 年开始小型工业生产，首先用作电绝缘材料，并随着电器工业的发展而迅速发展起来。20 世纪 30 年代开始进入合成高分子时期。第一种热塑性高分子——聚氯乙烯及相继出现的聚苯乙烯、聚甲基丙烯酸甲酯（有机玻璃）等，都是在这个时期相继开始进行工业生产的。20 世纪 30 年代到 40 年代，合成橡胶工业与合成纤维工业也发展起来。20 世纪 50 年代到 60 年代高分子工业的发展突飞猛进，几乎所有大品种的高分子材料（包括有机硅等）都陆续投入了生产。一门崭新的学科——高分子科学也随之建立和发展起来。

虽然在 19 世纪的中后期人们已经知道对天然高分子进行改性，典型的例子如天然橡胶的硫化成功（1839 年），由硝酸纤维素和樟脑制得的赛璐珞塑料（1855 年），以及人造丝的发明（1883 年）。

然而真正从小分子出发合成高分子化合物是从酚醛树脂开始的，接着 1912 年出现了丁钠橡胶。

1920 年，德国人施陶丁格（H. Staudinger）发表了划时代的文献——《论聚合》，提出了"高分子"、"长链大分子"的概念。他预言了一些含有某些官能团的有机物可以通过官能团间的反应而聚合，比如聚苯乙烯、聚甲醛等，后来都得到了证实。

但在 1926 年的"自然科学研究者"会议（德国）上，大家都主张纤维素是低分子，只有施陶丁格孤军奋战。4 年之后，在法兰克福（德国）召开的"有机化学与胶体化学"年会上，"高分子"学说终于取得了胜利。施陶丁格的学说在 1932 年法拉第学会上得到公认。

施陶丁格是高分子科学的奠基人，为了表彰他的杰出贡献，1953 年 72 岁的他登上了诺贝尔化学奖的领奖台。

一旦高分子学说被确立起来，便有力促进了高分子合成工业的发展。

20 世纪的 20 年代末和 30～40 年代，大量的重要的新聚合物被合成出来，比如：

醇酸树脂（1927）；	聚醋酸乙烯酯（1929）、脲醛树脂（1929）；
聚苯乙烯（1933）；	聚氯乙烯（1935）；
尼龙-66（1935）；	聚甲基丙烯酸甲酯（1936）；
聚乙烯醇缩甲醛（1936）；	尼龙-6（1938）；
高压聚乙烯（1939）；	聚偏氯乙烯（1939）；
丁基橡胶（1940）；	涤纶（1941）；
不饱和聚酯（1942）；	聚氨酯（1943）；
环氧树脂（1947）；	聚丙烯腈（1948）；
ABS（1948）等。	

到了 20 世纪 50 年代，德国的齐格勒（Ziegler）和意大利的纳塔（Natta）发明了新的催化剂，使乙烯的低压聚合制备高密度聚乙烯（1954）和丙烯的定向聚合制备全同聚丙烯（1957）实现工业化，这是高分子科学史上又一个里程碑。

1963 年齐格勒和纳塔分享了当年的诺贝尔化学奖。

此后，新的高效催化剂的问世，使聚乙烯、聚丙烯的生产更大型化，价格更便宜。

顺丁橡胶（1958）、异戊橡胶（1959）和乙丙橡胶（1960）等弹性体获得了大规模的发展，同时聚碳酸酯（1958）、聚甲醛（1959）、聚酰亚胺（1963）、聚亚砜（1965）、聚苯醚（1965）、聚苯硫醚（1968）等工程塑料相继问世，各种新的高强度、耐高温等高分子材料层出不穷，所以从这一时期开始高分子材料的发展全面走向了繁荣。

高分子合成工业的成就又反过来极大地促进了高分子科学理论的发展。

20 世纪 30 年代，美国化学家 W. H. Carothers 等人建立起了缩聚反应理论。弗洛里（P. J. Flory）在 20 世纪 40～70 年代在缩聚反应理论、高分子溶液的统计热力学和高分子链的构象统计等方面做出了一系列杰出的贡献，进一步完善了高分子学说。弗洛里因此获得了 1974 年的诺贝尔化学奖，成为高分子科学史上的第三个里程碑。

后来法国的德热纳（de Gennes）把现代凝聚态物理学的新概念如软物质、标度律、复杂流体、分形、魔梯、图样动力学、临界动力学等嫁接到高分子科学的研究中来，他的这些概念丰富了高分子学说，使他获得了 1991 年度诺贝尔物理奖。美国的 A. J. Heeger 与 A. G. Mac Diarmid 和日本的白川英树（Shirakawa）因导电高分子方面的特殊贡献获得了 2000 年的诺贝尔化学奖，掺杂聚乙炔的研究和应用成果突破了"合成聚合物都是绝缘体"的传统观念，开创了高分子功能化研究和应用的新领域。

2000 年世界上合成材料的年总产量已达到 2 亿吨（其中塑料 1.63 亿吨、合成橡胶 0.11 亿吨、合成纤维 0.28 亿吨）。塑料的产量增长速度最快（图 1-1），因为塑料有原料多、生产易、成本低、加工快、比强度大、性能好等特点，可以代替部分金属、木材、皮革等传统材料。塑料现在的产量已超过了木材和水泥等结构材料的总产量，合成橡胶的产量也已超过了天然橡胶，而合成纤维的年产量在 20 世纪 80 年代就已达到了棉花、羊毛等天然和人造纤维

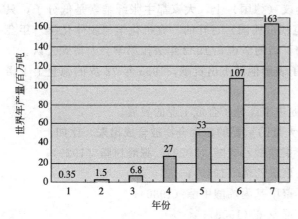

图 1-1　近 60 年来全世界塑料年产量的比较

1—1940 年；2—1950 年；3—1960 年；4—1970 年；

5—1980 年；6—1990 年；7—2000 年

总和的 2 倍。

由于历史的原因，1950 年以前我国的高分子科学和工业几乎是一片空白。当时国内没有一所高等学校设有高分子专业，更没有开设任何与高分子科学与工程相关的课程。当时除上海、天津等地有几家生产"电木"制品（酚醛树脂加木粉热压成型的电器元件等）和油漆的小型作坊外，国内没有一家现代意义的高分子材料生产工厂。

1954～1955 年，国内首批高分子理科专业和工科专业分别在北京大学和成都工学院（后合并为四川大学）相继创立。时至今日，全国各层次高等学校中设置高分子科学、材料与工程专业和开设高分子课程的学校在百所以上，近 50 年来为国家培养了大批高分子专业人才，大大促进了高分子工业的发展。

从 20 世纪 50 年代开始，国内一批中小型塑料、合成橡胶、化学纤维和涂料工厂相继投入生产。20 世纪 60～80 年代是我国高分子材料工业飞速发展的时期，一大批万吨乃至 10 万吨以上级别的大型 PE、PP、PVC、PS、ABS、SBS 以及其他类别的高分子材料生产和加工的大型企业在全国各地相继建成投产。其中，上海金山、南京扬子、江苏仪征、山东齐鲁、北京燕山、湖南岳阳以及天津、兰州、吉林等地已成为我国重要的大型高分子材料生产基地。

今天，我国在高分子科学基础研究、专业技术人才培养以及各种高分子材料的生产数量等方面，已大大缩短了与发达国家的差距，有的已赶上世界先进水平。

我国高分子工业的发展极为迅猛，三大合成材料年产量在世界上的排名分别为：合成纤维第一位，塑料第二位，合成橡胶第四位。

如今，高分子科学已发展成为一门独立的学科，与其他传统学科不同，它既是一门基础学科，又是一门应用科学。目前普遍认为，高分子科学包括以下学科领域与研究范畴：高分子化学、高分子物理、高分子工艺与工程学和功能高分子。在化学一级学科中，高分子与无机、有机、分析、物理化学并列为二级学科；而在应用性的材料科学中，高分子材料与金属材料和无机非金属材料共同组成最重要的三个领域。

学好高分子化学是学习其他高分子相关学科的基础。有报道称，近年来，美国化学工作者中大约 1/2 正在从事与高分子相关的研究、生产和应用开发工作。由此可见，高分子科学在现代化学中具有重要地位和发展前景。目前普遍认为，21 世纪是生命科学、信息科学、新材料科学和环境科学最受关注、蓬勃发展的时期。毋庸置疑，高分子科学作为一门新兴的材料学科，特别是高分子功能材料与生命科学的相互渗透已经开始显现出诱人的发展前景。

1.3 高分子的基本概念

什么是高分子？简言之，高分子就是那些相对分子质量特别大的物质。

常见的分子，我们称其为"小分子"，一般由几个或几十个原子组成，相对分子质量在几十到几百之间。如水的相对分子质量为 18，二氧化碳的相对分子质量为 44。高分子则不同，它的相对分子质量至少要大于 1 万。高分子物质的分子一般由几千、几万甚至几十万个原子组成，其相对分子质量也就以几万、几十万甚至以亿来计算。高分子的"高"就是指它的相对分子质量高。

通常的划分即为：相对分子质量低于约 1000 的称为低分子，相对分子质量高于约 1 万的称为高分子（polymer），相对分子质量介于高分子与低分子之间的称为低聚物（oligomer，又称齐聚物，一般 DP<10）。一般高分子的相对分子质量为 $10^4 \sim 10^6$，大于这个范围的又称为超高相对分子质量聚合物。

英文的"高分子"主要有两个词，即 polymer 和 macromolecule。前者又可译作聚合物或高聚物，后者又可译作大分子。这两个词虽然常混用，但仍有一定区别：前者通常是指有一定重复单元的合成产物，一般不包括天然高分子，而后者指相对分子质量很大的一类化合物，包括天然和合成高分子，也包括无一定重复单元的复杂大分子。

通常将生成高分子的那些低分子原料称为"单体"（monomer）。

高分子是链式结构。构成高分子的骨架结构，以化学键结合的原子集合，叫"主链"。最常见的是碳链，偶尔有非碳原子杂入，如杂入的 O、S、N 等原子。

于是，连接在主链原子上的原子或原子集合，被称为"支链"。支链可以较小，称为"侧基"；可以较大，称为"侧链"。

高分子物质有个共同的结构特性，即都是由简单的基本单元以重复的方式连接而成的。

将大分子链上化学组成和结构均可重复的最小单位称为"重复结构单元"或简称"重复单元"，也被称为"链节"，高分子的结构式常用 $\overline{}$链节$\overline{}_n$ 表示，n 为链节的数目。由 1 个单体分子通过聚合反应而进入聚合物重复单元的那一部分叫做"结构单元"。组成高分子链的基本结构单元，通常与形成高分子的原料相联系，所以又称"单体单元"。

显而易见，由 1 种单体聚合而成的聚合物（均聚物）的重复单元也就是结构单元。由 2 种或 3 种单体聚合而成的聚合物（共聚物）的重复单元则由 2 个或 3 个结构单元构成。

聚合物分子链上，结构单元即单体单元的数目叫"聚合度"，常用符号 DP（degree of polymerization）表示。也可以用 x 或 p 表示。

下面以具体例子来解释这些基本概念。例如：

$$H_2C = CH_2$$
$$nH_2C = CH_2 \longrightarrow \overline{}CH_2CH_2\overline{}_n$$

低分子单体　　　　　　高分子

可以把一个乙烯分子想象为一个小孩，有空闲的两只手（·CH_2CH_2·），许多小孩相互拉起来，就会形成一个很长的队列。

这一队列就是高分子链，其中每个小孩就是一个单体单元，在这里也是结构重复单元或链节，而小孩的数目就是聚合度。

要特别注意单体单元和结构重复单元的异同。

如果高分子是由一种单体聚合而成的，其结构重复单元就是单体单元。如聚氯乙烯 $\overline{}CH_2-CH\overline{}_n$（下标 Cl）的结构重复单元和单体单元都是—$CH_2CHCl$—，聚合度 DP=$n$。

如果高分子是由两种或两种以上单体缩聚而成的，其结构重复单元则由不同的单体单元组成。如尼龙 $\overline{}NH(CH_2)_6NHCO(CH_2)_4CO\overline{}_n$ 的结构重复单元是—$NH(CH_2)_6NHCO$

$(CH_2)_4CO$—，而单体单元分别是—$NH(CH_2)_6NH$—和—$CO(CH_2)_4CO$—两种，聚合度 DP＝$2n$。

$$nHOOC(CH_2)_4COOH + nH_2N(CH_2)_6NH_2 \Longrightarrow$$
$$HO{\fbox{$OC(CH_2)_4CONH(CH_2)_6NH$}}_n H \ + (2n-1)H_2O$$

除了少数天然高分子如蛋白质、DNA 等外，高分子化合物的相对分子质量是不均一的，实际上是一系列同系物的混合物，这种性质称为"多分散性"。因此，其相对分子质量实质上都是指"平均相对分子质量"。

由于统计平均方法的不同，可以有四种不同的平均分子质量，即数均分子量、重均分子量、Z 均分子量和黏均分子量。

例如体系中相对分子质量为 M_1，M_2，M_3，$\cdots$，M_n，同系物的分子数为 N_1，N_2，N_3，$\cdots$，N_n，则数均分子量是以高分子的分子数为统计单元，可由下式计算：

$$\overline{M}_n = \frac{N_1M_1 + N_2M_2 + N_3M_3 + \cdots + N_nM_n}{N_1 + N_2 + N_3 + \cdots + N_n}$$
$$= \frac{\sum N_iM_i}{\sum N_i} \tag{1-1}$$

如果以高分子的质量作为统计单元，可以得到另一种平均值，称为重均分子量，计算式如下：

$$\overline{M}_w = \frac{w_1M_1 + w_2M_2 + w_3M_3 + \cdots + w_nM_n}{w_1 + w_2 + w_3 + \cdots + w_n}$$
$$= \frac{\sum w_iM_i}{\sum w_i} \tag{1-2}$$

$$w_i = N_iM_i$$

$$\overline{M}_w = \frac{\sum N_iM_i^2}{\sum N_iM_i} \tag{1-3}$$

照此类推，Z 均分子量无明确的物理含义，是以 $N_iM_i^2$ 为统计单元，熔体的弹性更依赖于 $\overline{M}_z$：

$$\overline{M}_z = \frac{\sum N_iM_i^3}{\sum N_iM_i^2} \tag{1-4}$$

黏均分子量也无明确的物理含义，从字面上可以近似地理解为"采用黏度法测定"的平均相对分子质量：

$$\overline{M}_v = \left[\frac{\sum N_iM_i^{a+1}}{\sum N_iM_i} \right]^{1/a} \tag{1-5}$$

一般线形高分子的 a 介于 0.5～1.0 之间，所以 $\overline{M}_n < \overline{M}_v < \overline{M}_w$。

多分散性可用多分散性系数 d 来定量地表征，当相对分子质量完全均一时，$d=1$，相对分子质量分布越宽，d 值越大。

$$d = \overline{M}_w / \overline{M}_n \tag{1-6}$$

多分散性可以进一步用相对分子质量分布曲线（即各级质量分数-相对分子质量作图）来更准确地体现。

从图 1-2 可见高分子的相对分子量分布情况和各种平均分子质量在分子质量分布曲线上的位置（黏均分子量因 a 值的不同存在一个范围）。

可见，$\overline{M}_n < \overline{M}_v < \overline{M}_w < \overline{M}_z$。

只有当相对分子质量完全均一时它们才全部相等。

聚合物中低分子量部分对 $\overline{M}_n$ 影响较大，而高分子量部分对 $\overline{M}_w$ 影响较大。

一般情况下，用 $\overline{M}_w$ 来表征高聚物比用 $\overline{M}_n$ 更恰当，因为其性能更多地依赖于较大的分子。

平均分子质量和分子质量分布是控制聚合物性能的重要指标。橡胶一般相对分子量较高，为了便于成型，要预先进行炼胶以减少相对分子质量至 $2×10^5$ 左右；合成纤维的相对分子质量通常为几万，否则不易流出喷丝孔；塑料的相对分子质量一般介于橡胶与纤维之间。

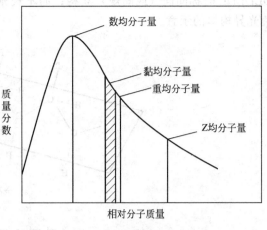

图 1-2　相对分子质量分布曲线

相对分子质量分布对不同用途和成型方法有不同的要求，如合成纤维要求窄，而吹塑成型的塑料则宜宽一些。

由于聚合物相对分子质量及其分布很大程度上取决于聚合反应机理和条件，因此通过选择适当的聚合方法和工艺，就能获得符合要求的聚合物。

1.4 高分子结构的一般特点

由于高分子的分子链很庞大且组成可能不均一，所以高分子的结构很复杂。整个高分子结构是由四个不同层次组成，分别称为一级结构和高级结构（包括二级、三级和四级结构）。

1.4.1 一级结构

高分子链的一级结构是指单个大分子内与基本结构单元有关的结构，包括结构单元的化学组成、键接方式、构型、构造以及共聚物的序列。

(1) 键接方式　单烯类单体聚合时，可能出现两种键接方式，一种是头尾键接，一种是头-头（或尾-尾）键接。

由于位阻效应和端基活性物种的共振稳定性两方面的原因，一般聚合物以头-尾键接占多数。

$$H_2C\!=\!CHR \longrightarrow -CH_2-CH-CH_2-CH- \qquad (头\text{-}尾)$$
$$\underset{\displaystyle R}{ } \qquad \underset{\displaystyle R}{}$$

$$或 \quad -CH_2-CH-CH-CH_2- \qquad (头\text{-}头)$$

(2) 构型　构型是指分子中由化学键所固定的原子在空间的排列。这种排列是稳定的，要改变构型，必须经过化学键的断裂和重组。

有两类构型不同的异构体，即旋光异构体和几何异构体。

结构单元为 $-CH_2CHR-$ 型单烯类高分子中，每一个结构单元有一个不对称碳原子，因而每一个链节就有 D 型和 L 型两种旋光异构体。若将 C—C 链放在一个平面上，则不对称碳原子上的 R 和 H 分别处于平面的上侧或下侧。当取代基全部处于平面的一侧，即序列为 DDDD（或 LLLL）时称全同（或等规）立构；相间地分布于平面的上下两侧，即序列为

DLDLDL 时称间同（或间规）立构；而不规则分布时则称无规立构。图 1-3 列出三类不同旋光异构体的示意。

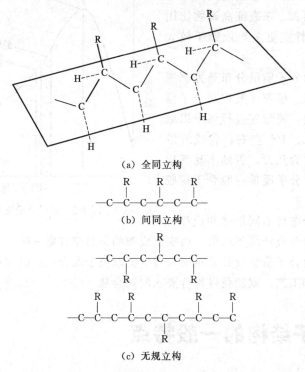

（a）全同立构

（b）间同立构

（c）无规立构

图 1-3　三类不同旋光异构体的示意

双烯类高分子主链上存在双键，由于取代基不能绕双键旋转，因而双键上的基团在双键两侧排列方式不同而有顺式构型和反式构型之分，所以称几何异构体。

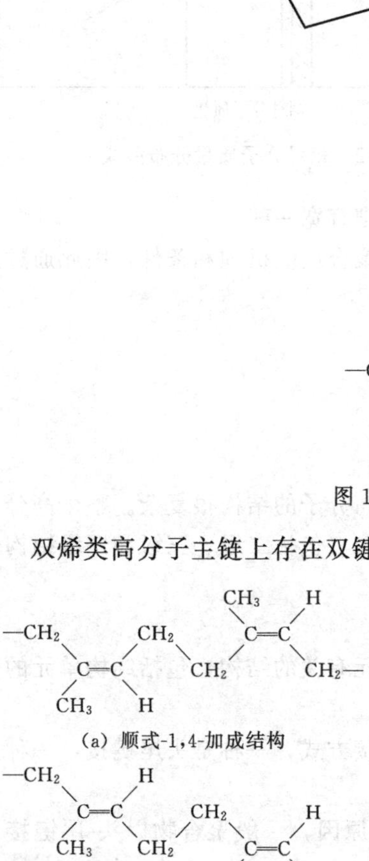

（a）顺式-1,4-加成结构

（b）反式-1,4-加成结构

图 1-4　两种加成结构的不同形式

通常反式结构重复周期较短，比较规整，易于结晶，在室温下是弹性很差的塑料；顺式结构则重复周期较长，不易于结晶，是室温下弹性很好的橡胶。

聚 1,4-异戊二烯只有顺式才能成为橡胶（即天然橡胶）。

橡胶树的种类不同，其分子的立体构型也不同。巴西胶含 97％以上的顺式-1,4-加成结构，在室温下是弹性体，最大伸长率可达 1000％；而古塔波胶具有反式-1,4-加成结构，在室温下呈硬固态，不是弹性体。一般天然橡胶指的是前者。如图 1-4 所示。

（3）分子构造　指的是高分子链的几何形状。图 1-5 列出了几种分子构造。

一般高分子链为线形，也有支化或交联结构。

线形高分子的分子间没有化学键结合，在受热或受力时可以互相移动，因而在适当的溶剂中可以溶解，加热时可以熔融，易于加工成型。

交联高分子的分子间通过支链联结起来成为了一个三维空间网状大分子，犹如被五花大绑，高分子链不能动弹，因而不溶解也不熔融，当交联度不大时只能在溶剂中溶胀。

支化高分子的性质介于线形高分子和交联（网状）高分子之间，取决于支化程度。

低密度聚乙烯是支化高分子的例子，热固性塑料是交联高分子，橡胶是轻度交联的高分子。

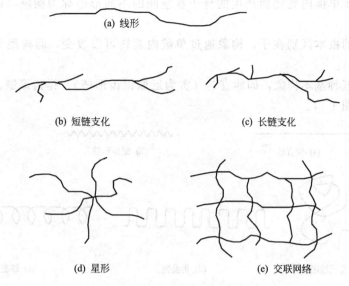

(a) 线形

(b) 短链支化　　(c) 长链支化

(d) 星形　　(e) 交联网络

图 1-5　几种分子构造

（4）共聚物的序列结构　高分子如果由一种单体聚合反应而成，称为均聚物；如果两种以上单体合成，则称为共聚物。

以●、○两种单体的二元共聚物为例，有无规共聚物，交替共聚物，嵌段共聚物和接枝共聚物四类。如图 1-6 所示。

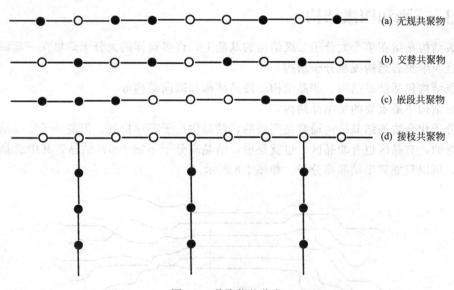

(a) 无规共聚物

(b) 交替共聚物

(c) 嵌段共聚物

(d) 接枝共聚物

图 1-6　共聚物的分类

共聚物的性质一般是均聚物的综合，如 ABS 树脂；有时也有很大差异，例如聚乙烯和聚丙烯都是塑料，但乙丙无规共聚物却是橡胶（称乙丙橡胶），这是因为共聚物破坏了结晶性。

1.4.2　二级结构

指的是若干链节组成的一段链或整根分子链的排列形状。

高分子链由于单键内旋转而产生的分子在空间的不同形态称为构象（或内旋异构体），属二级结构。

构象与构型的根本区别在于，构象通过单键内旋转可以改变，而构型无法通过内旋转改变。

高分子链有五种基本构象，即伸直链（实为近似锯齿形链）、锯齿形链、无规线团、折叠链和螺旋链（图1-7）。

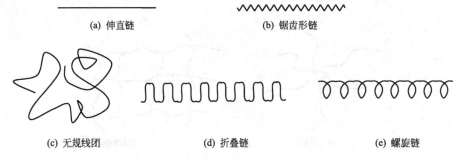

(a) 伸直链　　　　　　　　　　　　　　(b) 锯齿形链

(c) 无规线团　　　　　　(d) 折叠链　　　　　　(e) 螺旋链

图1-7　高分子链的五种基本构象

无规线团是线形高分子在溶液和熔体中的主要形态，这种形态可以想象为煮熟的面条或一团乱毛线。

其中锯齿形链指的是更细节的形状，由碳链形成的锯齿形状可以组成伸直链，也可以组成折叠链，因而有时不把锯齿形链看成一种单独的构象。

1.4.3　三级和四级结构

三级结构是指在单个大分子二级结构的基础上，许多这样的大分子聚集在一起而形成的结构，也叫聚集态结构或超分子结构。

三级结构包括结晶结构、非晶结构、液晶结构和取向结构等。

三级结构中最重要的是结晶结构。

低分子化合物的结晶结构通常是完善的，结晶中分子有序排列。但高分子结晶结构通常是不完善的，有晶区也有非晶区。也就是说，结晶高分子不能100％结晶，其中总是存在非晶部分，所以只能算半结晶高分子。如图1-8所示。

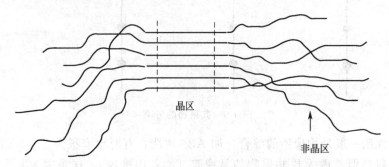

晶区

非晶区

图1-8　半结晶高分子结构

晶区和非晶区两者的比例显著影响着材料的性质。

纤维的晶区较多，橡胶的非晶区较多，塑料居中。结果是纤维的力学强度较大，橡胶较小，塑料居中。

四级结构是指高分子在材料中的堆砌方式。

在高分子加工成材料时往往还在其中添加填料、助剂、颜料等外加成分，有时用两种或以上高分子混合（称为共混）改性。这就形成更为复杂的结构问题。这一层次结构有称为织态结构。

1.5 高分子性质的一般特点

同样，由于高分子的分子量很大，所以其力学性质、热性质、溶解性等与小分子化合物大为不同。

1.5.1 力学性质

低分子一般没有强度，是结晶性的硬固体。

而高分子的性质变化范围很大，从软的橡胶状到硬的金属状，有很好的强度、断裂伸长率、弹性、硬度、耐磨性等力学性质。

高分子的相对密度小（0.91~2.3），因而其比强度可与金属匹敌。

对于无定形聚合物，加热到一定的温度，会由硬而脆的玻璃态转变为高弹态，如果继续加热，则由高弹态转变为黏流态（图1-9）。玻璃态、高弹态和黏流态称为无定形聚合物的力学三态。由玻璃态转变为高弹态的温度称为玻

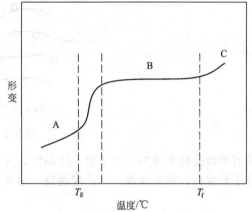

图1-9 形变-温度关系曲线
A—玻璃态；B—高弹态；C—黏流态

璃化温度（T_g）；由高弹态转变为黏流态的温度称为黏流温度（T_f）。T_g 与 T_f 为无定形聚合物的两个重要转变温度。

1.5.2 热塑性

低分子有明确的熔点和沸点，可成为固相、液相和气相。

高分子分热塑性和热固性两类，热塑性高分子加热时在某个温度下软化（或熔融）、流动，冷却后成形；而热固性高分子加热时固化或结成网状结构而成型。

高分子没有气相。虽然大多数高分子的单体可以气化，但形成高分子量的聚合物后直至分解也无法气化。就像一只鸽子可以飞上蓝天，但用一根长绳子拴住一千只鸽子，很难想象它们能一起飞到天上。况且高分子链之间还有很强的相互作用力，更难于气化。

1.5.3 溶解性

低分子溶解很快。但高分子溶解都很慢，通常要放置过夜，甚至数天才能观察到溶解。高分子溶解的第一步是溶胀。由于高分子难以摆脱分子间相互作用而在溶剂中扩散，所以第一步总是体积较小的溶剂分子先扩散进入高分子中使之胀大。

如果是线形高分子，由溶胀会逐渐变为溶解；如果是交联高分子，只能达到溶胀平衡而不溶解。图1-10是高分子与低分子的溶解过程。

因此一般来说，高分子有较好的抗化学性，即抗酸、抗碱和抗有机溶剂的侵蚀。高分子

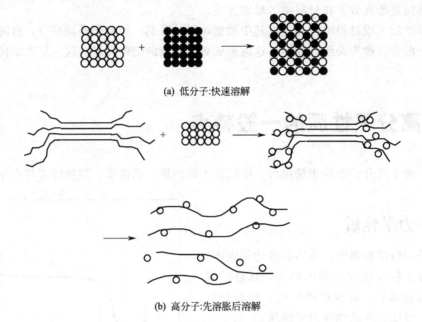

(a) 低分子:快速溶解

(b) 高分子:先溶胀后溶解

图 1-10　高分子与低分子的溶解过程

的溶解性受化学结构、分子量、结晶性、支化或交联结构等的影响，总的来说有如下关系：分子量越高，溶解越难；结晶度越高，溶解越难；支化或交联程度越高，溶解越难。

1.6　高分子的分类与命名

1.6.1　高分子的分类

从不同的角度，有很多种分类方法。高分子最常见的分类方法是按主链结构分类和按用途分类。

(1) 按高分子主链结构分类　按高分子主链结构分类，可分为碳链高分子、杂链高分子、有机元素高分子和无机高分子。

① 碳链高分子。主链完全由碳原子组成。例如大部分烯类聚合物。

② 杂链高分子。主链除碳原子外，还含 O、S、N 等杂原子。例如聚酯、聚酰胺等。

③ 元素有机高分子。主链上没有碳原子，侧基为有机基团。例如硅橡胶 $\left[\begin{array}{c}CH_3\\ | \\ Si-O \\ | \\ CH_3\end{array}\right]_n$。

④ 无机高分子。主链及侧基均无碳原子，如聚二硫化硅 $\left[Si\begin{array}{c}S\\ \diagup \diagdown \\ \diagdown \diagup \\ S\end{array}\right]_n$。

(2) 按用途分类　可分为塑料、橡胶、纤维三大类，如果再加上涂料、黏合剂和功能高分子则有六大类。

① 塑料。在一定条件下具有流动性、可塑性，并能加工成型，当恢复平衡条件时（如降温和降压）则仍能保持加工时形状的高分子材料。有热塑性和热固性两类。热塑性塑料可溶、可熔，并在一定条件下可以反复加工成型，如 PE、PP、PVC；热固性塑料则不溶、不

熔，形成的材料在再次受热受压下不能反复加工成型，而且有固定的形状，如酚醛树脂、脲醛树脂等。

② 纤维。具备或保持其本身长度大于直径 1000 倍以上而又具有一定强度的线条或丝状高分子材料。纤维的直径一般是很小的，受力后形变较小（一般为百分之几到百分之二十），在较宽的温度范围内（−50～150℃）力学性能变化不大。纤维分为天然纤维和化学纤维，化学纤维又分为改性纤维素纤维和合成纤维。改性纤维又称人造纤维，是将天然纤维经化学处理后再纺丝得到的纤维。例如，将天然纤维用碱和二硫化碳处理后，在酸液中纺丝就得到黏胶纤维（人造丝）。合成纤维是将单体经聚合反应而得到的树脂经纺丝而成的纤维。重要的有聚酯纤维（又称涤纶）、聚酰胺纤维（如尼龙-66）、聚丙烯腈纤维（腈纶）、聚丙烯纤维（丙纶）和聚氯乙烯纤维（氯纶）等。

③ 橡胶。在室温下具有高弹性的高分子材料。在外加力作用下，橡胶能产生很大的形变（可达 1000%），外力除去后又能迅速恢复原状。重要的橡胶品种有聚丁二烯（顺丁橡胶）、聚异戊二烯（异戊橡胶）、氯丁橡胶、丁基橡胶等。

三大类聚合物之间并没有严格的界限。有的高分子可做纤维，也可做塑料。如 PVC 是典型的塑料，又可做成纤维即氯纶，若将 PVC 配入适量的增塑剂，则可制成类似橡胶的软制品。又如尼龙既可做纤维，又可做工程塑料。橡胶在较低的温度下也可作为塑料使用。

(3) 按来源分类　分为天然高分子、改性天然高分子（半天然高分子）和合成高分子。

(4) 按分子的形状分类　分为线形高分子、支化高分子和交联（或称网状）高分子。

(5) 按原料组成分类　分为均聚物（homopolymer）、共聚物（copolymer）、高分子共混物（polyblend，又称高分子合金）。

(6) 按应用功能分类

① 通用高分子：塑料、纤维、橡胶、涂料、黏合剂等。

② 功能高分子：聚酰亚胺（耐热）、聚炔烃（导电）、聚碳酸酯和聚砜（耐热、高强度）。

(7) 按化学结构类别分类　分为聚酯、聚酰胺、聚烯烃、聚氨酯等。

(8) 按聚合物的分子量大小分类　分为低聚物（齐聚物）、预聚物（体）、高聚物等。

那些可在特定条件下发生交联固化反应的低聚物有时叫预聚物。

1.6.2　高分子的命名

聚合物的命名方法很多，往往一种聚合物有几个名称，虽然 1972 年国际纯粹与应用化学联合会（IUPAC）提出把聚合物的重复结构单元按照有机化合物的系统命名法命名，但因使用上的繁琐，目前尚未普遍使用，下面分别介绍几种常见的命名方法。

1.6.2.1　习惯命名

(1) 天然聚合物都有其专门的名称　如纤维素、淀粉、蛋白质、多糖等。

(2) 按照原料单体的名称，在它的前、后面加以表示为高分子的字、词来命名。

① 按照原料单体的名称，在它的前面冠以"聚"字来命名。例如：

$$n\mathrm{H_2C{=}CH_2} \longrightarrow \mathrm{{+}CH_2CH_2{+}_n} \qquad 聚乙烯$$

$$n\mathrm{H_2C{=}CH} \longrightarrow \mathrm{{+}CH_2{-}CH{+}_n} \qquad 聚丙烯酸甲酯$$
$$\quad\ \ \underset{\mathrm{COOCH_3}}{|} \qquad\qquad\quad \underset{\mathrm{COOCH_3}}{|}$$

部分缩聚物也可以按此类方法来命名。例如：

$$n\text{HOOC}\!\!-\!\!\underset{}{\bigcirc}\!\!-\!\!\text{COOH} + n\text{HOCH}_2\text{CH}_2\text{OH} \longrightarrow \left[\!\!\begin{array}{c}\underset{\|}{\underset{O}{C}}\!\!-\!\!\bigcirc\!\!-\!\!\underset{\|}{\underset{O}{C}}\!\!-\!\!\text{OCH}_2\text{CH}_2\text{O}\end{array}\!\!\right]_n$$

对苯二甲酸　　　　　乙二醇　　　　　聚对苯二甲酸乙二酯

② 两种不同单体聚合常取单体名或简称，后缀为"树脂"或"橡胶"二字。例如：

苯酚　甲醛　　　　　　　　　　　　　尿素　甲醛

丙三醇　　　　　　　　　　　　　　　　　丁二烯　　　苯乙烯

丁二烯＋丙烯腈 —→ 丁腈橡胶
2-氯（代）丁二烯 —→ 氯丁橡胶
乙烯＋丙烯 —→ 乙丙橡胶

"树脂"原本特指某些种类树木的树干上分泌出的胶状物，现已被采用泛指各种未加助剂的聚合物粉、粒料。

此法虽然简单，但也存在一些问题。聚乙烯醇这个名称是名不副实的，因为根本不存在乙烯醇这个单体；有时同一种聚合物可以由不同单体制备，其名称易造成混乱，例如 $-[\text{OCH}_2\text{CH}_2]_n$ 的聚合物通常命名为聚环氧乙烷，但由于乙二醇、氯乙醇、氯乙醚等均可合成该聚合物，所以该名称有时无法反映它与真正单体之间的联系。

1.6.2.2　按高分子的特征结构来命名

(1) 聚酯　大分子主链上含有酯键—OCO—的一类高聚物。例如聚对苯二甲酸乙二酯、聚碳酸酯、聚氨酯等。

(2) 聚醚　指大分子链上含有—O—醚键的一类聚合物。除聚甲醛、聚环氧乙烷外，还有聚苯醚、环氧树脂等。

(3) 聚酰胺　大分子链上具有酰胺键—CONH—的一类聚合物。如聚己二酰己二胺等。

(4) 其他　还有一些大分子主链中含—SO₂—的一类聚合物，称聚砜；含—NHCONH—的称聚脲。

1.6.2.3　商品名称法

聚合物的商品名称，有的能反应聚合物的结构特征，有的根据使用特点，有的是根据外来语来命名的。

大多数纤维和橡胶，常用商品名称来命名。

多数聚酰胺的全名称显得过于冗长，商业上通常使用其英语商品名称"nylon"的音译词"尼龙"作为聚酰胺的通称。早期曾有"耐纶"和"尼纶"的译法，现已不多见。

为了体现聚合物与单体之间的关系，在"尼龙"之后依次加上原料单体"二元胺"和"二元酸"的碳原子数，胺前酸后。例如，尼龙-610 是己二胺和癸二酸的聚合物；尼龙-1010 是癸二胺和癸二酸的聚合物。尼龙-6 有时也可叫锦纶，其原料可以是己内酰胺，也可以是 6-氨基己酸，这个"锦"字寓意于辽宁锦州，它包含着我国高分子工作者首创以苯酚为原料，经环己酮→环己醇→环己醇肟→己内酰胺，最后合成聚己内酰胺（锦纶）的历史贡献。

中国习惯以"纶"（来自英文后缀 lon 的音译）来作为合成纤维商品的后缀字。例如锦纶、腈纶（聚丙烯腈）、涤纶（聚对苯二甲酸乙二酯）、丙纶（聚丙烯）、氯纶（聚氯乙烯）等。

许多合成的橡胶是共聚物，往往从共聚单体中各取一字，后附"橡胶"二字来命名，如乙丙橡胶、丁腈橡胶等。

还有一些聚合物，其商品名称通俗易记。例如有机玻璃即聚甲基丙烯酸甲酯，ABS 是丙烯腈-丁二烯-苯乙烯的三元嵌段共聚物，SBS 是苯乙烯-丁二烯-苯乙烯的嵌段共聚物。

1.6.2.4 英文缩写法

以英文缩写符号来表示聚合物很方便，例如 PMMA（聚甲基丙烯酸甲酯）、PVC（聚氯乙烯）、PS（聚苯乙烯）、NR（天然橡胶）等。

1.6.2.5 系统命名法

这是国际纯粹与应用化学联合会（IUPAC）于 1972 年提出的以大分子结构为基础的一种系统命名法。该命名法与有机化合物的系统命名法相似，具体命名要点包括以下几个方面。

(1) 先确定聚合物的重复结构单元，再排好其中次级单元次序。

(2) 将重复单元中的次级单元（即取代基）按由小到大、由简单到复杂的排列顺序进行书写。

(3) 命名重复单元结构，并在前面加"聚"字，即完成命名。

① 有取代基的先写。例如 $\text{---}[CH_2\text{---}CH]_n\text{---}$（Cl）要写成 $\text{---}[CH\text{---}CH_2]_n\text{---}$（Cl），命名为聚（1-次氯代乙烯）。

② 先写侧基最少的元素，再写有取代基的亚甲基，然后写无取代基的亚甲基。例如 $\text{---}[O\text{---}CHCH_2]_n\text{---}$（F）命名为聚（氧化 1-氟代亚乙烯），简写为聚氧化氟乙烯。再如

$\text{---}[CH\!=\!CH\text{---}CH_2\text{---}CH_2]_n\text{---}$ 命名为聚（1-亚丁烯基），简称为聚丁二烯；$\text{---}[C(CH_3)(COOCH_3)\text{---}CH_2]_n\text{---}$ 命名为聚［1-(甲氧基羰基)-1-甲基乙烯］；$\text{---}[NH(CH_2)_6NHCO(CH_2)_4CO]_n\text{---}$ 命名为聚（亚氨基六甲基亚氨基己二酰）；$\text{---}[NHCO(CH_2)_5]_n\text{---}$ 命名为聚［亚氨基（1-氧代六亚甲基）］；$\text{---}[OCH_2CH_2O\text{---}CO\text{---}\bigcirc\text{---}CO]_n\text{---}$ 命名为聚（氧化乙烯氧化对苯二甲酰）。

系统命名法的缺点是往往显得冗长繁琐，一般用于新聚合物命名和在学术交流中使用。

1.7 聚合反应的分类

由低分子单体合成聚合物的反应总称为聚合反应。聚合反应有两种重要的分类方案。

1.7.1 按组成和结构上发生的变化分类

根据单体与聚合物组成和结构上发生的变化，可以将聚合反应分成加聚反应和缩聚反应两大类。这一分类比较简明，目前仍在沿用。

单体加成而聚合起来的反应称为加聚反应，产物称为加聚物。氯乙烯加聚成聚氯乙烯就是例子。

$$n H_2C=CH \longrightarrow \begin{array}{c}\llcorner CH_2-CH \lrcorner\\ \quad\quad\quad | \\ \quad\quad Cl \end{array}_n$$
（带下标 Cl）

加聚物结构单元的元素组成与其单体相同，仅仅是电子结构有所变化，因此加聚物的分子量是单体分子量的整数倍。

烯类聚合物或碳链聚合物大多是烯类单体通过加聚反应合成的。

另一类聚合反应是缩聚反应，缩聚是缩合聚合的简称，其主要产物称为缩聚物。缩聚反应是官能团单体多次缩合成聚合物的反应，除形成缩聚物外，还有水、醇、氨或氯化氢等低分子副产物产生。

由于低分子副产物的析出，所以缩聚物的元素组成与相应的单体元素组成不同，缩聚物结构单元比单体少若干原子，其分子量也不再是单体分子量的整数倍。

己二胺和己二酸反应生成聚己二酰己二胺（尼龙-66）就是缩聚的典型例子。

$$n H_2N(CH_2)_6NH_2 + n HOOC(CH)_4COOH \longrightarrow$$
$$H\!\!-\!\![NH(CH_2)_6NHOC(CH_2)_4CO]\!\!-\!\!OH + (2n-1)H_2O$$

聚酯、聚碳酸酯、酚醛树脂、脲醛树脂等都由缩聚而成。

缩聚物中往往留有官能团的结构特征，如酰胺键—NHCO—、酯键—OCO—、醚键—O—等。因此，大部分缩聚物是杂链聚合物，容易被水、醇、酸所水解、醇解和酸解。

随着高分子化学的发展，陆续出现了许多新的聚合反应，如开环聚合、聚合加成、消去聚合、异构化聚合等。

开环聚合：环状单体 σ 键断裂后而聚合成线形聚合物的反应。杂环聚合得到杂链聚合物，其结构类似缩聚物，但反应时无低分子副产物产生；又有点类似加聚，如环氧乙烷开环聚合成聚氧乙烯，己内酰胺开环聚合成聚酰胺-6（尼龙-6）。

$$n H_2C \overset{\diagdown}{\underset{O}{\diagup}} CH_2 \longrightarrow [OCH_2CH_2]_n \quad 聚环氧乙烷（聚氧乙烯）$$

$$n HN(CH_2)_5CO \longrightarrow [HN(CH_2)_5CO]_n$$

聚合加成：

$$n HO(CH_2)_4OH + n O=C=N(CH_2)_6N=C=O \xrightarrow[\text{加聚}]{\text{分子间转移}} [O(CH_2)_4OOCNH(CH_2)_6NHCO]_n$$

二异氰酸己酯   聚氨酯

消去聚合：

$$n CH_2N_2 \xrightarrow{BF_3,\text{加热}} [CH_2]_n + n\,N_2$$

异构化聚合：

$$n H_2C=CH\underset{CONH_2}{|} \begin{cases} \xrightarrow{\text{加聚}} [CH_2-CH]_n\,(CONH_2) \\ \xrightarrow[\text{异构化}]{\text{分子内转移}} [CH_2CH_2-CONH]_n \end{cases}$$

尼龙-3

1.7.2 按聚合机理分类

20世纪中叶，Flory根据机理和动力学，将聚合反应分成逐步聚合和连锁聚合两大类。这两类聚合反应的转化率和聚合物分子量随时间的变化均有很大的差别。

1.7.2.1 逐步聚合

多数缩聚和聚加成反应都属于逐步聚合。其特征是低分子单体转变成高分子的过程中，反应是逐步进行的。反应早期，大部分单体很快聚合成二聚体、三聚体、四聚体等低聚体，短期内转化率很高。每步反应的速率和活化能大致相同。两单体分子反应，形成二聚体；二聚体与单体反应，形成三聚体；二聚体相互反应，则形成四聚体。随后低聚体间继续反应，随着反应时间的延长，分子量再缓慢继续增加，直至基团转化率很高（>98%）时，分子量才达到较高的数值，如表1-1所示。

在逐步聚合过程中，体系由单体和一系列分子量递增的中间产物所组成，中间产物的任何两分子间都能反应。

1.7.2.2 连锁聚合

多数烯类单体的加聚反应属于连锁机理。连锁聚合的特征是整个过程由链引发、链增长、链终止等几步基元反应组成。连锁反应需要活性中心。链引发是活性中心的形成，单体只能与活性中心反应而使链增长，但彼此间不能反应，活性中心被破坏就使链终止。活性中心可以是自由基、阴离子或阳离子，因此而有自由基聚合、阴离子聚合和阳离子聚合。各基元反应的速率和活化能差别很大。引发、增长、终止等基元反应的速率与机理截然不同。增长反应活化能小，增长速率极快（以秒计）。

自由基聚合过程中，分子量变化不大，如表1-1所示。除微量引发剂外，体系始终由单体和高分子量聚合物组成，没有分子量递增的中间产物。转化率却随时间而增加，单体则相应减少。逐步聚合反应与连锁聚合反应的基本比较见表1-1。

表1-1 逐步聚合反应与连锁聚合反应的比较

聚合类型	逐步聚合	连锁聚合
单体转化率与反应时间的关系	 单体很快消失，与时间关系不大	 单体随时间逐渐消失
聚合物分子量与反应时间的关系	 大分子逐渐形成，分子量随时间增大	 大分子迅速形成，不随时间而变

聚合类型	逐步聚合	连锁聚合
分子量与(基团)转化率的关系		1—自由基聚合;2—活性阴离子聚合
基元反应与增长速率	无所谓引发、增长、终止等,反应活化能较高,形成大分子的速率慢(以小时计)	引发、增长、终止等基元反应的速率与机理截然不同;增长反应活化能小,增长速率极快(以秒计)
热效应与反应平衡	反应热效应小,$-\Delta H \approx 21 \times 10^3 J/mol$,在一般温度下为可逆反应	反应热效应大,$-\Delta H \approx 84 \times 10^3 J/mol$,在一般温度下为不可逆反应

聚合机理涉及聚合反应的本质,根据聚合机理特征,可以按照不同规律来控制聚合速率、分子量等重要指标。本书将按照以聚合机理对反应分类的方案,依次介绍各种聚合反应的基本规律和特征。

知识窗

橡胶硫化方法的发现

从生物学的角度看,橡胶在天然高分子中无疑是最不重要的,因为不仅只有少数植物才产生橡胶,而且也很难说橡胶在生命过程中起什么重要作用。但从高分子科学的历史来看,橡胶的研究对高分子科学的发展所起的推动作用比天然多糖和蛋白质都大。这不仅因为橡胶独特的弹性使它成为工业上非常重要的材料,而且还在于天然高分子中唯独橡胶能裂解成已知结构的简单分子(即异戊二烯),并且还能从这些单体再生成橡胶。这一特性使人们认识到不必完全按照天然物质的精细结构就能制备对人类有用的材料。

橡胶树原来是生长在亚马逊河流域的一种植物,哥伦布最早报道说海地居民用一种树上流出的弹性树脂所做的球进行比赛。乳胶是从这种"三叶树"的切口里流出来的,将这种乳胶涂在织物上硬化后可做成简陋的风雨衣。当地居民甚至把乳胶倒在他们的脚上和腿上,干后便成了雨靴。但是在发明橡胶的硫化方法之前,生胶的用途还很有限,因为它的强度很差,弹性难以恢复。

古德伊尔(Goodyear)研究消除橡胶发黏的方法10多年未取得成功。1838年他将硫黄掺进胶乳,然后放在阳光下曝晒,但这种黏性消除的改进只限于制品的表面。1839年1月,他不小心把胶乳和硫黄的混合物泼洒在热火炉上。把它刮起来冷却后,发现这东西已没有黏性,拉长或扭曲时还有弹性,能恢复原状,原来能溶解生胶的溶剂对它不再起作用了。

这一发明是令人兴奋的,但在实际应用中存在很多困难,使得古德伊尔经过4年后才在美国申请了专利。他在专利中提供了一个示例配方:20份硫黄、28份铅白(用作硫化促进剂)和188份橡胶,混合后加热到132.2℃。但延迟申请专利使他付出了惨重的代价。他的一个样品引起了一个英国人的注意，此人先于他8个星期在英国申请了专利，使得他的申请在英国被拒绝。此后他打了好几年官司，欠下了20万美元的债，死于1860年。但古德伊尔的发现却促进了橡胶业的大发展。1845年汤姆森发明了气胎，橡胶从此就与汽车工业结下了不解之缘，成为现代人生活中不可缺少的一种材料。

第一种塑料的诞生

1846年的一天，瑞士巴塞尔大学的化学教授舍恩拜因在自家的厨房里做实验，一不小心把正在蒸馏硝酸和硫酸的烧瓶打破在地板上。因为找不到抹布，他顺手用他妻子的布围裙把地擦干，然后把洗过的布围裙挂在火炉旁烘干。就在围裙快要烘干时，突然出现一道闪光，整个围裙消失了。为了揭开布围裙自燃的秘密，舍恩拜因找来了一些棉花把他们浸泡在硝酸和硫酸的混合液中，然后用水洗净，很小心地烘干，最后得到一种淡黄色的棉花。现在人们知道，这就是硝酸纤维素，它很易燃烧，甚至爆炸，被称为火棉，可用于制造炸药。这是人类制备的第一种高分子合成物。虽然远在这之前，中国人就知道利用纤维素造纸，但是改变纤维素的成分，使它成为一种新的高分子的化合物，这还是第一次。

舍恩拜因深知这个发现的重要商业价值，他在杂志上只发表了新炸药的化学式，却没有公布反应式，而把反应式卖给了商人。但由于生产太不安全，到1862年奥地利的最后两家火棉厂被炸毁后就停止了生产。可是化学家们对硝酸纤维素的研究并没有终止。英国冶金学家、化学家帕克斯发现硝酸纤维素能溶解在乙醚和酒精中，这种溶液在空气中蒸发了溶剂可得到一种角质状的物质。美国印刷工人海厄特发现在这种物质中加入樟脑会提高韧性，而且具有加热时软化，冷却时变硬的可塑性，很易加工。这种用樟脑增塑的硝酸纤维就是历史上的第一种塑料，称为赛璐珞（celluloid），它广泛被用于制作乒乓球、照相胶卷、梳子、眼镜架、衬衫衣领和指甲油等。

1884年夏尔多内产生了将硝酸纤维素溶液纺成一种新纤维的想法，他制造了第一种具有光泽的人造丝。当1889年这种新的纤维在巴黎首次向公众展示时曾引起了轰动。这种人造丝有丝的光泽和手感，也能洗涤，可惜这种人造丝极易着火燃烧。后来硝酸纤维素人造丝被防火性能更好的两个品种所取代，一种是醋酸纤维素，另一种是再生纤维素。今天这两种人造丝的产量已是生丝的65倍。

舍恩拜因的偶然发现已经引起了19世纪后半叶欧洲和美洲化学工业的巨大发展。

本 章 要 点

1. 高分子科学的发展简史：三个阶段，三大里程碑，创始人与奠基者，发展方向。

2. 高分子的基本概念

(1) 高分子化合物的定义。

(2) 低聚物、齐聚物、预聚物、聚合物、高聚物、大分子。

(3) 单体、单体单元、结构单元、重复结构单元（重复单元）、链节、聚合度。

(4) 平均分子量（四种）与多分散性。

3. 高分子结构的一般特点

(1) 一级结构：键接方式、分子构型、分子构造（几何形状）、序列结构（共聚物）。

(2) 二级结构：链的排列形状（构象）。

(3) 三级结构：聚集态（结晶、非晶、液晶、取向）。

(4) 四级结构：堆砌方式（织态结构）。

4. 高分子性质的一般特点

(1) 力学性质：机械强度、断裂伸长率、模量。

(2) 力学状态：玻璃态、高弹态、黏流态；两个转变温度：T_g 与 T_f。

(3) 热性质：热塑性、热固性。

(4) 溶解性：溶胀、溶解。

5. 高分子化合物的分类

(1) 按主链结构：四类。

(2) 按用途：六类。

6. 高分子化合物的命名

(1) 四种通俗命名法：习惯、结构特征、商品名、英文缩写。

(2) 系统命名法："聚"＋排序的重复结构单元名。

7. 聚合反应的分类

(1) 按组成与结构变化：缩聚、加聚、开环、聚加成、消去、异构化。主要有缩聚、加聚、开环。

(2) 按聚合机理：逐步、连锁（自由基、阳离子、阴离子）。

(3) 逐步聚合与连锁聚合的比较：机理、聚合速率、分子量变化。

习题与思考题

1. 说出 10 种你日常生活中遇到的高分子的名称。

2. 用简洁的语言说明下列术语

(1) 高分子　(2) 单体单元　(3) 结构单元　(4) 重复单元

(5) 链节　(6) 平均分子量　(7) 聚合度　(8) 多分散性

3. 说明低聚物、齐聚物、预聚物、聚合物、高聚物、大分子诸名词的含义、关系和区别。

4. 举例说明和区别：缩聚、聚加成和逐步聚合，加聚、开环聚合和连锁聚合。

5. 简要回答下列问题。

(1) 高分子化合物的基本特点有哪些？

(2) 高分子化合物的分类方法有哪些？试逐一举例说明。

(3) 高分子化合物的命名方法有几种？这些命名方法各适用于哪些种类的聚合物？试逐一举例说明。

6. 写出合成下列聚合物的聚合反应方程式，并以"IUPAC"系统命名法命名聚合物。

(1)　$HO \overline{OC(CH_2)_8CONH(CH_2)_6NH}_n H$

(2)　$\overline{OCNH(CH_2)_6NHCOO(CH_2)_4O}_n$

(3)　$H \overline{O(CH_2)_5CO}_n OH$

(4)　$H_3C \overline{CH_2{-}CH}_n CH_3$
$$\qquad\qquad\quad | $$
$$\qquad\qquad CONH_2$$

(5)　$\overline{CH_2{-}CH{=}CH{-}CH_2}_n$

(6)　$\overline{O{-}CH_2{-}CH}_n$
$$\qquad\qquad\qquad | $$
$$\qquad\qquad\quad CH_3$$

7. 举例说明和区别线形与体形结构，热塑性与热固性聚合物，非晶态与结晶聚合物。

8. 举例说明橡胶、纤维、塑料的结构、性能特征和主要差别。

9. 什么叫玻璃化温度？聚合物的熔点有什么特征？为什么要将热转变温度与大分子微结构、平均分子量并列为表征聚合物的重要指标？

10. 已知一个 PS 试样的组成如下表所列，计算它的数均分子量、重均分子量和分散系数。

组分	质量分数	平均相对分子质量	组分	质量分数	平均相对分子质量
1	0.10	1.2 万	5	0.11	7.5 万
2	0.19	2.1 万	6	0.08	10.2 万
3	0.24	3.5 万	7	0.06	12.2 万
4	0.18	4.9 万	8	0.04	14.6 万

第 2 章

逐步聚合反应

2.1 概述

前面提到,大部分缩聚反应属于逐步聚合机理。因此,以缩聚反应为例来阐述逐步聚合反应的规律与特点,并介绍重要逐步聚合物。

缩聚是基团间的反应,乙二醇和对苯二甲酸缩聚成涤纶聚酯,以及己二酸和己二胺缩聚成聚酰胺-66,都是典型的例子。

$$n\text{HO(CH}_2)_2\text{OH} + n\text{HOOC}-\!\!\!\!\bigcirc\!\!\!\!-\text{COOH} \longrightarrow$$

$$\text{H}-[\text{O(CH}_2)_2\text{OOC}-\!\!\!\!\bigcirc\!\!\!\!-\text{CO}]_n\text{OH} + (2n-1)\text{H}_2\text{O}$$

缩聚在高分子合成中占有重要的地位,聚酯、聚酰胺、酚醛树脂、环氧树脂、醇酸树脂等杂链聚合物多由缩聚反应合成。此外,聚碳酸酯、聚酰亚胺、聚苯硫醚等工程塑料,聚硅氧烷、硅酸盐等半无机或无机高分子,纤维素、核酸、蛋白质等天然高分子都是缩聚物,可见缩聚反应涉面很广。特别是近年来通过缩聚反应制得了许多性能优异的工程塑料和耐热聚合物。缩聚逐步聚合不论在理论还是实践上都发展得很快,新方法、新品种、新工艺不断出现,这一领域十分活跃。

还有不少非缩聚的逐步聚合,如合成聚氨酯的聚加成、制聚砜的芳核取代、制聚苯醚的氧化偶合、己内酰胺经水催化合成尼龙-6 的开环聚合等。这些聚合反应产物多数是杂链聚合物,与缩聚物相似。

2.2 缩合反应与缩聚反应

在有机化学中,有许多种发生于两种不同或相同官能团之间的缩合反应(一个分子只带有一个管能团):

$$\text{CH}_3\text{COOH} + \text{CH}_3\text{CH}_2\text{OH} \longrightarrow \text{CH}_3\text{COOC}_2\text{H}_5 + \text{H}_2\text{O}$$

$$\text{CH}_3\text{COOH} + \text{CH}_3\text{CH}_2\text{NH}_2 \longrightarrow \text{CH}_3\text{CONHCH}_2\text{CH}_3 + \text{H}_2\text{O}$$

$$2\text{CH}_3\text{CH}_2\text{OH} \longrightarrow \text{CH}_3\text{CH}_2\text{OCH}_2\text{CH}_3 + \text{H}_2\text{O}$$

$$2\text{CH}_3\text{COOH} \longrightarrow \text{CH}_3\text{COOCOCH}_3 + \text{H}_2\text{O}$$

分别生成酯、酰胺、醚和酸酐。

如果是一个分子同时带有两个官能团的二元酸和二元胺或二元酸分别进行缩合反应,则反应一般不会停留在两分子缩合这一步,而会一步接一步地进行下去,例如己二酸和己二胺的缩合反应:

$$HOOC(CH_2)_4COOH + H_2N(CH_2)_6NH_2 \xrightarrow{-H_2O} HO\text{-}\!\!\left[OC(CH_2)_4CONH(CH_2)_6NH\right]\!\!\text{-}H$$

$$\xrightarrow[-H_2O]{+己二酸} HO\text{-}\!\!\left[OC(CH_2)_4CONH(CH_2)_6NH\right]\!\!\text{-}OC(CH_2)_4COOH$$

$$\xrightarrow{+己二胺} HO\text{-}\!\!\left[OC(CH_2)_4CONH(CH_2)_6NH\right]_2\!\!H$$

$$\xrightarrow{+己二酸} HO\text{-}\!\!\left[OC(CH_2)_4CONH(CH_2)_6NH\right]_2\!\!OC(CH_2)_4COOH$$

$$\cdots\cdots$$

$$\xrightarrow[-(2n-1)H_2O]{+己二酸、己二胺} HO\text{-}\!\!\left[OC(CH_2)_4CONH(CH_2)_6NH\right]_n\!\!H$$

这种由带有两个或两个以上官能团的单体之间连续、重复进行的缩合反应就叫缩合聚合反应，或简称缩聚反应。

顾名思义，缩合即"缩掉小分子而进行的化合"，缩聚则是"缩掉小分子而进行的聚合"。

从上述一系列反应可以看出，缩聚反应的所有中间产物分子两端都带有可以继续进行缩合反应的官能团。当某种单体所含官能团的物质的量多于另一种单体时，生成物无论分子量大小其分子的两端将带有相同的官能团（如上例第二式和第四式），生成分子两端均为羧基的三聚体和五聚体，此时聚合反应就无法再继续下去，聚合物的分子量也就不再增加，本章后面将详细讲述分子量与单体配比之间的定量关系。

这里有必要强调，缩聚反应与缩合反应完全是按照有机化学反应的基本原理进行的，反应中哪些官能团可以发生反应？官能团的哪个部分被"缩"下来？生成哪种小分子？在学习本章时应首先弄明白。

2.3 线形缩聚反应

参加缩聚反应的单体都含有两个官能团，反应中形成的大分子向两个方向增长，得到线形分子的聚合物，这种反应称为线形缩聚反应。

2.3.1 线形缩聚反应单体

2.3.1.1 单体的类型

能够作为线形缩聚反应的单体必须具备两个基本条件：①带有两种不同或相同的官能团；②这两种官能团之间可以进行化学反应并生成稳定的共价键。

就有机类线形缩聚反应单体而言，大体上可分为下述三种类型。

单体通式：　　　　　a—R—b　　　　　　　a—R—a　　b—R′—b　　　　　a—R″—c

单体举例　HO(CH₂)₅COOH　　HO—CH₂CH₂—OH　　HOOCC₆H₄COOH　　H₂N(CH₂)₅OH

　　　　　H₂N(CH₂)₅COOH　　H₂N(CH₂)₆NH₂　　HOOCC₆H₄COOH

　　　　　　均缩聚　　　　　　　　　混缩聚　　　　　　　　　　共缩聚

　　　　　　均缩聚物　　　　　　　　混缩聚物　　　　　　　　　共缩聚物

由此可见，只有一种带两个不同官能团的单体进行的缩聚反应叫均缩聚反应；两种分别带有相同官能团，彼此之间又可发生反应的单体进行的缩聚反应叫做混缩聚；那种含有两个彼此不能反应的官能团的单体如氨基醇等只能参加其他单体进行的均缩聚或混缩聚反应，这种情况叫共缩聚反应，通常用于聚合物的改性。

一般而言，合成一种具体的缩聚物可以有多种聚合反应路线和对应的不同单体形式，但是按照合成这些单体的难易程度，聚合反应进行的难易以及所得聚合物分子量的高低，通常只有一、二种是最符合条件的。

2.3.1.2 单体的聚合反应活性

在进行聚合反应之前预先了解各种单体参加聚合反应的活性，对于选择合适的单体并确定适当的聚合反应条件，是十分必要的。

为此，必须了解影响单体参加聚合反应的各种因素。

① 线形缩聚反应单体参加缩聚反应的活性完全遵守类似有机化合物进行相应缩合反应的活性规律。

② 单体参加聚合反应的活性还与其官能团的空间环境有关。

③ 双官能团单体的碳原子数所决定的环化反应倾向大小直接关系到单体聚合反应能力的强弱。特别注意：四、五个碳原子的氨基酸和羟基酸具有强烈的环化倾向而不能聚合。

2.3.1.3 反应基团的数目与官能度

参加缩聚反应的单体，除必须含有能起反应的基团外，所含反应基团的数目也必须符合缩聚反应的要求。换句话说，反应基团的数目，对能否成为缩聚反应单体，以及形成的缩聚物结构形态有较大的影响。

为了便于度量单体中反应基团数目对缩聚反应的影响，常引入官能度（functionality，符号为 f）的概念。

单体的官能度是指单体在聚合反应中能形成新键的数目，一般就等于单体所含官能团的数目，如乙二醇，$f=2$；丙三醇，$f=3$。但有时它不一定等于官能团的数目，如苯酚与甲醛缩聚时，苯酚（反应发生在邻位和对位上）的官能度为 3，甲醛的官能度为 2。

单体的官能度是影响缩聚物结构的内在因素。显然，单官能度化合物只能参与缩合反应而不会进行缩聚反应，据此可利用单官能度物质来控制缩聚物的分子量。

双官能度单体间能进行缩聚反应，且能形成线形结构的缩聚物。不难理解，在进行体形缩聚反应时，单体中必定至少有一种是多官能度（2 个以上）的。

2.3.2 线形缩聚反应的机理

涤纶、聚酰胺、聚碳酸酯、聚砜、聚苯醚、聚氨酯等重要合成纤维和工程塑料都是由线形缩聚或逐步聚合反应合成的，掌握这类反应的共同规律十分重要。

缩聚速率和缩聚物的分子量是两大重要指标。各类线形缩聚物要求有不同的分子量，同类缩聚物分别用作纤维或工程塑料时对分子量的要求也有差异。因此，影响分子量的因素和分子量的控制就成为线形缩聚中的核心问题。阐明缩聚机理将有助于这一问题的解决。

线形缩聚机理的特征有二：逐步和可逆。

2.3.2.1 逐步特性

线形缩聚的单体必须带有两个官能团，缩聚大分子的生长是由于官能团相互反应的结果。

以二元酸和二元醇的缩聚为例，二者第一步缩聚，形成二聚体羟基酸：

$$HOROH + HOOCR'COOH \rightleftharpoons HOROOCR'COOH + H_2O$$

二聚体的端羧基或端羟基可以与二元醇或二元酸反应，形成三聚体：

$$HOROOCR'COOH + HOROH \Longleftrightarrow HOROOCR'COOROH + H_2O$$
$$HOOCR'COOH + HOROOCR'COOH \Longleftrightarrow HOOCR'COOROOCR'COOH + H_2O$$

二聚体也可以自身相互缩聚，形成四聚体：

$$2HOROOCR'COOH \Longleftrightarrow HOOCR'COOROOCR'COOROH + H_2O$$

含羟基的任何聚体与含羧基的任何聚体都可以相互缩聚，如此逐步进行下去，分子量逐渐增加，最后得到高分子量聚酯。

通式为：

$$aRa + bR'b \Longleftrightarrow aRR'b + ab$$
$$aRR'b + aRa \Longleftrightarrow aRR'Ra + ab$$
$$aRR'b + aRR'b \Longleftrightarrow aRR'RR'b + ab$$
$$n\text{-聚体} + m\text{-聚体} \Longleftrightarrow (n+m)\text{-聚体} + ab$$

聚合度随时间或反应程度而增加。缩聚反应无特定的活性种，各步反应速率常数和活化能基本相等。缩聚早期，单体很快消失，转变成二、三、四聚体等齐聚物。以后则是齐聚物间的缩聚，使分子量逐步增加。缩聚早期，转化率就很高（所谓转化率是指转变成聚合物的单体部分占起始单体量的百分率）。因此，对缩聚反应而言，转化率并无实际意义，改用基团的反应程度来表述反应的深度更为确切。

在缩聚过程中，聚合度稳步上升。延长聚合时间主要目的在于提高产物分子量，而不是提高转化率。现以等物质的量二元酸和二元醇的缩聚反应为例来说明。

体系中的起始羧基数或羟基数 N_0，等于起始二元酸和二元醇的分子总数，也等于反应时间为 t 时酸和醇的结构单元数。

t 时残留羧基或羟基数 N 等于当时的聚酯分子数。因为一个聚酯分子有两个端基，每一个聚酯分子平均含有 1 个羧基和 1 个羟基，如果有 1 分子带有两个羧基端，必然另有 1 分子带有两个羟基端，否则不能等物质的量。

反应程度的定义为参与反应的基团数（$N_0 - N$）占起始基团数 N_0 的分数，用符号 P 表示。因此有：

$$P = \frac{N_0 - N}{N_0} = 1 - \frac{N}{N_0}$$

如将大分子的结构单元数定义为聚合度 $\bar{X}_n$，则：

$$\bar{X}_n = \frac{\text{结构单元总数}}{\text{大分子数}} = \frac{N_0}{N}$$

由以上两式，就可建立聚合度与反应程度的关系：

$$\bar{X}_n = \frac{1}{1 - P}$$

需要特别注意的是该公式的使用条件必须是单体的两种官能团为等物质的量配比，否则该公式不能使用。

上式表明，聚合度随反应程度增加而增加，如图 2-1 和表 2-1 所示。

表 2-1　缩聚物聚合度与反应程度的关系

P	0.5	0.8	0.9	0.95	0.98	0.99	0.995	0.999	1
$\bar{X}_n$	2	5	10	20	50	100	200	1000	∞

显而易见，聚合反应初期和中期反应程度的快速和大幅度增加并未使聚合度快速升高。

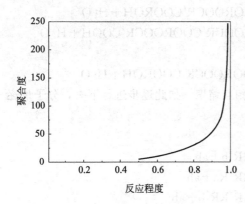

图 2-1　缩聚物聚合度与
反应程度的关系

与此相反，反应程度在 0.9 以前聚合度的增大过程相当缓慢。当进入聚合反应后期以后，聚合度则随着反应程度的微小增加而快速上升，这是线形平衡缩聚反应的一大特点。

由上式容易算出，反应程度 $P = 0.9$ 或转化率为 90％时，聚合度还只有 10。而涤纶聚酯的聚合度要求 100～200，这就得将 P 提高到 0.99～0.995。

反应程度高是获得高分子缩聚物的充分条件，而单体纯度高和两种基团数相等则是获得高分子缩聚物的必要条件。某一种基团过量，就将使缩聚物封端，不再反应，分子量受到限制。此外，可逆反应也限制了分子量的提高。

2.3.2.2　可逆平衡

聚酯化和低分子酯化反应相似，都是可逆平衡反应，正反应是酯化，逆反应是水解。

$$-OH + -COOH \rightleftharpoons -OCO- + H_2O$$

平衡常数的表达式为：

$$K = \frac{k_1}{k_{-1}} = \frac{[-OCO-][H_2O]}{[-OH][-COOH]}$$

缩聚反应可逆的程度可由平衡常数来衡量。根据其大小，可将线形缩聚反应粗分为三类。

(1) 平衡常数小，如聚酯化反应，$K \approx 4$，低分子副产物水的存在对聚合物分子量的提高很有影响，须在高度减压条件下脱除。

(2) 平衡常数中等，如聚酰胺化反应，$K \approx 300 \sim 400$，水对聚合物分子量有所影响，聚合早期可在水介质中进行；只是后期，需在一定的减压条件下脱水，提高反应程度。

(3) 平衡常数很大，$K > 1000$，可以看作不可逆，如合成聚砜一类的逐步聚合。

逐步聚合特性是所有缩聚反应所共有的，而可逆平衡的程度则各类缩聚反应有明显的差别。

2.3.2.3　缩聚反应中的副反应

由于有机官能团反应能力的多样性，一些副反应常常伴随着缩聚反应的进行而发生（尤其是缩聚反应在较高的温度下进行时）。如基团消去、化学降解、成环反应、链交换等。

(1) 消去反应　二元羧酸会受热脱羧，引起原料基团数比的变化，从而影响到产物的分子量。羧酸酯比较稳定，用来代替羧酸，可以避免这一缺点。

除脱羧反应外，二元胺还会发生分子内或分子间的脱氨反应，脱氨反应除了会引起原料官能团比的改变外，还会在大分子链上引入"反常结构"，并导致链的支化或交联。

$$2H_2N-(CH_2)_n-NH_2 \begin{cases} \longrightarrow 2\,(CH_2)_n\,NH + 2NH_3 \\ \longrightarrow H_2N-(CH_2)_n-NH-(CH_2)_n-NH_2 + NH_3 \end{cases}$$

再进一步反应：

$$\cdots-(CH_2)_{\overline{n}}NH-(CH_2)_{\overline{n}}\cdots + HOOCR-\cdots \longrightarrow \cdots (H_2C)_{\overline{n}}N-(CH_2)_{\overline{n}}$$

（2）**化学降解**　聚酯化和聚酰胺化是可逆反应，逆反应水解就是化学降解之一。合成缩聚物的单体往往就是缩聚物的降解药剂，例如醇可使聚酯类醇解，胺类可使聚酰胺胺解。

化学降解将使聚合物分子量降低，聚合时应设法避免。但应用化学降解的原理可使废聚合物降解成单体或低聚物，回收利用。例如，废涤纶聚酯与过量乙二醇共热，可以醇解成对苯二甲酸乙二酯齐聚物；废酚醛树脂与过量苯酚共热，可以酚解成低分子酚醛。这些低聚物都可以重新用作缩聚的原料。另一方面，从环境保护考虑，则可以特意合成易降解的聚合物。

在缩聚反应过程中，由于受热的作用，大分子还会发生另一降解和交联反应。例如，聚对苯二甲酸乙二酯的热降解反应：

（3）**环化反应**　如前（1）所述。

（4）**链交换反应**　同种线形缩聚物受热时，通过链交换，将使分子量分布变窄。

2.3.3　线形缩聚反应动力学

2.3.3.1　反应速率及其测定

在低分子有机化学反应中，反应速率可以用单位时间、单位体积内反应物消耗的物质的量或产物生成的物质的量来表示。而在缩聚反应中参加反应的不只是单体，还有低聚物，甚至高聚物；反应中生成的，在开始阶段只有低聚物，只有后期才得到高聚物。

所以缩聚反应速率应该用单位时间（s，min 或 h）、单位体积（一般用 L）内反应掉的官能团数或生成的新键数表示。

例如在聚酯化反应中，用单位时间内—COOH 浓度减少或—OCO—浓度的增加来表示：

$$R_p = \frac{-d[-COOH]}{dt} = \frac{-d[OH]}{dt} = \frac{d[-OCO-]}{dt}$$

缩聚反应速率可以通过跟踪反应官能团浓度或生成新键浓度随时间变化的方法而得，一般用前者。

例如在聚酯化反应中，测定反应过程中不同时刻—COOH 浓度或—OH 浓度，就可以获得一系列浓度随时间变化的数据，由此得到某时刻的聚酯化反应瞬时速率。

现代分析手段的不断完善与发展，已为测定反应过程中某物质浓度提供了很多方法。测定—COOH、—NH$_2$ 等官能团浓度，通用而简便的方法是滴定法。此外，气相色谱法、柱上色谱分离法、高压液相色谱法都是鉴定物质浓度的有效方法。红外光谱仪、紫外光谱仪、核磁共振谱仪也可以用来测定反应物成分的变化。

不管用什么方法，将测得的不同反应时间官能团浓度对时间 t 作图，得一曲线，曲线上某点切线的斜率，即为该点对应时刻的反应速率。若是直线，则直线的斜率为该实验范围内的反应速率。反应速率也可通过跟踪缩聚产生的小分子的量来测定。

第三类方法是跟踪缩聚物平均聚合度的变化。

2.3.3.2 官能团等活性概念

一元酸和一元醇的酯化只有一步反应,在某一温度,只有一个速率常数。

对于二元酸和二元醇的缩聚反应,要使缩聚物符合强度要求,聚合度需在 $100 \sim 200$ 以上,逐步缩合需进行 $100 \sim 200$ 次。如果每步速率常数都不相等,动力学将无法处理。

原先曾经认为,官能团的活性将随分子量增加而递减。所持的理由是聚合度增大后,分子活动减慢,碰撞频率降低;体系黏度增加,妨碍了分子运动;长链分子甚至有可能将活性端基包埋起来等。

用一元酸系列 $H(CH_2)_n COOH$ 和乙醇的酯化反应研究表明(见表 2-2),$n=1$、2、3 时,酯化速率常数迅速降低。但 $n \geqslant 3$ 以后,速率常数趋向定值,一直到 $n=17$,都是如此。

二元酸 $HOOC(CH_2)_n COOH$ 和乙醇的酯化反应情况也类同,即 $n \geqslant 3$ 以后,酯化速率常数趋向定值,并与一元酸酯化速率常数相近。由此得到官能团等活性,与分子量大小无关的重要概念。

表 2-2　羧酸与乙醇的酯化速率常数（25℃）　　单位：$10^4 L/(mol \cdot s)$

n	$H(CH_2)_n COOH$	$(CH_2)_n (COOH)_2$	n	$H(CH_2)_n COOH$	$(CH_2)_n (COOH)_2$
1	22.1		8	7.5	
2	15.3	6.0	9	7.4	
3	7.5	8.7	11	7.6	
4	7.5	8.4	13	7.5	
5	7.4	7.8	15	7.7	
6		7.3	17	7.7	

有机化学中的一些基础可以用来解释上述概念。

一方面,诱导效应只能沿碳链传递 $1 \sim 2$ 个碳原子。对于—COOH 来说,$n=1$、2 时,诱导效应和超共轭效应才对羧基起活化作用。碳链增长后活化作用减弱,因而羧基活性相近。

另一方面,聚合体系的黏度随分子量而增加,一般认为分子链的移动减弱,从而使基团活性降低。但实际上端基的活性并不决定于整个大分子重心的平移,而与端基链段的活动有关。大分子链构象改变、链段的活动以及羧基与羟基相遇的速率要比重心平移速率高得多。在聚合度不高、体系黏度不大的情况下,并不影响链段的运动,两链段一旦靠近,适当的黏度反而不利于分开,有利于持续碰撞,这给"等活性"提供了条件。

也就是说,官能团的活性与基团的碰撞频率有关,并不决定于整个大分子的扩散速率,端基的活动能力要比整个分子运动能力大得多。相反,扩散速率低表示在两个分子远离前,可以保证端基较多的碰撞次数。因此在黏度不很大的情况下,官能团等活性的概念是正确的。

但到聚合后期,黏度过大后,链段活动也受到阻碍,甚至包埋,端基活性才降低。

Flory 提出"等活性概念"以来,许多人的工作证明、支持了这一简化处理,同时也说明了它是有局限性的、近似的。

2.3.3.3 线形缩聚动力学

以二元酸和二元醇的聚酯化为例,分别处理不可逆和可逆条件下的线形缩聚动力学。

(1) 不可逆的线形缩聚　酯化和聚酯化是可逆的平衡反应,如能及时排除副产物水,就符合不可逆的条件。

酸是酯化和聚酯化的催化剂,羧酸首先质子化,而后质子化种再与醇反应成酯,因为

C=O双键的极化有利于亲核加成：

$$\sim\!C\!-\!OH + H^+A^- \underset{k_2}{\overset{k_1}{\rightleftharpoons}} \sim\!\overset{OH}{\underset{}{C^+}}\!-\!OH + A^-$$

$$\sim\!\overset{OH}{\underset{}{C^+}}\!-\!OH + \sim\!OH \underset{k_4}{\overset{k_3}{\rightleftharpoons}} \sim\!\overset{OH}{\underset{OH}{C}}\!-\!OH \underset{k_6}{\overset{k_5}{\rightleftharpoons}} \sim\!\overset{O}{\underset{}{C}}\!-\!O\!\sim\! + H_2O + H^+$$

在及时脱水的条件下，上式的逆反应可以忽略，即 $k_4 = 0$；加上 k_1、k_2、k_5 都比 k_3 大，因此聚酯化速率或羧基消失速率由第三步反应来控制：

$$R_p = -\frac{d[COOH]}{dt} = k_3[C^+(OH)_2][OH]$$

上式中质子化种的浓度 $[C^+(OH)_2]$ 难以测定，可以引入平衡常数 K' 的关系式加以消去。

$$K' = \frac{k_1}{k_2} = \frac{[C^+(OH)_2][A^-]}{[COOH][HA]}$$

代入得：

$$-\frac{d[COOH]}{dt} = \frac{k_1 k_3[COOH][OH][HA]}{k_2[A^-]}$$

考虑到酸的离解平衡：

$$HA \rightleftharpoons H^+ + A^-$$

HA 的电离平衡常数为：

$$K_{HA} = \frac{[H^+][A^-]}{[HA]}$$

代入得酸催化的聚酯化速率方程：

$$-\frac{d[COOH]}{dt} = \frac{k_1 k_3[COOH][OH][H^+]}{k_2 K_{HA}} = k[COOH][OH][H^+] \tag{2-1}$$

由此可见，聚酯反应属于三分子反应，即涉及羧基、羟基和质子三种参加反应主体的三级反应。

酯化反应是慢反应，一般由外加无机酸来提供 H^+，催化加速酯化反应。无外加酸条件下的聚酯化动力学行为有些差异。

现按两种情况分述如下。

① 外加酸催化聚酯化反应。强无机酸常作酯化的催化剂，聚合速率由酸催化和自催化两部分组成。在缩聚过程中，外加酸或氢离子浓度几乎不变，而且远远大于低分子羧酸自催化的影响，因此可以忽略自催化的速率。

将上式中的 $[H^+](=[HA]_0)$ 与 k_1、k_2、k_3、K_{HA} 合并而成 k'，如果原料中羧基数和羟基数相等，即 $[COOH]=[OH]=C$，则式(2-1)可简化成：

$$-\frac{dC}{dt} = k'C^2 \tag{2-2}$$

上式表明为二级反应，经积分，得：

$$\frac{1}{C} - \frac{1}{C_0} = k't \tag{2-3}$$

引入反应程度 $P\left(P = \frac{N_0 - N}{N_0} = 1 - \frac{N}{N_0}\right)$，并将式中的羧基数 N_0、N 以羧基浓度 C_0、C

来代替，则得：

$$C = C_0(1-P)$$

代入式（2-2），得：

$$\frac{1}{1-P} = k'C_0t + 1 \tag{2-4}$$

$$\bar{X}_n = k'C_0t + 1 \tag{2-5}$$

上式表明，$1/(1-P)$ 或 $\bar{X}_n$ 与 t 成线形关系。

由此得出结论：外加酸催化的聚酯反应属于二级反应，生成聚合物的聚合度与单体起始浓度和反应时间成线性关系。

以对甲苯磺酸为催化剂，己二酸与癸二醇、一缩二乙二醇的缩聚动力学曲线如图 2-2 所示，P 从 0.83 一直延续到 0.99（$\bar{X}_n = 100$），线性关系良好。说明官能团等活性概念基本合理。

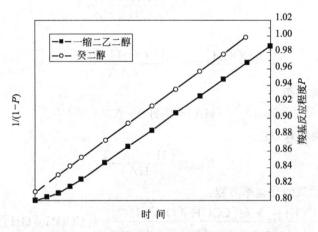

图 2-2　对甲苯磺酸催化己二酸酯动力学曲线

由图 2-2 中直线部分的斜率可求得速率常数 k'。即使在较低温度下，外加酸聚酯化的速率常数仍比较大，通常是自催化反应速率常数的 100 倍以上，因此工业上聚酯化总要外加酸作催化剂。氨基酸自缩聚的动力学参数，其速率常数与酸催化的聚酯化相当，表明氨基和羧基的反应活性较高，无催化剂的聚合速率就较高，也说明氨基比羟基活泼。

② 自催化聚酯化反应。在无外加酸的情况下，聚酯化仍能缓慢的进行，主要依靠羧酸本身来催化。有机羧酸的电离度较低，即使是醋酸，电离度也只有 1.34%；硬脂酸不溶于水，不再电离。据此可以预计到，在二元酸和二元醇的聚酯化过程中，体系将从能少量电离的单体羧酸开始，随着聚合度的提高，逐步趋向不电离，催化作用减弱，情况比较复杂，现分两种情况进行分析。

a. 羧酸部分电离

单体和聚合度很低的初期缩聚物，难免有小部分羧酸可能电离成氢离子，参与质子化。按电离式知 $[\text{H}^+] = [\text{A}^-] = K_{HA}^{1/2}[\text{HA}]^{1/2}$，加上 $[\text{COOH}] = [\text{OH}] = [\text{HA}] = C$，代入式（2-1）中，将各速率常数和平衡常数合并成综合速率常数 k，则成下式：

$$-\frac{dC}{dt} = kC^{5/2} \tag{2-6}$$

上式表明聚酯化为二级半反应。同理，作类似处理，则得：

$$(\bar{X}_n)^{3/2} = \frac{3}{2}kC_0^{3/2}t + 1 \qquad (2\text{-}7)$$

即，如果 $\bar{X}_n^{3/2}$ 与 t 成线性关系，则可判断属于二级半反应。

b. 羧酸不电离

可以预计，缩聚物增长到一定的聚合度，就不溶于水，末端羧基就难电离成氢离子，但聚酯化反应还可能缓慢进行，推测是羧酸经双分子络合如下式，起到质子化和催化作用。

$$\begin{matrix} [R-C-OH]^{+\,-}OOC \\ | \\ OH \end{matrix}$$

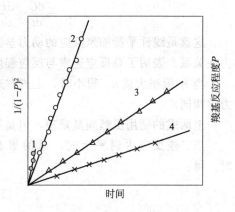

图 2-3　己二酸自催化聚酯化动力学曲线

1—癸二醇，202℃；2—癸二醇，191℃；

3—癸二醇，161℃；

4——缩二乙二醇，166℃

在这种情况下，2 分子羧酸同时与 1 分子羟基参与缩聚，就成为三级反应，速率方程为：

$$-\frac{\mathrm{d}c}{\mathrm{d}t} = kC^3 \qquad (2\text{-}8)$$

将上式变量分离，经积分，得：

$$\frac{1}{C^2} - \frac{1}{C_0^2} = 2kt$$

以 $C = C_0(1-P)$ 代入得：

$$\frac{1}{(1-P)^2} = 2C_0^2 kt + 1 \qquad (2\text{-}9)$$

如引入聚合度与反应程度的关系，则得聚合度随时间变化的关系：

$$\bar{X}_n^2 = 2kC_0^2 t + 1 \qquad (2\text{-}10)$$

上式表明，如果 $1/(1-P)^2$ 或 $\bar{X}_n^2$ 与 t 成线性关系，聚酯化动力学行为应该属于三级反应。

如图 2-3 所示，取 $1/(1-P)^2$-t 图直线部分的斜率，就可求得速率常数 k，由 Arrhenius 式或 $k = A\exp(-E/RT)$，求取频率因子 A 和活化能 E。

(2) 平衡缩聚动力学　当聚酯化反应在密闭系统中进行，或水的排出不及时，则逆反应不容忽视，与正反应构成可逆平衡。

如果羧基和羟基数相等，令其起始浓度 $C_0 = 1$，时间 t 时的浓度为 C，则酯的浓度为 $1-C$，水全未排出时，水的浓度也是 $1-C$，如果一部分水排出，设残留水的浓度为 n_w。

$$-OH + -COOH \rightleftharpoons -OCO- + H_2O$$

起始	1	1	0　　　　0
t 时，水未排除	C	C	$1-C$　　$1-C$
水部分排除	C	C	$1-C$　　n_w

聚酯反应的总速率是正、逆反应速率之差。水未排出时，速率为：

$$R = -\frac{\mathrm{d}C}{\mathrm{d}t} = k_1 C^2 - k_{-1}(1-C)^2$$

水部分排出时的总速率为：

$$-\frac{\mathrm{d}C}{\mathrm{d}t} = k_1 C^2 - k_{-1}(1-C)n_w$$

将 $C=C_0(1-P)$ 和 $K=k_1/k_{-1}$ 代入，得：

$$-\frac{dC}{dt}=\frac{dP}{dt}=k_1\left[(1-P)^2-\frac{P^2}{K}\right] \tag{2-11}$$

$$-\frac{dC}{dt}=\frac{dP}{dt}=k_1\left[(1-P)^2-\frac{Pn_w}{K}\right] \tag{2-12}$$

这就是线性平衡缩聚反应的动力学方程，它建立起了缩聚反应的动力学和热力学之间的内在关系。表明了总反应速率与反应程度、低分子副产物含量、平衡常数有关。

当 K 值很大或 n_w 很小时，上式右边第二项可以忽略，就与外加酸催化的不可逆聚酯动力学相同。

上两式的使用虽然颇显繁琐，但是用它对某些影响反应的因素作定性判断却是有用的。

正、逆反应达到平衡时，总的聚合速率为零。对于封闭体系，两原料等物质的量时，得：

$$(1-P)^2-\frac{P^2}{K}=0$$

$$P=\frac{\sqrt{K}}{\sqrt{K}+1}$$

$$\bar{X}_n=\frac{1}{1-P}=\sqrt{K}+1 \tag{2-13}$$

例如，聚酯反应的 $K\approx4$，$P=2/3$，$\bar{X}_n=3$，最多只能形成三聚体；聚酰胺反应的 $K\approx400$，在密闭系统内，体系最高的 P 值也只有 $P=0.95$，$\bar{X}_n<21$；如 $K=10^4$，$\bar{X}_n$ 才能达到 100，这一体系才有可能被考虑作不可逆反应，不必排除低分子副产物。

因此，一般情况下均应采用减压、加热或通惰性气体等措施来排除副产物，减少逆反应。在非封闭体系下：

$$(1-P)^2-\frac{Pn_w}{K}=0$$

$$\bar{X}_n=\frac{1}{1-P}=\sqrt{\frac{K}{Pn_w}}\approx\sqrt{\frac{K}{n_w}} \tag{2-14}$$

要获得高分子量，式中 $P\rightarrow1$（>0.99）。

上式表明，聚合度与平衡常数平方根成正比，与低分子副产物浓度平方根成反比。

2.3.4 线形缩聚反应分子量的影响因素及定量控制

2.3.4.1 分子量的影响因素

聚合物的物理机械性能与其分子量有密切关系，加聚物如此，缩聚物也是如此。如相对分子质量为 1.2 万以下的聚乙烯只用作涂料、热熔胶，相对分子质量为 1.8 万～3 万的可用作一般塑料，相对分子质量为 7 万～15 万的可以抽丝，而相对分子质量在 70 万以上乃至数百万的所谓超高分子量聚乙烯则可用作工程塑料。

又如特性黏数（特定情况下，与分子量成对应关系）为 0.72 左右的聚对苯二甲酸乙二酯可制成一般的纺织纤维，而特性黏数在 1.0 以上者可纺成强力纤维，也可用作工程塑料。因此，严格控制缩聚产物的分子量，在生产上具有十分重要的意义。影响缩聚产物分子量的主要因素有以下三大类。

(1) 反应单体过量（配比）的影响 在二元酸和二元醇或二元胺缩聚时，若一种组分过量会引起分子量降低，例如，1mol的二元酸和2mol的二元醇（即醇过量100％）反应，则仅能得到一种聚合度为1.5的酯。表2-3中列出了乙二醇过量时对产物分子量的影响。

表 2-3　对苯二甲酸与乙二醇缩聚时乙二醇过量对产物分子量的影响

二元酸物质的量/mol	二元醇物质的量/mol	过量率/％	$\overline{M}_{P最大}$（P=1时）	$\overline{M}_{P_1}$（P=0.99时）	$\overline{M}_{P_2}$（P=0.995时）
1	2	100	254		
2	3	50	446		
3	4	33.33	638		
4	5	25	830		
5	6	20	1022	930	
50	51	2	9662	4831	6441
100	101	1	19262	6420	9631
1000	1001	0.1	192062	9146	17460
1	1	0		9618	19218

由表2-3可以看出，乙二醇过量较多时，完全得不到高分子量的聚酯，只有当过量少于1％时，才有可能制得技术上有用的产物。并且反应程度越高，二元酸或二元醇过量的影响也越大。当反应程度为0.995时，甚至过量0.1％就足以使分子量大大降低（从19218到17460）。实际上，表中所列的最大分子量，即反应程度为1时的分子量，是永远不能达到的。由此可知，在缩聚反应中精确的官能团等摩尔比是十分重要的。均缩聚如羟基酸和氨基酸自身就存在着官能团等摩尔比；用二胺和二酸制备聚酰胺时，则利用酸和胺中和成盐反应来保证两组分精确的摩尔比；而涤纶树脂的生产却可以用酯交换反应来实现。

(2) 反应程度的影响　"反应程度"表示在给定的时间内已参加反应的官能团数与原料总官能团数的比值。反应程度的最大值为1。前已述及，缩聚产物的数均聚合度 $\overline{X}_n$ 与反应程度 P 的依赖关系为：

$$\overline{X}_n = \frac{1}{1-P}$$

即反应程度愈大，分子量愈大。

表 2-4　聚对苯二甲酸乙二酯分子量与反应程度的关系

对苯二甲酸物质的量/mol	乙二醇物质的量/mol	聚合物平均相对分子质量	反应程度	对苯二甲酸物质的量/mol	乙二醇物质的量/mol	聚合物平均相对分子质量	反应程度
1	1	210	0.5	50	50	9618	0.99
2	2	402	0.75	100	100	19218	0.995
3	3	594	0.83	150	150	28812	0.997
4	4	786	0.87	1000	1000	192018	0.9995
5	5	978	0.90	1500	1500	288018	0.9997
10	10	1938	0.95				

技术上所要求的聚酯和聚酰胺相对分子质量范围在10000~30000之间，从表2-4中可以看出，为了达到这样的分子量，必须使P达到0.99以上，也就是说，要得到较大分子量的聚合物，必须要有足够长的反应时间。

(3) 平衡反应的影响　前面已经提到，聚酯化反应、聚酰胺化反应都属于平衡缩聚反应，所以缩聚物的分子量与反应平衡有关。

$$—OH + —COOH \rightleftharpoons —OCO— + H_2O$$

$$K = \frac{[-OCO-][H_2O]}{[-COOH][-OH]}$$

① 反应温度。温度对所有可逆平衡化学反应的影响主要取决于该反应的热效应。由于大多数缩聚反应都是放热反应，其摩尔等压焓在$-33.6 \sim -42kJ/mol$之间，所以其平衡常数随反应温度的升高而略有降低。

平衡常数对温度的变化率可用下式表示：

$$\frac{\mathrm{d}\ln K}{\mathrm{d}T} = \frac{\Delta H}{RT^2}$$

ΔH为负值，因此，其变化率为负值，即温度升高，平衡常数变小，即逆反应增加。但聚合热不大，变化率较小。

另一方面，逐步聚合的活化能较大，要保证一定速率下聚合，须提高反应温度。由于反应热过小，不足以维持较高的温度，需另外加热。表2-5中列出了聚酯反应平衡常数与温度关系的相关数据。

表 2-5　对苯二甲酸双-β-羟乙酯缩聚反应平衡常数与温度的关系

反应温度/℃	195	223	254	282
平衡常数 K	0.59	0.51	0.47	0.38

由表2-5可见，升高温度会使平衡常数降低从而导致聚合度的降低。不过，由于一般缩聚反应体系的黏度随温度的升高而降低，从而使反应生成的小分子更容易从体系中排出，有利于平衡向着生成聚合物并提高聚合度的方向移动。

因此，温度对缩聚反应的影响包含两个方面：一方面，升高温度使平衡常数和聚合度降低；另一方面，温度对缩聚反应速率的影响与一般化学反应相同，即升高温度都会提高线性平衡缩聚反应的速率，降低体系黏度，有利于排除小分子，这对于讲究效率的规模化工业生产是十分必要的。

不过在缩聚反应中，过高的反应温度往往会导致聚合物分子链的裂解（水解、醇解、酸解等）、环化、官能团分解等副反应发生，所以必须全面考虑反应温度对于聚合度和聚合速率的正、负面影响，通过试验确定最佳的反应温度。

② 反应器内压力。一般而言，可逆平衡化学反应平衡常数的大小决定于该反应的类型、生成物与反应物的相对稳定性及其相态。当反应物和生成物都是液态或固态时平衡常数与反应器内的压力并无太大关系。

但是大多数线性平衡缩聚反应都有沸点相对较低的小分子物质如水、低级醇等生成，如前述，这些小分子在反应体系中的含量将直接影响缩聚物分子量的高低。所以大多数缩聚反应中后期都需要有减压排出小分子的过程。特别是对于那些平衡常数较小的缩聚反应，如对苯二甲酸双-β-羟乙酯的缩聚反应平衡常数还不足1，反应后期往往需要在100Pa的高真空条件下进行，以达到最大限度地排除小分子、提高聚合度的目的。

压力对缩聚反应的影响也包含两个方面：一方面，在聚合反应后期减压有利于排除小分子；另一方面，在反应初期减压却不利于维持低沸点单体的等摩尔比。

因此，对于那些原料单体沸点不高的缩聚反应，聚合反应初期减压往往会导致单体的损失从而破坏官能团的摩尔比，这对于获得高分子量聚合物是十分不利的。在这种情况下，反应初期往往还需要在一定的压力下进行。随着反应的进行，体系黏度逐渐升高，单体和低聚物逐渐减少，生成的小分子副产物逐渐增多，这个时候才需要逐渐降低压力，最后达到较高的真空度。这就充分兼顾了既不破坏原料单体的摩尔比，又可达到更高的反应程度和聚合度的目的。

③ 催化剂。同一般的化学反应一样，线性平衡缩聚反应往往使用催化剂以提高聚合反应速率，而反应的平衡常数并不改变。

有关催化剂的选择通常参照选用有机化学中类似缩合反应的催化剂，同时充分考虑在极性和亲水性较低的缩聚体系中，催化剂应该具有较好的相容性和分散性。

例如，一般低级脂肪酸的酯化反应多采用无机酸作催化剂，而聚酯反应与高级脂肪酸的酯化反应一样通常采用脂溶性较好的有机强酸如对甲苯磺酸催化剂。

④ 单体浓度。在缩聚反应动力学中，已经讲过无论是外加酸催化的二级反应机理，还是自催化的二级半、三级反应机理，所合成聚酯的分子量都与单体浓度有关，高的单体浓度可以得到较高分子量的聚合物。

所以，除那些直接以聚合物溶液使用的缩聚反应，如涂料、胶黏剂的合成需要在单体中加入溶剂外，通常在缩聚反应体系中只加入单体和催化剂，尽可能提高单体浓度，以保证获得较高的聚合度。

⑤ 搅拌。在大多数化学反应进行过程中，机械搅拌的作用在于加强反应物料的均匀混合与扩散，同时强化传热过程以利于温度控制。

对于高分子合成反应而言，除了上述作用外，搅拌的一个重要作用还在于这样有利于排除生成的小分子副产物。不过，如果在聚合反应后期过分强烈的搅拌往往会导致聚合物分子量的降低，原因是高强度的搅拌剪切力可能导致线形大分子链断裂，从而引发机械降解。

⑥ 惰性气氛。许多缩聚反应都必须在较高温度下进行，例如涤纶的聚合反应温度通常在280℃以上。在如此高的温度下，一些单体的官能团容易发生氧化、分解等副反应，从而导致官能团摩尔比的破坏和分子链端反应能力的丧失。不仅如此，空气中的氧在高温条件下往往会与许多线形缩聚物发生氧化反应并使其颜色变深，从而影响聚合物的使用性能。所以在缩聚反应中经常采用连续通入惰性气体（通常是 N_2）的方法来进行聚合反应，这样，既可避免氧化反应的发生，同时又有利于排除反应过程中生成的小分子。

不过需要注意的是，如果原料单体的沸点较低，则不宜在反应初期，而只能在反应中后期通入 N_2，否则将造成低沸点单体的损失，并破坏官能团的摩尔比。

2.3.4.2 分子量的定量控制

反应程度和平衡条件是影响线形缩聚物聚合度的重要因素，但却不便用作定量控制的手段。定量控制分子量的有效办法是调整官能团配比，主要有两种。一种是由两种单体进行混缩聚时，使一种单体稍稍过量；另一种是在反应体系中加一种单官能团物质，使其与大分子端基反应，起封端作用。使反应程度稳定在一定数值上，制得预定聚合度的产物。

(1) 两单体非等摩尔比，其中一单体过量 双官能团单体 A—A 和 B—B，在 B—B 过量情况下的聚合反应。例如，二元酸和二元醇或二元酸和二元胺的反应体系。

以 N_A 和 N_B 分别表示 A 和 B 官能团的数量。N_A 为起始官能团 A 的总数，N_B 为起始官能团 B 的总数。定义 γ 为两种官能团的当量系数，即

$$\gamma = N_A / N_B \quad (\gamma \leqslant 1)$$

定义 q 为单体的过量分率，即

$$q = \frac{\text{B—B分子数} - \text{A—A分子数}}{\text{A—A分子数}} = \frac{\dfrac{N_B}{2} - \dfrac{N_A}{2}}{\dfrac{N_A}{2}}$$

当量系数与过量分率的关系为：

$$q=(1-\gamma)/\gamma$$

当量系数和过量分率是表示非等摩尔比的两种方法，工业上常用过量分率或过量分数，理论分析时则采用当量系数。设官能团 A 的反应程度为 P，则 A 的反应数为 $N_A P$，B 官能团的反应数与 A 相同，也为 $N_A P$。

相应的，A 的残留数为 $N_A - N_A P$，B 的残留数为 $N_B - N_A P$。于是，聚合物链端的官能团数为：$N_A + N_B - 2N_A P$。大分子链数等于端基数的一半，即：$(N_A + N_B - 2N_A P)/2$。

$\bar{X}_n$ 等于结构单元数除以大分子总数，得：

$$\bar{X}_n = \frac{(N_A + N_B)/2}{(N_A + N_B - 2N_A P)/2} = \frac{1+\gamma}{1+\gamma-2\gamma P} \tag{2-15}$$

或

$$\bar{X}_n = \frac{(N_A + N_B)/2}{(N_A + N_B - 2N_A P)/2} = \frac{q+2}{q+2(1-P)} \tag{2-16}$$

上两式为平均聚合度与当量系数、过量分率及反应程度的关系。

当两种官能团等摩尔比时，即 $\gamma=1$，或 $q=0$，可简化为：

$$\bar{X}_n = \frac{1}{1-P}$$

当聚合反应程度达到 100% 时，即 $P=1$，可简化为：

$$\bar{X}_n = \frac{1+\gamma}{1-\gamma} \quad 或 \quad \bar{X}_n = \frac{2}{q}+1 \tag{2-17}$$

例如，二元酸和二元醇的缩聚反应，当—OH 数目超过—COOH 的 5%，而且—COOH 完全反应时（$P=1$），代入式(2-17) 得：

$$\bar{X}_n = \frac{1+\frac{100}{105}}{1-\frac{100}{105}} = 41$$

当完全等摩尔比（$\gamma=1$ 或 $q=0$）和 $P=1$ 时，聚合度将变为无穷大。实际上，P 可以趋近 1，但永远不等于 1。

(2) 加入单官能团物质进行端基封锁

① A—A 和 B—B 等摩尔比，另加少量单官能团单体。单官能团单体一旦与增长的聚合物链反应，聚合物链末端就被单官能团单体封住了，不能再进行反应，因而使分子量稳定，所以常把加入的单官能团单体称作分子量稳定剂。例如，在聚酰胺反应体系中，当单官能团单体是苯甲酸时，我们就会得到在两端都带有苯甲酰氨基的聚酰胺。

$$H_2N—R—NH_2 + HOOC—R'—COOH + \bigcirc—COOH \longrightarrow$$

$$\bigcirc—CO—NH—R—NHCO—R'—CO—NH—R—NHCO—\bigcirc$$

当加入的单官能团单体为 B 时，式(2-15) 和式(2-16) 在这里仍然适用。只是要将 γ 和 q 值重新定义为：

$$\gamma = N_A/(N_B + 2N'_B)$$

$$q = 2N'_B/N_A$$

式中，N'_B 是加入 B 的官能团数，也是它的分子数，N_A 和 N_B 的意义不变，且 $N_A = N_B$。N'_B 前面的系数 2 表示一个 B 分子中的一个基团相当于一个过量 B—B 分子双官能团的作用。

例如，等物质的量的乙二醇与己二酸缩聚，另外加入1.5%（物质的量）的醋酸，当 $P=0.995$ 时，聚酯的聚合度为：

$$\bar{X}_n=\frac{q+2}{q+2(1-P)}=\frac{0.015+2}{0.015+2(1-0.995)}=80.6$$

② A—B 型单体加入少量单官能团单体。在 A—B 型单体的聚合反应体系中，其官能团 A 和 B 总是等物质的量的，即 $\gamma=1$。我们可以加入单官能团单体，以达到控制和稳定聚合物分子量的目的。

设 A—B 单体中两种官能团数分别为 N_A 和 N_B，另加的单官能团分子数为 N'_B。则体系中总分子数为：

$$N_0=N_B+N'_B$$

当反应程度为 P 时，大分子数为：

$$N=N_B(1-P)+N'_B$$

根据

$$\bar{X}_n=\frac{结构单元总数}{大分子数}=\frac{N_0}{N}$$

得：

$$\bar{X}_n=\frac{N_B+N'_B}{N_B(1-P)+N'_B} \tag{2-18}$$

令 $Q=N_B/(N_B+N'_B)$，上式变为：

$$\bar{X}_n=\frac{1}{(1-P)(1-Q)+Q} \tag{2-19}$$

上述分析表明，线形缩聚物的聚合度与两官能团的当量系数或过量分率有密切关系。故在生产中，要获得高分子量产物，必须保证单体官能团严格地等摩尔比。为此，首先要保证单体有足够的纯度，因为杂质存在会影响摩尔比的精确性，另外杂质中若含有官能团 A 或 B，就会限制分子量的增长。其次，应尽量减少单体因挥发、分解等造成的损失。

2.3.4.3 获得高分子量缩聚物的基本条件

如果以获得分子量尽可能高的聚合物为目的，就必须全面分析影响缩聚物分子量的各种因素，尽可能创造有利于缩聚反应顺利进行和提高聚合度的条件。表 2-6 列举了获得高分子量缩聚物的基本条件及其正负面影响。

表 2-6　获得高分子量缩聚物的基本条件

基本条件	反应实例或措施	正面影响	负面影响
高活性单体	二元酸氯代替二元酸合成尼龙	有	条件苛刻
提高单体纯度	不含任何单官能团杂质	有	无
等摩尔比	对苯二甲酸双-β羟乙酯合成涤纶；用尼龙-66 盐合成尼龙-66	有	无
提高反应程度	中后期减压排除小分子	有	可能带出单体
严格控制温度	初期适当低,后期适当高	有	过高则 K 减小,副反应增多
高效催化剂	对甲苯磺酸用于聚酯	有	无
惰性气体保护	多采用 N_2	有	可能带出单体

获得高分子量缩聚物的基本条件有以下几个方面。

① 单体纯净，无单官能团化合物。

② 官能团等摩尔比。

③ 尽可能高的反应程度，包括温度控制、催化剂、后期减压排除小分子、惰性气体保护等。

2.4 体形缩聚反应

多官能度体系缩聚时，如酚醛树脂和醇酸树脂的合成，先形成支链，进一步交联成体形聚合物。2-2、2-3、3-3 体系反应时的结构变化比较如下。

2-2 体系：

$$A—A+B—B \longrightarrow A—AB—B \longrightarrow A—AB—BA—A\cdots B—B$$

2-3 体系：

3-3 体系：

2-4 或 3-4 体系反应的结果与上类似。

多官能团单体聚合到某一定程度，开始交联，黏度突增，气泡也难上升，出现凝胶化现象，这时的反应程度称作凝胶点。凝胶点的定义为开始出现凝胶瞬间的临界反应程度。凝胶不溶于任何溶剂中，相当于许多线形大分子交联成一整体，分子量可以看作无穷大。出现凝胶时，在交联网络之间还有许多溶胶，可用溶剂浸取出来。溶胶还可以进一步反应，交联成凝胶。因此，在凝胶点以后交联反应仍在进行，溶胶量不断减少，凝胶量相应增加。

凝胶化过程中体系物理性能发生了显著的变化，如凝胶点处黏度有突变；充分交联后，则刚性增强、尺寸稳定、耐热性变好等。

所谓体形缩聚，是指单体组成中至少有一种含两个以上官能团，单体的平均官能度大于2，在一定条件下能够生成具有空间三维交联结构聚合物的缩聚反应。

体形缩聚物与线形缩聚物在性能上的最大差异在于体形聚合物具有不溶、不熔性和更高的机械强度，而线形聚合物具有可溶、可熔性，后者又被称为热塑性聚合物（树脂）。正是由于体形聚合物具有更好的力学性能和热稳定性，因此在许多领域得到广泛的应用，使它成为十分重要的一类聚合物。

2.4.1 体形缩聚反应的特点

（1）可以分阶段进行　即反应前期总是按线形缩聚反应进行，反应中后期才转化为迅速发生交联的体形缩聚反应。事实上，一个不分阶段、无法控制的体形聚合反应几乎无法实现大规模的工业化生产。

热固性聚合物制品的生产过程多分成预聚物制备和交联固化成型两个阶段，这两个阶段对凝胶点的预测和控制都很重要。预聚时，如反应程度超过凝胶点，将固化在聚合釜内而报废；成型时，则须控制适当的固化速率或时间。例如，在制备热固性泡沫塑料时，要求发泡速率与固化速率相协调；制造层压板时，也需控制适宜的固化时间，才能保证材料强度。因此，凝胶点是体形缩聚中的首要控制指标。

(2) 存在凝胶化过程　如前所述，此时的反应程度被称作凝胶点。实践证明，凝胶化过程具有突然性，所以无论对于实验室小试还是工业性生产的控制，提前预测凝胶点都是至关重要的。

(3) 凝胶点以后的反应速率较凝胶点以前低　这个特点不难理解，由于聚合物分子链的交联三维网络大大限制了连接在网络上的官能团的运动能力和反应活性，即使存在未被高度交联的溶胶及少数低分子量的同系物分子，它们在大分子交联网络中的扩散也变得相当困难，所以凝胶点以后的反应速率明显降低。如果需要达到较高的反应程度，则必须有更加苛刻的条件。

2.4.2　凝胶点的预测——Carothers 法

2.4.2.1　两官能团等物质的量

在官能团 A 和 B 等物质的量（等基团数）的情况下，Carothers 推导出了凝胶点时的反应程度 P_c 与平均官能度 $\bar{f}$ 间的关系。

单体混合物的平均官能度指的是每一分子平均带有的官能团数，即

$$\bar{f}=\frac{\sum N_i f_i}{\sum N_i} \tag{2-20}$$

式中，N_i 是官能度为 f_i 的单体 i 的分子数。

例如，2mol 甘油（$f=3$）和 3mol 邻苯二甲酸酐（$f=2$）体系共有 12mol 官能团，故

$$\bar{f}=\frac{12}{5}=2.4$$

设体系中混合单体起始分子数为 N_0，则起始官能团数为 $N_0\bar{f}$。令 t 时残留分子数为 N，则反应的官能团数为 $2(N_0-N)$。

系数 2 代表在线形缩聚阶段每进行一步反应都必然等量消耗两个不同的官能团，同时伴随着一个同系物分子的消失。换言之，包括单体在内的聚合物同系物分子数的减少量的两倍即是已反应了的官能团数。

反应程度 P 为基团参与反应部分的分率或任一基团的反应概率，可由 t 时前参与反应的基团数除以起始基团数来求得：

$$P=\frac{2(N_0-N)}{N_0\bar{f}} \tag{2-21}$$

因为聚合度 $\bar{X}_n=N_0/N$，代入上式，则得：

$$P=\frac{2}{\bar{f}}\left(1-\frac{1}{\bar{X}_n}\right) \tag{2-22}$$

凝胶时，考虑 $\bar{X}_n$ 为无穷大，则凝胶点时的临界反应程度为：

$$P_c = \frac{2}{f} \quad (\bar{X}_n \to \infty) \tag{2-23}$$

这就是著名的 Carothers 方程。Carothers 方程的理论基础是凝胶点时的数均聚合度等于无穷大。

应用该方程计算体形缩聚反应的凝胶点十分简便。例如，摩尔比为 2 ∶ 3 的甘油 ∶ 苯酐体系的 $\bar{f}=2.4$，按上式计算，可得 $P_c=0.833$。

须指出的是，凝胶点时的临界反应程度 P_c 实际值往往小于理论计算值。Carothers 方程的前提是 $\bar{X}_n=\infty$，但凝胶点时体系中还有许多溶胶，$\bar{X}_n$ 并非无穷大，这只是近似处理。

以上公式的使用，仅限于两基团数相等的条件，不相等时须加修正。

2.4.2.2　两官能团非等物质的量

即两种基团数不相等，分两种情况讨论。

(1) 两组分体系　以 1mol 甘油和 5mol 邻苯二甲酸酐体系为例，计算得：

$$\bar{f} = \frac{1 \times 3 + 5 \times 2}{1 + 5} = \frac{13}{6} = 2.17$$

根据这一数据，似可制得高聚物。进一步按 Carothers 式计算凝胶点：

$$P_c = 2/2.17 = 0.92$$

似可产生交联，并且貌似交联度比较深。但这两个结论都是错误的。

原因是两基团数比 $\gamma=3/10=0.3$，苯酐过量很多，1mol 甘油与 3mol 苯酐反应，甘油中的羟基全部被封端，留下 2mol 苯酐（或 4mol 羧基）不再反应，不应参与平均官能度的计算。

在两种基团数不相等的情况下，平均官能度应以非过量基团数的二倍除以分子总数来求取，因为反应程度和交联与否决定于含量少的组分。过量反应物质中过量的部分并不参与反应，只使体系的平均官能度降低。

$$\bar{f} = \frac{2N_A f_A}{N_A + N_B} \tag{2-24}$$

上例 $\bar{f}=2 \times 1 \times 3/(1+5)=1$。这样低的平均官能度说明体系仅能生成低分子物，不会凝胶化。两种以上单体的非等物质量混合物的平均官能度可作类似计算。

(2) 多组分体系　同样，对于该体系计算时只考虑参与反应的基团数，不计算未参与反应的过量基团。

以 A、B、C 三组分体系为例，三者分子数分别为 N_A、N_B、N_C，官能度分别为 f_A、f_B、f_C。设 A 和 C 含有相同的官能团（如 a），a 官能团总数少于 b（B 过量），即 $(N_A f_A + N_C f_C) < N_B f_B$，则平均官能度按下式计算：

$$\bar{f} = \frac{2(N_A f_A + N_C f_C)}{N_A + N_B + N_C} \tag{2-25}$$

式中的 2 是考虑了参与反应的还有等量的 b 基团。

a、b 两基团数比 $\gamma (<1)$ 为：

$$\gamma = \frac{N_A f_A + N_C f_C}{N_B f_B}$$

令 ρ 为 C 组分（设 $f>2$）的官能团数占 a 基团总数的分率，即

$$\rho=\frac{N_C f_C}{N_A f_A+N_C f_C}$$

代入式(2-25)，则得：

$$\bar{f}=\frac{2\gamma f_A f_B f_C}{f_A f_C+\gamma\rho f_A f_B+\gamma(1-\rho)f_B f_C} \tag{2-26}$$

实际上，$f_A=f_B=2$，$f_C>2$ 的情况较多，上式可简化为：

$$\bar{f}=\frac{4\gamma f_C}{f_C+2\gamma\rho+\gamma f_C(1-\rho)} \tag{2-27}$$

即有：

$$P_c=\frac{(1-\rho)}{2}+\frac{1}{2\gamma}+\frac{\rho}{f_C} \tag{2-28}$$

应该注意，凝胶点时的反应程度 P_c 是对官能团 a 的反应程度而言，官能团 b 的相应反应程度则为 γP_c。

在醇酸树脂制备中，配方可能比 2-2-3 体系还要复杂。只要应用式(2-24)或式(2-25)来计算平均官能度，然后代入式 $P_c=\dfrac{2}{\bar{f}}$ 求凝胶点即可，不必套用以上诸公式。表 2-7 为两种醇酸树脂的配方。

表 2-7　两种醇酸树脂配方示例

配方一	官能度	原料/mol	基团/mol	配方二	官能度	原料/mol	基团/mol
亚麻仁油酸	1	1.2	1.2	亚麻仁油酸	1	0.8	0.8
邻苯二甲酸酐	2	1.5	3.0	邻苯二甲酸酐	2	1.8	3.6
甘油	3	1.0	3.0	甘油	3	1.2	3.6
1,2-丙二醇	2	0.7	1.4	1,2-丙二醇	2	0.4	0.8
合计		4.4	8.6	合计		4.2	8.8

配方一中羧基少于羟基，平均官能度按羧基数计算：

$$\bar{f}=\frac{2(1.2+3.0)}{4.4}=1.909$$

$\bar{f}<2$，预计不形成凝胶，在预聚物制备阶段，无固化危险。在涂料使用过程中，借不饱和双键的氧化和交联而固化。

配方二中羧基数与羟基数相等，$\bar{f}=8.8/4.2=2.095$，代入 $P_c=\dfrac{2}{\bar{f}}$，得 $P_c=0.955$。即达到较高的反应程度才有交联的危险。

2.5　不平衡缩聚及其他逐步聚合反应

不平衡缩聚反应的基本条件有三个：单体应具有足够高的反应活性；聚合物应具有足够高的稳定性；聚合反应温度应足够低、无副反应发生。那些平衡常数很大（如 1000 以上）的缩聚反应，实际上可视为不平衡缩聚反应。另外，还有些逐步聚合反应涉及分子内的开环反应、环化反应或者某些活泼原子的转移反应等，如尼龙-6、聚酰亚胺和聚氨酯的合成反应。本节将讲述几类具有代表性的新型特殊缩聚物及其合成方法。

在反应体系中由于缩合剂的作用，使反应单体的官能团被活化，促使缩聚反应不断进行的称直接缩聚反应。这是近年来缩聚反应研究的新成果。如二元胺与二元酸的缩聚反应是可逆平衡缩聚，但在反应体系中加入等物质的量的亚磷酸三苯酯与咪唑作为二元酸的活化剂，在室温下混合，几个小时后就可以得到分子量很高的聚酰胺。

$$n\text{H}_2\text{N}-\text{R}-\text{NH}_2 + n\text{HOOC}-\text{R}-\text{COOH} + \left(\underset{}{\text{\Large ◯}}-\text{OH} \right)_3 \text{P} \xrightarrow{\text{咪唑}} \left[\text{NH}-\text{R}-\text{NHCO}-\text{R}-\text{CO} \right]_n$$

不平衡缩聚反应的研究开辟了高分子科学的一个崭新领域，使得基于传统概念有机官能团反应的缩聚反应有了崭新的内容和发展空间，那些原来无法与缩聚反应单体相联系的有机物（还包括一些无机物），如苯、对二氯苯等，现在可以通过特定条件下进行的不平衡缩聚反应，得到性能特殊的新型高分子材料。可以预期，随着高分子科学的发展，将会有更多新型缩聚反应和缩聚物问世。

2.5.1 氧化偶联缩聚

在特殊催化剂存在的条件下，苯及其某些衍生物可以通过氧化反应而实现偶联聚合。反应机理研究显示这类聚合反应属于不可逆的逐步聚合反应机理。这类聚合反应的最终结果，一般表现为单体之间通过"脱氢反应"而实现彼此连接，所以有时也被称为"氧化脱氢"聚合。

2.5.1.1 聚苯醚

这是通过氧化偶联聚合反应合成的第一个高分子聚芳醚，其商品名称为 PPO。

采用 ESR 谱检测，发现聚合反应体系中芳烃自由基过渡态的存在，但是却仍然按照逐步聚合反应机理进行，因此应该属于"自由基型缩聚反应"这一大类。

聚苯醚的耐热性、耐水性、机械强度都优于聚碳酸酯和聚砜等工程塑料，可以作为机械零部件的结构材料。

2.5.1.2 聚芳烃

以氯化铜作催化剂、氧化剂的条件下，通常表现为化学惰性的苯可以按照氧化偶联历程进行聚合，最终生成耐高温性能良好的聚苯。

反应过程中加入适量无水三氯化铝往往可以使聚合反应更容易进行。

$$n\text{C}_6\text{H}_6 + [\text{O}] \xrightarrow{\text{CuCl}_2} \left[\text{C}_6\text{H}_4 \right]_n + \text{H}_2\text{O}$$

一些具有对称结构的烷基取代苯，如对二甲苯也可以按上述反应机理聚合。

2.5.1.3 聚芳炔

在空气或氧气存在条件下，乙炔的取代物可以在氯化亚铜-氯化铵水溶液中进行氧化偶联反应生成二聚体。

$$2\text{RC}{\equiv}\text{CH} + [\text{O}] \longrightarrow \text{RC}{\equiv}\text{C}-\text{C}{\equiv}\text{CR} + \text{H}_2\text{O}$$

如果用间二炔基苯在类似条件下进行氧化偶联聚合，可以得到具有良好导电性能的聚乙炔。

显而易见，聚乙炔分子中连续共轭体系的存在为自由电子提供传输通道是其具有导电性的本质原因，这已经成为导电性高分子材料合成的重要途径之一。

以上这几类氧化偶联聚合的共同特点是易形成共轭体系，聚合物的热稳定性很高。例如，聚苯在 500℃ 仍然稳定，聚苯醚的热稳定性和机械强度都超过性能相当不错的聚碳酸酯。虽然目前这一类聚合物的聚合度尚不能达到很高，加工成型也存在一定困难，但是这是开发新型聚合反应和新型聚合物最有效的途径之一。

2.5.2 自由基缩聚

某些具有特殊结构的有机物可以在自由基引发剂（如 BPO）作用下生成活性适中的自由基，接着发生两个自由基之间的偶合，然后再自由基化，再偶合等，最后完成缩聚反应。例如，二苯甲烷的自由基缩聚反应如下：

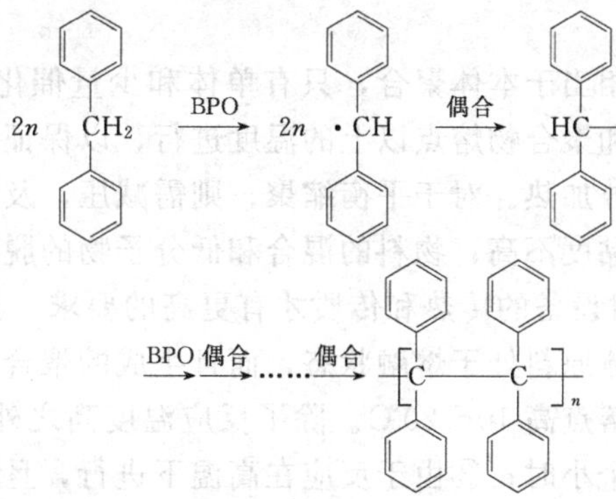

能够进行类似自由基缩聚反应的单体还有不少，如对二甲苯的二卤代衍生物等。这些单体有一个共同特点，即它们都含有活泼原子如 H、Cl 等，容易与自由基引发剂发生反应生成活性适中的自由基。一般而言，如果所生成的自由基活性太高，则激发自由基产生的活化能就一定很高而不容易实施；如果所生成的自由基活性太低，则偶合反应也不容易进行，这两种情况都不容易进行自由基型缩聚反应。

2.5.3 活性化缩聚

逐步聚合反应的一个问题是单体活性低，导致反应要在苛刻的条件下进行；再一个问题是反应的平衡性障碍，要得到高分子量的聚合物，也需要反应在苛刻的条件下进行。针对这两点不足，人们的研究在近年已取得不小进展，合成出了一批新的聚合物。通过对单体反应活性的研究，已合成出一批高活性的单体，在常温常压下就可进行缩聚，且缩聚反应为不平衡缩聚，这样的缩聚称为活性化缩聚。

对苯二甲酰氯与对苯二胺可进行活性化缩聚，生成聚对苯二甲酰对苯二胺（PPD-T）。由于对苯二甲酰氯的反应活性和反应热都很高，所以反应宜在 0～10℃ 的低温条件下进行。

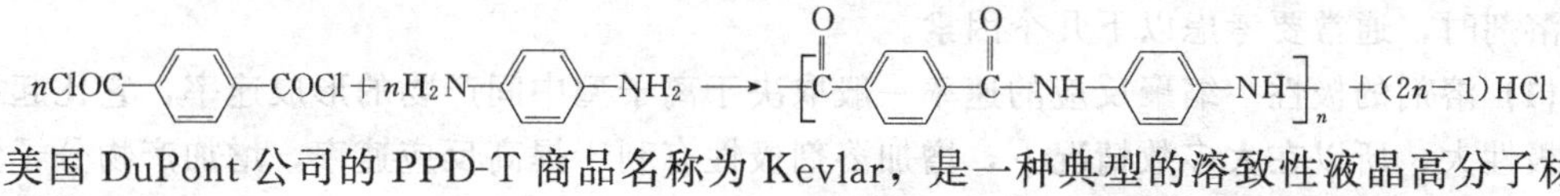

美国 DuPont 公司的 PPD-T 商品名称为 Kevlar，是一种典型的溶致性液晶高分子材料，也可以加工成纤维。PPD-T 的重复结构单元中同时具有刚性的苯环和强极性的酰胺键，结构简单而对称，排列规整，因此具有高强度、高模量、耐高温（$T_g = 375℃$，$T_m = 530℃$），广泛应用于航天、军事、体育用品等领域。

PPD-T 也可由对苯二甲酸与对苯二胺缩聚得到，但需在液态三氧化硫中或者以对甲苯磺酸和硼酸做催化剂，反应温度为115℃，且得到的聚合物的聚合度较前一种方法要低。

此外，也可以通过采用相转移催化剂来强化缩聚反应，常用的相转移催化剂有鏻盐类、大环多醚、高分子相转移催化剂等。

2.6 逐步聚合反应实施方法

实施方法，顾名思义是指完成一个聚合反应所采用的方法。按体系组成来划分，逐步聚合有熔融、溶液、界面、固相四种聚合方法，其中熔融和溶液缩聚最常用。可根据不同反应类型的特点加以选择。

2.6.1 熔融聚合

这是最简单的聚合方法，相当于本体聚合，只有单体和少量催化剂（如需要），产物纯净，分离简单。聚合多在单体和聚合物熔点以上的温度进行，以保证足够的反应速率。聚合热不大，为了弥补热损失，需外加热。对于平衡缩聚，则需减压，及时脱除副产物。大部分时间内产物的分子量和体系的黏度不高，物料的混合和低分子物的脱除并不困难。只在后期（反应程度大于97%～98%）对设备的传热和传质才有更高的要求。其特点是反应温度较高（200～300℃），此时，不仅单体原料处于熔融状态，而且生成的聚合物也处于熔融状态。一般反应温度要比生成的聚合物熔点高10～20℃。除了反应温度高之外，还有以下几个特点：①反应时间较长，一般需要几个小时；②由于反应在高温下进行，且长达数小时之久，为了避免生成的聚合物氧化降解，反应必须在惰性气体中进行（水蒸气、N_2、CO_2 等）；③为了使生成的低分子副产物能较完全地排除在反应系统之外，后期反应常常是在真空中进行，有时甚至在高真空中进行，如涤纶树脂的生产；或在薄层中进行，以有利于低分子产物较完全地排除；或直接将惰性气体通入熔体鼓泡，赶走低分子产物。

用熔融缩聚法合成聚合物的设备简单且利用率高，因为不使用溶剂或介质，近年来由过去的釜式法间歇生产改为连续法生产，如尼龙-6、尼龙-66 等。这是目前生产上大量使用的一种缩聚方法，普遍用来生产聚酰胺、聚酯和聚氨酯。

2.6.2 溶液聚合

单体加适当催化剂在溶剂中进行的缩聚反应称为溶液缩聚，它在工业生产中的应用规模仅次于熔融缩聚。一些新型的耐高温材料，如聚砜、聚酰亚胺、聚苯并噻唑等，大都采用此法制备。一般的油漆、涂料也是用溶液缩聚法生产。溶液缩聚的基本特点是使用溶剂。溶剂起着溶解单体、有利于热交换的作用，使反应过程平稳；它溶解或溶胀增长链，使大分子链伸展，反应速率增加，分子量提高；它有利于低分子副产物的除去（恒沸混合物，蒸发）。选用溶剂时，通常要考虑以下几个因素。

(1) 溶剂的极性　缩聚反应的速率一般取决于离子型中间产物的形成速率，它比起始反应物极性大，所以在大多数情况下，增加溶剂极性有利于提高反应速率，增加产物分子量。

(2) 溶剂化作用　如果溶剂与反应物生成稳定的溶剂化合物，就使反应速率下降，反应活化能提高；如与离子型中间产物生成稳定的溶剂化物，就减小反应活化能，提高反应速率。

(3) 溶剂的副作用　例如二元芳胺与二元芳酰氯缩聚时，用二甲基甲酰胺为溶剂时，产物分子量比二甲基乙酰胺时低得多，原因是发生了某些不希望发生的副反应。

溶液聚合的缺点是要回收溶剂，聚合物中残余溶剂的脱除也比较困难。

2.6.3 界面缩聚

两种单体分别溶于水和有机溶剂中，在界面处进行聚合，故名界面缩聚。界面缩聚应该选用活性高的单体，例如二元胺和二酰氯，在室温下就能很快聚合，速率常数高达 $10^4 \sim 10^5 L/(mol \cdot s)$。

实验室内即可演示界面缩聚，可先将己二酰氯的四氯乙烷（或三氯甲烷）溶液放在烧杯底层，再小心地倒入己二胺的水溶液作为上层，不搅拌，聚酰胺-66 就在界面处迅速形成，可用玻璃棒拉出聚合物膜（见图 2-4）。

水相中需加碱，以中和副产物氯化氢，以免氯化氢与胺结合成盐，使反应减慢。碱量过多，又易使二酰氯水解成羧酸或单酰氯，降低聚合速率和聚合物分子量。

界面缩聚的过程特征属于扩散控制，工业实施时，应有足够的搅拌强度，保证单体及时传递。加入相转移催化剂可大大加速缩聚反应。

界面缩聚优缺点参半，优点是缩聚温度较低，副反应少，不必严格等基团数比，反应快，分子量较熔融聚合产物高等。但原料酰胺较贵，溶剂用量

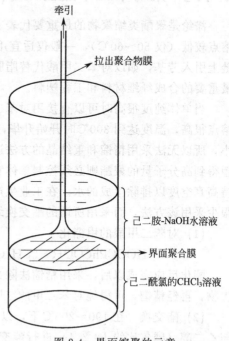

牵引

拉出聚合物膜

己二胺-NaOH水溶液

界面聚合膜

己二酰氯的CHCl₃溶液

图 2-4 界面缩聚的示意

多，回收麻烦，成本反而较高。因为这些缺点，目前界面缩聚工业化的仅限于光气法合成聚碳酸酯。

2.6.4 固相缩聚

固相缩聚是近年来发展起来的一种新的缩聚方法。

采用固相缩聚法可在比较缓和的条件（温度较低）下合成高分子化合物，可以避免许多在高温熔融缩聚反应下发生的副反应，从而可提高树脂的质量，并可为特殊需要制备高黏度的树脂。例如，用熔融缩聚合成的树脂平均相对分子质量在 23000 左右，只适合制作衣着用的纤维，要制备相对分子质量在 30000 以上的树脂，以供制作帘子线和塑料用，就要采用固相缩聚法。

某些熔融温度和分解温度很接近，甚至后者比前者还要低的聚合物，可以在其熔点以下采用固相缩聚法制取。在玻璃化温度以上，熔点以下的固态所进行的缩聚，称为固相缩聚。例如，纤维用的涤纶树脂用作工程塑料（如瓶料）时，分子量显得较低，强度不够。可将涤纶树脂加热到熔点（265℃）以下的温度，如 220℃，继续固相缩聚。这一温度远远高于玻璃化温度（69℃），链段仍能自由运动，并不妨碍继续缩聚，在高度减压或惰性气流的条件下，排除副产物乙二醇，继续提高分子量。使之符合工程塑料和帘子线强度的要求。聚酰胺-6也可以进行固相缩聚，进一步提高分子量。

固相聚合是上述三种方法的补充。

2.7 重要缩聚物和其他逐步聚合物

2.7.1 聚对苯二甲酸乙二醇酯——涤纶（PET）

涤纶是聚酯类缩聚物的最重要代表。通常情况下用脂肪族二元羧酸与二元醇合成的聚酯熔点较低（仅 50～60℃），一般仅适宜用作涂料，而不宜用作塑料和纤维。如果在大分子主链上引入芳基，如以对苯二甲酸代替脂肪酸，则可以大大提高聚酯的熔点和刚性，使之成为最重要的合成纤维材料和工程塑料。

当单体纯度很高时可以直接用对苯二甲酸和乙二醇缩聚合成涤纶。但是由于对苯二甲酸熔点很高，温度达到 300℃时开始升华，同时发生脱羧反应，而且在一般溶剂中的溶解度很小，所以无法采用精馏和重结晶的方法进行精制。另一方面，该反应平衡常数很小，如果期望得到高分子量的聚酯则必须控制单体官能团的严格等摩尔比，同时必须在聚合反应后期保持高真空度以排除生成的水。在工业生产和实验室中要同时做到这两点并不容易，因此目前很少采用该方法，而采用所谓的酯交换缩聚反应，主要包括下面三步合成反应。

(1) 对苯二甲酸的甲酯化

$$HOOCPhCOOH + 2CH_3OH \Longrightarrow CH_3OOCPhCOOCH_3 + 2H_2O$$

酯化反应完成以后，采用精馏法除去苯甲酸、甲醇（稍过量）、水分、苯甲酸甲酯等低沸物，再经精馏，可得纯对苯二甲酸二甲酯。

(2) 酯交换　在 190～200℃下，以醋酸镉和三氧化锑作催化剂，使对苯二甲酸二甲酯与乙二醇（摩尔比约 1∶2.4）进行酯交换反应，形成对苯二甲酸乙二酯。借甲醇的馏出，使反应向右移动，保证酯交换充分。并在反应后期减压蒸馏出过量的乙二醇，这样就可以得到几乎不含单官能团杂质的对苯二甲酸乙二酯。

$$H_3COOC \underset{}{\text{—}\!\!\bigcirc\!\!\text{—}} COOCH_3 + 2HOCH_2CH_2OH \Longrightarrow HOH_2CH_2COOC \underset{}{\text{—}\!\!\bigcirc\!\!\text{—}} COOCH_2CH_2OH + 2CH_3OH$$

(3) 终缩聚　反应采用三氧化锑作催化剂，反应温度控制高于涤纶熔点如 260～290℃，同时采用高真空不断抽出乙二醇，逐步达到高的聚合度。

显而易见，上述酯交换缩聚反应不存在官能团的配比问题，聚合度大小主要取决于反应条件的控制。

$$nHOH_2CH_2COOC \underset{}{\text{—}\!\!\bigcirc\!\!\text{—}} COOCH_2CH_2OH \Longrightarrow$$

$$H\text{—}\!\!\left[OCH_2CH_2OOC \underset{}{\text{—}\!\!\bigcirc\!\!\text{—}} CO\right]_{\!\!n}\!\!OCH_2CH_2OH + (n-1)HOCH_2CH_2OH$$

以上是目前工业上普遍采用的合成涤纶的方法。当然如果解决了对苯二甲酸精制的技术问题，直接用不含任何官能团杂质的对苯二甲酸与乙二醇进行缩聚的合成路线更简单一些。

涤纶是合成纤维的第一大品种，其熔点高、强度好、耐溶剂、耐腐蚀、耐洗涤、手感好、与棉毛混纺后透气（汽）性能良好，所以在合成纺织纤维中始终占据最为重要的地位。

2.7.2 聚酰胺——尼龙（PA）

聚酰胺是另一大类最重要的缩聚物，其合成方法有三种：即二元羧酸与二元胺的混缩聚、氨基酸的均缩聚和内酰胺的开环聚合。

(1) 尼龙-66 和尼龙-1010 为了严格控制原料单体官能团的等摩尔比，工业上通常先将己二酸和己二胺制成内盐：

$$HOOC(CH_2)_4COOH + H_2N(CH_2)_6NH_2 \longrightarrow \begin{bmatrix} ^-OOC(CH_2)_4COO^- \\ ^+NH_3(CH_2)_6H_3N^+ \end{bmatrix}$$

己二酸和己二胺的内盐通常称作"66盐"。利用其在冷、热乙醇中溶解度的显著差异，可以通过重结晶的方法进行精制，从而保证单体的高纯度。反应温度270～275℃。

尼龙-1010的缩聚过程和条件与尼龙-66相似，同样先制成1010盐再聚合，只是聚合温度（240～250℃）稍低。

(2) 尼龙-6 这是产量仅次于尼龙-66的第二大聚酰胺品种，我国商品名称为锦纶。工业上多采用己内酰胺为单体进行开环聚合。因为开环聚合的速率常数比水解缩聚的速率常数大一个数量级，所以后者仅占很小比例。

$$nOC(CH_2)_5NH \longrightarrow \begin{bmatrix} OC(CH_2)_5NH \end{bmatrix}_n$$

水或酸催化（碱催化时属阴离子开环聚合反应机理）。水催化主要条件：己内酰胺加水（5%～10%），250～270℃下反应12～24h。

尼龙-6的最终聚合度与达平衡时的水含量有关，所以聚合反应后期必须脱水。即使如此，聚合物中仍然含有大约8%～9%的单体和3%的低聚物。采用热水浸取或真空蒸馏的方法可以将单体除去并回收，将水分降低到0.1%以下，达到熔融纺丝的要求。

2.7.3 聚碳酸酯（PC）

目前商业上最重要的聚碳酸酯品种是所谓"双酚A型碳酸酯"，它是双酚A的双碳酸酯，其合成路线有两种：光气法和酯交换法。

(1) 光气法 采用双酚A钠盐的水溶液与光气的二氯乙烷溶液进行界面聚合，以胺类作催化剂，在室温条件下进行。其最大的特点是不必控制严格的等摩尔比，可以采用加入少量苯酚的方法控制分子量。缺点是光气的毒性特别高，对操作人员的身体健康造成严重危害。

双酚A   碳酰氯（光气）

(2) 酯交换法 该聚合反应原理及聚合过程与涤纶的酯交换反应相似。第一阶段反应温度180～200℃，压力2700～4000Pa；第二阶段反应温度290～300℃，压力在130Pa以下。

聚碳酸酯其主链含有苯环和四取代的季碳原子，刚性和耐热性增加，具有优良的力学性能、透明性、耐热性和电性能等，是一种新型的重要工程塑料。

① 典型硬而韧的力学性能。特别是冲击强度在工程塑料中是最高的（100％冲不断）。拉伸强度和弯曲强度相似于尼龙和聚甲醛，抗蠕变性能优于聚甲醛。

② 透光性好。透光率达 90％，折射率为 1.58（25℃），比有机玻璃高，因而更适合做透镜等光学材料。

③ 耐热性好。热变形温度为 135～143℃，脆化温度为－100℃，流动温度为 220～230℃。

④ 电性能好。由于 PC 极性小，吸水性小，所以在较宽的温度、湿度范围内有良好的电绝缘性能。

⑤ 其他还有尺寸稳定性好，具有耐燃性等。

聚碳酸酯首先由德国 Bayer 公司在 1958 年工业化生产，由于性能优异，发展很快，1985 年世界产量已达 40 多万吨，成为仅次于 PA 的第二大工程塑料产品。

聚碳酸酯是一种具有优良综合性能的工程塑料，能代替金属广泛应用于各领域。大量用作光盘和计算机用的外壳、软盘，PC 的膜广泛用于录音带和彩色录像带等。利用其光学性能，用作高层建筑玻璃窗，飞机和车船上的挡风玻璃、大型灯罩、防爆玻璃等。在波音 747 飞机上有 2500 多个零件是用 PC 制成的，每架飞机使用的 PC 达 2 吨左右。

2.7.4 聚酰亚胺（PI）

这是一类耐高温、强度高、刚性好的特种工程塑料，多用于航空和军事工业。能在 300℃以上长期使用的耐高温聚合物有时专称为高性能聚合物，耐高温需体现在两方面，一是热稳定不分解，另一是不熔不软化，保持强度。而一般合成纤维、涂料、塑料在 250℃以上都要分解或软化，很难长期使用。

PI 是分子链中含有酰亚胺 $-[CO—NH—CO]-$ 的聚合物，是最先工业化生产的杂环类高聚物的代表。1963 年美国杜邦公司研制的聚均苯四酸二酰亚胺，目前仍是 PI 的主要品种。

合成方法是以均苯四酸二酐和 $4,4'$-二氨基二苯醚为原料，先经缩聚合成聚酰亚胺预聚体聚酰胺酸，然后加工时聚酰亚胺预聚体之间发生反应，即脱水环化成聚酰亚胺。

由于生成的聚酰亚胺不溶、不熔，即使分子量很低的时候也会从聚合反应体系中沉淀出来，因此无法加工成型。所以不得不采用类似于体形缩聚物生产那样分两步进行。

① 采用二甲基甲酰胺（DMF）或二甲基亚砜（DMSO）等强极性溶剂，在较低温度下进行溶液缩聚合成高分子量的线形聚酰胺。

② 将线形聚酰胺在 150℃以上固化成型，完成酰亚胺的闭环反应。

聚酰胺酸

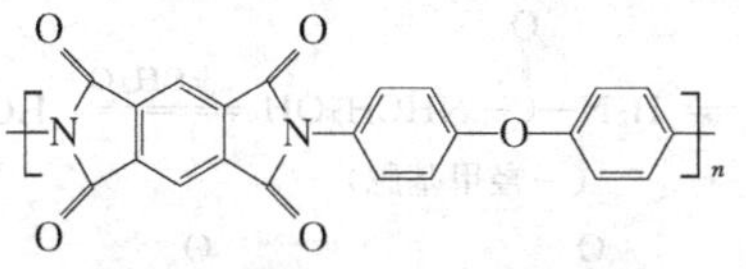

聚均苯四酰二苯醚亚胺（简称聚酰亚胺）

PI 的优点是具有突出的耐热性，可在 250℃长期使用。耐电弧和电晕性、耐磨性和耐辐射性也很好。能耐大多数溶剂，但易受浓碱和浓酸的侵蚀。广泛应用于宇航、军事装备、电子工业等特殊场合。

2.7.5 酚醛树脂（PF）

以酚醛树脂为基础的塑料是人类最早合成的塑料。1907 年由美国 Backeland 公司首先工业化生产，并以 Bakelite 为商品名作为绝缘材料问世，通称电木。它的产量位居塑料第六位。其反应流程见图 2-5。

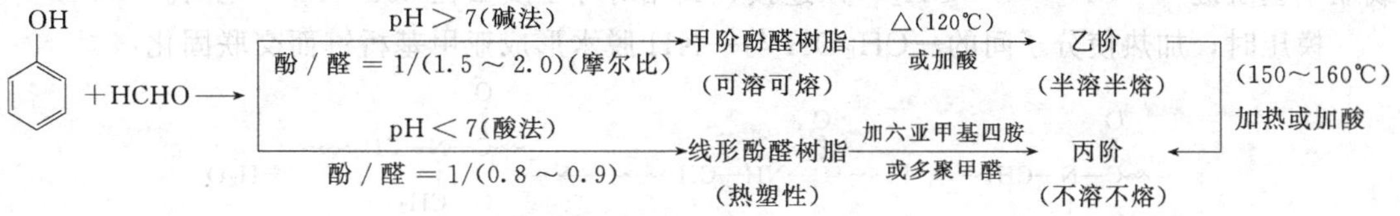

图 2-5 酚醛树脂的反应流程

线形酚醛树脂结构上不存在羟甲基，因而加热时不会交联固化，是热塑性塑料：

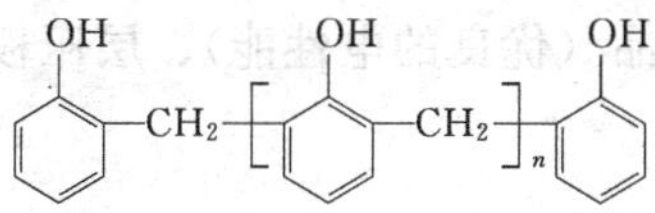

式中，$n=4\sim12$。

当加入多聚甲醛或六亚甲基四胺（乌洛托品）作为固化剂时，其分解产生的甲醛可进一步使之交联固化。甲阶是线形和部分支链形的混合物，乙阶已含有少量的交联结构，丙阶是充分交联的体形结构。能形成交联的原因是苯酚和甲醛在反应初期加成，形成多羟甲基酚，这是一个 2 或 3 官能团的分子。

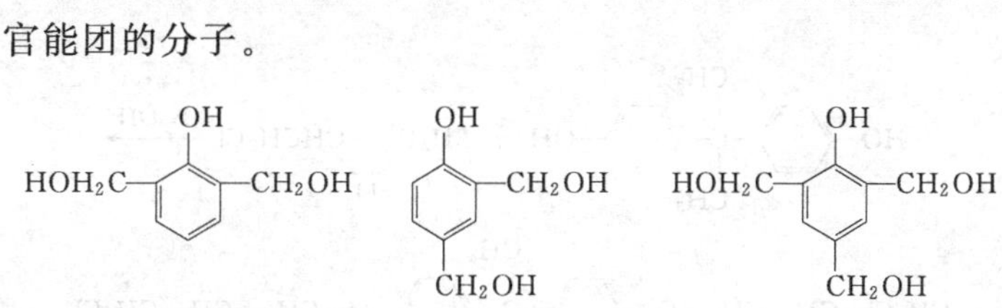

酚醛树脂主要用于电工绝缘制品、仪表外壳。此外还用作黏合剂、油漆（酚醛清漆），用于制造层压板，价格低廉。主要缺点是脆性较大。

2.7.6 氨基树脂（AR）

氨基树脂是指由氨基化合物（主要是尿素和三聚氰胺）和醛类（主要是甲醛）经缩聚反应而生成的聚合物，主要品种有脲醛树脂（UF）和三聚氰胺（蜜胺）甲醛树脂（MF）。

UF 是美国在 1926 年首先工业化的，MF 是 1935 年由瑞士 Ciba 公司和德国 Henkel 公司首先工业化的。与酚醛树脂的合成相似，主要有加成和缩合两步：

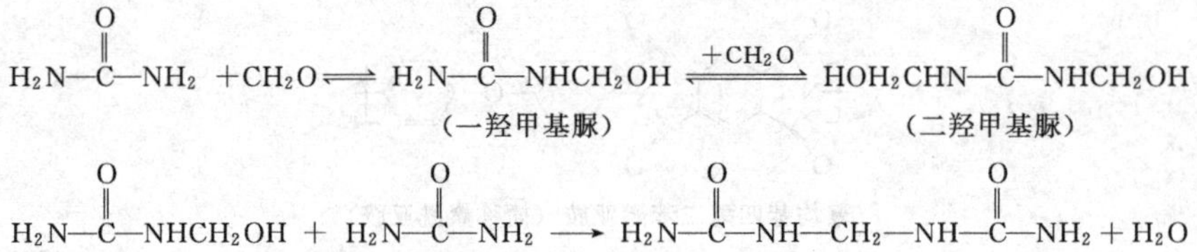

$$\text{H}_2\text{N}\overset{\displaystyle\overset{O}{\|}}{\text{C}}\text{NH}_2 + \text{CH}_2\text{O} \Longleftrightarrow \text{H}_2\text{N}\overset{\displaystyle\overset{O}{\|}}{\text{C}}\text{NHCH}_2\text{OH} \xrightarrow{+\text{CH}_2\text{O}} \text{HOH}_2\text{CHN}\overset{\displaystyle\overset{O}{\|}}{\text{C}}\text{NHCH}_2\text{OH}$$

（一羟甲基脲）　　　　　　（二羟甲基脲）

$$\text{H}_2\text{N}\overset{\displaystyle\overset{O}{\|}}{\text{C}}\text{NHCH}_2\text{OH} + \text{H}_2\text{N}\overset{\displaystyle\overset{O}{\|}}{\text{C}}\text{NH}_2 \longrightarrow \text{H}_2\text{N}\overset{\displaystyle\overset{O}{\|}}{\text{C}}\text{NH}-\text{CH}_2-\text{NH}-\overset{\displaystyle\overset{O}{\|}}{\text{C}}\text{NH}_2 + \text{H}_2\text{O}$$

MF 是由三聚氰胺与甲醛缩聚而成的。根据单体配比的不同，可得到由 1～6 个不等的含羟甲基的分子，但以三羟甲基氰胺和六羟甲基氰胺分子为主：

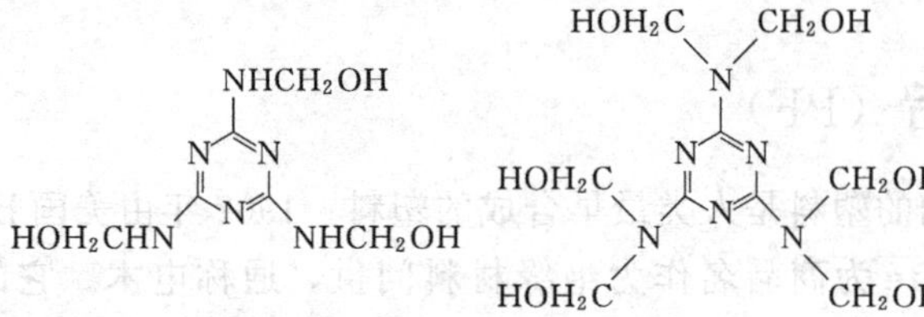

这些羟甲基氰胺再与醛反应可形成蜜胺树脂的预聚物。预聚物也是以亚甲基（—CH$_2$—）或亚甲基醚键（—CH$_2$—O—CH$_2$—）连接，其相对分子质量在 800～1000 之间。

模压时，加热使分子间的—CH$_2$OH 与—NH 脱水形成亚甲基桥键而交联固化：

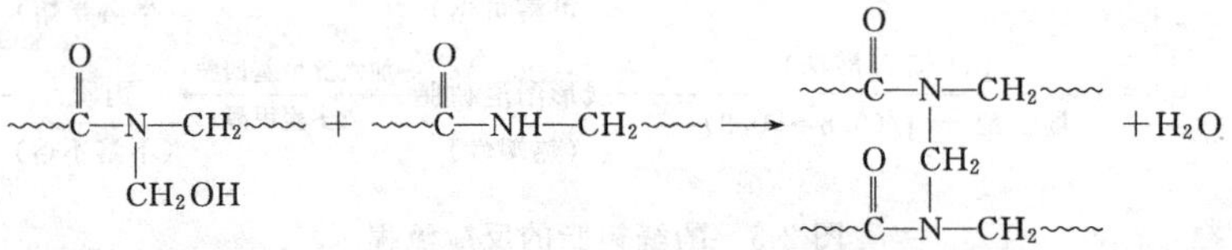

相邻两个分子链中的羟甲基也可能相互反应生成亚甲基醚键。亚甲基醚键在一定温度下会分解失去甲醛而形成亚甲基键。

氨基树脂广泛应用于电器制品（优良的电性能）、层压板、黏合剂、涂料等。

2.7.7　环氧树脂（EP）

凡含有环氧基 —CH—CH$_2$ 的树脂称为环氧树脂。实际上目前 90% 以上的 EP 是双酚 A 型环氧树脂，由双酚 A 与环氧氯丙烷聚合获得。机理如下。

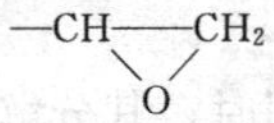

(1) 环氧氯丙烷的环氧基与双酚 A 的羟基作用产生含有醚键的分子，这一步为开环反应。

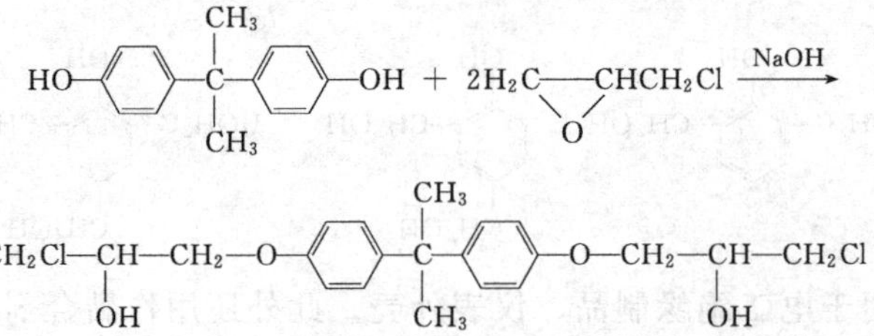

$$\text{CH}_2\text{Cl}-\text{CH}-\text{CH}_2-\text{O}-\cdots-\text{O}-\text{CH}_2-\text{CH}-\text{CH}_2\text{Cl}$$

(2) 在 NaOH 存在下，生成的醚键可脱去 HCl 再形成环氧基，这一步为闭环反应。

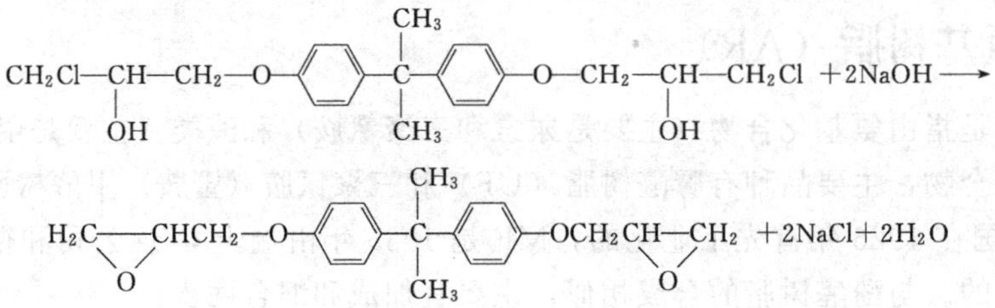

经过多次开环和闭环反应，链不断增长，最终形成环氧树脂。

$$\text{H}_2\text{C}\!-\!\text{CHCH}_2\!\left[\text{O}\!-\!\left\langle\bigcirc\right\rangle\!-\!\overset{\overset{\text{CH}_3}{|}}{\underset{\underset{\text{CH}_3}{|}}{\text{C}}}\!-\!\left\langle\bigcirc\right\rangle\!-\!\text{O}\!-\!\text{CH}_2\text{CHCH}_2\right]_n\!\text{O}\!-\!\left\langle\bigcirc\right\rangle\!-\!\overset{\overset{\text{CH}_3}{|}}{\underset{\underset{\text{CH}_3}{|}}{\text{C}}}\!-\!\left\langle\bigcirc\right\rangle\!-\!\text{OCH}_2\text{CH}\!-\!\text{CH}$$

上式中 n 一般在 $0\sim12$ 之间，相对分子质量相当于 $340\sim3800$，个别 n 可达 19（$M=7000$）。

环氧树脂的分子量不高，使用时再交联固化，因此，对双酚 A 纯度的要求并不像制聚碳酸酯和聚砜时那么严格。

环氧树脂的端环氧基和分子链中的羟基都是反应性基团，前者可被胺类固化剂交联，后者可以被酸酐类固化剂交联，所以环氧树脂是热固性树脂。

环氧树脂的最大用途是制备玻璃钢和黏合剂。环氧树脂胶黏剂粘接强度高且适用范围广，有"万能胶"的美称。市面上以 AB 型双管胶的形式出售（A 管含 EP，B 管含固化剂）。

此外，环氧树脂还用于绝缘材料、防腐蚀材料和涂料。

2.7.8 聚氨酯（PU）

聚氨酯、聚脲也是含氮杂链聚合物，其结构与聚酯、聚碳酸酯、聚酰胺、聚酰亚胺都有些相似，但合成方法和性能有异。

聚酯　聚碳酸酯　聚酰胺
聚酰亚胺　聚氨酯　聚脲

聚氨酯是带有—NH—CO—O—特征基团的高分子（杂链聚合物），全名聚氨基甲酸酯，是氨基甲酸（NHCOOH）的酯类。

典型合成反应为：

$$n\text{OCN}\!-\!\text{R}\!-\!\text{NCO}+n\text{HO}\!-\!\text{R}'\!-\!\text{OH}\longrightarrow\left[\text{OCNH}\!-\!\text{R}\!-\!\text{NHCOOR}'\text{O}\right]_n$$

其中，常用的二异氰酸酯有三种，即甲苯二异氰酸酯（TDI）、$4,4'$-二苯基甲烷二异氰酸酯（MDI）和多苯基多亚甲基多异氰酸酯（PAPI）。

（TDI）

（MDI）

（PAPI）

聚醚多元醇和聚酯多元醇为具有端羟基的低分子量聚醚或聚酯：

$$\text{HO}\!-\!\!\left[\text{R}\!-\!\text{O}\!-\!\text{R}'\right]_n\!\!-\!\text{OH} \qquad \text{H}\!-\!\!\left[\text{O}\!-\!\text{R}\!-\!\text{O}\!-\!\overset{\displaystyle O}{\overset{\|}{\text{C}}}\!-\!\text{R}'\!-\!\overset{\displaystyle O}{\overset{\|}{\text{C}}}\right]_n\!\!-\!\text{OROH}$$

因而聚氨酯按多元醇的结构分成聚酯型和聚醚型两种。

按分子链的结构又分成线形和体形两种，一般工业上线形聚氨酯用作热塑性弹性体或合成纤维（称为氨纶），而体形结构用于制作泡沫塑料、涂料、胶黏剂、人造革及橡胶制品等。

聚氨酯可作热塑性橡胶。它的优点是在高硬度的同时又有弹性，硬度和弹性介于橡胶和塑料之间，耐磨性在橡胶和塑料中是最高的，广泛用作车轮（实心轮胎）、密封垫圈等。

聚氨酯泡沫塑料是用途最广的泡沫塑料，具有保温、绝热、隔声等功能，其软泡沫似海绵，用作包装材料和沙发坐垫等，硬泡沫用于建材、冰箱等。近年来，聚氨酯发展非常迅速，其产量在逐步聚合物中几乎占了首位。

知识窗

尼龙的发明

人们对尼龙并不陌生，在日常生活中尼龙制品比比皆是，但是知道它历史的人就很少了。尼龙是世界上研制出的第一种合成纤维。

20世纪初，企业界搞基础科学研究还被认为是一种不可思议的事情。1926年美国最大的工业公司——杜邦公司的董事斯蒂恩（Charles M. A. Stine, 1882～1954）出于对基础科学的兴趣，建议该公司开展有关发现新的科学事实的基础研究。1927年该公司决定每年支付25万美元作为研究费用，并开始聘请化学研究人员，1928年杜邦公司在特拉华州威尔明顿的总部所在地成立了基础化学研究所，年仅32岁的卡罗瑟斯（Wallace H. Carothers, 1896～1937）博士受聘担任该所有机化学部的负责人。

卡罗瑟斯来到杜邦公司的时候，正值国际上对德国有机化学家斯陶丁格（Hermann Staudinger, 1881～1965）提出的高分子理论展开激烈的争论，卡罗瑟斯赞扬并支持斯陶丁格的观点，决心通过实验来证实这一理论的正确性，因此他把对高分子的探索作为有机化学部的主要研究方向。一开始卡罗瑟斯选择了二元醇与二元羧酸的反应，想通过这一被人熟知的反应来了解有机分子的结构及其性质间的关系。在进行缩聚反应的实验中，得到了相对分子质量约为5000的聚酯分子。为了进一步提高聚合度，卡罗瑟斯改进了高真空蒸馏器并严格控制反应物的配比，使反应进行得很完全，在不到两年的时间里使聚合物的相对分子质量达到10000～20000。

1930年卡罗瑟斯用乙二醇和癸二酸缩合制取聚酯，在实验中卡罗瑟斯的同事希尔斯在从反应器中取出熔融的聚酯时发现了一种有趣的现象：这种熔融的聚合物能像棉花糖那样抽出丝来，而且这种纤维状的细丝即使冷却后还能继续拉伸，拉伸长度可以达到原来的几倍，经过冷拉伸后纤维的强度和弹性大大增加。这种从未有过的现象使他们预感到这种特性可能具有重大的应用价值，有可能用熔融的聚合物来纺制纤维。他们随后又对一系列的聚酯化合物进行了深入的研究。由于当时所研究的聚酯都是脂肪酸和脂肪醇的聚合物，具有易水解、熔点低（＜100℃）、易溶解在有机溶剂中等缺点，不符合纺丝工艺要求，卡罗瑟斯因此得出了聚酯不具备制取合成纤维的错误结论，最终放弃了对聚酯的研究。顺便指出，就在卡罗瑟斯放弃了这一研究以后，英国的温费尔德（T. R. Whinfield, 1901～1966）在汲取这些研究成果的基础上，找出了失败原因，改用芳香族羧酸（对苯二甲酸）与二元醇为原料进行缩聚反应，1940年合成了聚酯纤维（涤纶），并于1950年投入工业化生产，成为化学纤维的新秀，这对卡罗瑟斯不能不说是一件很遗憾的事情。

聚酯纤维的制备虽然失败了，但卡罗瑟斯并没有灰心。为了合成出高熔点、高性能的聚合物，卡罗瑟斯和他的同事们将注意力转到二元胺与二元羧酸的缩聚反应上，几年的时间里卡罗瑟斯和他的同事们从二元胺和二元酸的不同聚合反应中制备出了多种聚酰胺，然而这种物质的性能并不太理想。1935年初卡罗瑟斯决定用戊二胺和癸二酸合成聚酰胺（即聚酰胺-510），实验结果表明，这种聚酰胺拉制的纤维其强度和弹性超过了蚕丝，而且不易吸水，很难溶，不足之处是熔点稍低，所用原料价格很高，还不适宜于商品生产。紧接着卡罗瑟斯又选择了己二胺和己二酸进行缩聚反应，终于在1935年2月28日合成出聚酰胺-66。这种聚合物不溶于普通溶剂，具有263℃的高熔点，由于在结构和性质上更接近天然丝，拉制的纤维具有丝的外观和光泽，其耐磨性和强度超过当时任何一种纤维，而且原料价格也比较便宜，杜邦公司决定进行商品生产开发。

要将实验室的成果变成商品，一是要解决原料的工业来源，二是要进行熔体丝纺过程中的输送、计量、卷绕等生产技术及设备的开发。生产聚酰胺-66所需的原料——己二酸和己二胺当时仅供实验室作试剂用，必须开发生产大批量、价格适宜的己二酸和己二胺，杜邦公司选择丰富的苯酚进行开发实验，到1936年在西弗吉尼亚的一家所属化工厂采用新催化技术，用廉价的苯酚大量生产出己二酸，随后又发明了用己二酸生产己二胺的新工艺。杜邦公司首创了熔体丝纺新技术，将聚酰胺-66加热融化，经过滤后再吸入泵中，通过关键部件（喷丝头）喷成细丝，喷出的丝经空气冷却后牵伸、定型。1938年7月完成中试，首次生产出聚酰胺纤维。同月用聚酰胺-66作牙刷毛的牙刷开始投放市场。10月27日杜邦公司正式宣布世界上第一种合成纤维诞生，并将聚酰胺-66这种合成纤维命名为尼龙（nylon），这个词后来在英语中变成了聚酰胺类合成纤维的统用商品名称。杜邦公司从高聚物的基础研究开始历时11年，耗资2700万美元，有230名专家参加了有关的工作，终于在1939年底实现了工业化生产。

尼龙的合成奠定了合成纤维工业的基础，尼龙的出现使纺织品的面貌焕然一新。用这种纤维织成的尼龙丝袜既透明又比丝袜耐穿，1939年10月24日杜邦在总部所在地公开销售尼龙丝长袜时引起轰动，被视为珍奇之物争相抢购，混乱的局面迫使治安机关出动警察来维持秩序。人们曾用"像蛛丝一样细，像钢丝一样强，像绢丝一样美"的词句来赞誉这种纤维。到1940年5月尼龙纤维织品的销售遍及美国各地。从第二次世界大战爆发直到1945年，尼龙工业被转向制降落伞、飞机轮胎帘子布、军服等军工产品。由于尼龙的特性和广泛的用途，第二次世界大战后发展非常迅速，尼龙的各种产品从丝袜、衣着到地毯、渔网等，以难以计数的方式出现。最初十年间产量增加25倍，1964年占合成纤维的一半以上，至今聚酰胺纤维的产量虽说总产量已不如聚酯纤维多，但仍是三大合成纤维之一。

尼龙的发明从没有明确应用目的的基础研究开始，最终却导致产生了改变人们生活面貌的尼龙产品，成为企业办基础科学研究非常成功的典型。它使人们认识到与技术相比，科学要走在前头，与生产相比技术要走在前头；没有科学研究，没有技术成果，新产品的开发是不可能的。此后，企业从事或资助的基础科学研究在世界范围内如雨后春笋般地出现，使基础科学研究的成果得以更迅速地转化为生产力。

尼龙的合成是高分子化学发展的一个重要里程碑。杜邦公司开展这项研究以前，国际上对高分子链状结构理论的激烈争论主要是缺乏明晰的毫无疑义的实验事实的支持。当时对缩聚反应研究得还很少，得到的缩聚物并不完满。卡罗瑟斯采用了远远超过进行有机合成一般规程的方法，他在进行高分子缩聚反应时，对反应物的配比要求很严格，相差不超过1%。缩聚反应的程度相当彻底，超过99.5%，从而合成出相对分子质量高达两万左右的聚合物。卡罗瑟斯的研究表明，聚合物是一种真正的大分子，可以通过已知的有机反应获得，其缩聚反应的每个分子都含有两个或两个以上的活性基团，这些基团通过共价键互相连接，而不是靠一种不确定的力将小分子简单聚集到一起，从而揭示了缩聚反应的规律。卡罗瑟斯通过对聚合反应的研究把高分子化合物大体上分为两类：一类是由缩聚反应得到的缩合高分子；另一类是由加聚反应得到的加成高分子。卡罗瑟斯的助手弗洛里（Paul J. Flory，1910～1986）总结了聚酰胺等一系列缩聚反应，1939年提出了缩聚反应中所有功能团都具有相同的活性的基本原理，并提出了缩聚反应动力学和分子量与缩聚反应程度之间的定量关系。后来又研究了高分子溶液的统计力学和高分子模型、构象的统计力学，1974获得了诺贝尔化学奖。尼龙的合成有力地证明了高分子的存在，使人们对斯陶丁格的理论深信不疑，从此高分子化学才真正建立起来。

第一种人造聚合物的诞生

早在1872年，德国化学家阿道夫·冯·拜尔就发现：苯酚和甲醛反应后，玻璃管底部有些顽固的残留物。不过拜尔的眼光在合成染料上，而不是绝缘材料上，对他来说，这种黏糊糊的不溶解物质是条死胡同。对贝克兰等人来说，这种东西却是光明的路标，他意识到这种树脂可能会成为无价之宝。从1904年开始，贝克兰开始研究这种反应，最初得到的是一种液体——苯酚-甲醛虫胶，称为Novolak，但市场并不成功。通过改进，3年后，他得到一种糊状的黏性物，模压后成为半透明的硬塑料——酚醛塑料，今天我们称之为"电木"。

不同的是，赛璐珞来自化学处理过的棉以及其他含纤维素的天然植物材料，而酚醛塑料是世界上第一种完全合成的塑料。贝克兰将它用自己的名字命名为"贝克莱特"（Bakelite）。1909年2月8日，贝克兰在美国化学协会纽约分会的一次会议上公开了这种塑料。他很幸运，英国同行詹姆斯·斯温伯恩爵士只比他晚一天提交专利申请，否则英文里酚醛塑料可能要叫"斯温伯莱特"。

本 章 要 点

1. 缩聚反应的基本概念与相互关系

(1) 缩聚反应的定义，均缩聚、混缩聚与共缩聚；

(2) 官能团等活性；

(3) 基团数比与分子量；

(4) 官能团与官能度、反应程度与转化率、平均官能度与凝胶点。

2. 线形缩聚反应主要特征：逐步、可逆平衡。

3. 线形缩聚动力学：可逆、不可逆。

4. 缩聚反应影响因素及获得高分子量缩聚物的基本条件：单体配比、反应程度、反应平衡（温度、压力、催化剂、单体浓度、搅拌、惰性气氛）；线形缩聚物聚合度三大影响因素：平衡常数 K、反应程度 p、基团数比 $r(Q)$。注意公式的使用条件。

反应程度的影响

$$\overline{X}_n = \frac{1}{1-P}$$

平衡常数的影响

① 完全平衡

$$\overline{X}_n = \frac{1}{1-P} = \sqrt{K} + 1$$

② 部分平衡

$$\overline{X}_n = \frac{1}{1-P} = \sqrt{\frac{K}{p n_w}} \approx \sqrt{\frac{K}{n_w}}$$

反应程度和基团数比的综合影响

$$\overline{X}_n = \frac{(N_A + N_B)/2}{(N_A + N_B - 2N_A P)/2} = \frac{q+2}{q+2(1-P)}$$

$$\overline{X}_n = \frac{1}{(1-P)(1-Q)+Q}$$

5. 体形缩聚反应的特点、基本条件及凝胶点计算。

体型缩聚的重点是凝胶点的计算，关键是平均官能度的计算。要点是：①判断体系中官能团的配比是等物质的量还是非等物质的量；②选择不同公式计算平均官能度；③代入式 $P_c = 2/\overline{f}$。

(1) 两官能团等物质的量

$$\overline{f} = \frac{\sum N_i f_i}{\sum N_i}, \quad P_c = \frac{2}{\overline{f}}$$

(2) 两官能团非等物质的量

① 两组分体系

$$\overline{f} = \frac{2N_A f_A}{N_A + N_B}, \quad P_c = \frac{2}{\overline{f}}$$

② 多组分体系 ($f_A = f_B = 2$，$f_C > 2$)

$$\overline{f} = \frac{4\gamma f_C}{f_C + 2\gamma\rho + \gamma f_C(1-\rho)} \quad P_c = \frac{(1-\rho)}{2} + \frac{1}{2\gamma} + \frac{\rho}{f_C}$$

6. 逐步聚合实施方法：熔融聚合、溶液聚合、界面聚合、固相聚合四种，前二法为主。

7. 了解不平衡缩聚及其他逐步聚合反应：氧化偶联缩聚、自由基缩聚、活性化缩聚。

8. 了解重要缩聚物及其他逐步聚合物的合成、性能与应用：聚酯（涤纶）、聚酰胺（尼龙）、聚碳酸酯、聚酰亚胺、酚醛树脂、氨基树脂、环氧树脂、聚氨酯。

习题与思考题

1. 简述逐步聚合和缩聚、缩合和缩聚、线形缩聚和体形缩聚、自缩聚和共缩聚的关系和区别。

2. 解释下列术语，并说明两者的关系或差异

(1) 反应程度与转化率；(2) 官能团与官能度；

(3) 平均官能度与凝胶点；(4) 均缩聚与共缩聚。

3. 己二酸和下列化合物反应，哪些能形成聚合物？

(1) 乙醇；(2) 乙二醇；(3) 甘油；(4) 苯胺；(5) 己二酸。

4. 写出并描述下列缩聚反应所形成的聚酯的结构。它们的结构与反应物质相对量有无

关系？如有关系，请说明差别。

(1) HO—R—COOH；(2) HOOC—R—COOH＋HO—R_1—OH；

(3) HO—R—COOH＋HO—R_1—$(OH)_2$。

5. 获得高分子量缩聚物的基本条件有哪些？

6. 为了保证缩聚反应时官能团等化学计量配比，可以采取哪些措施？

7. 简单评述官能团等活性概念（分子大小对反应活性的影响）的适用性和局限性。

8. 在平衡缩聚条件下，聚合度和平衡常数、副产物残留量之间有何关系？

9. 影响线形缩聚物聚合度有哪些因素？两单体非等化学计量，如何控制聚合度？

10. 什么是体形缩聚反应的凝胶点？产生凝胶的充分必要条件是什么？

11. 简单比较熔融缩聚和固相缩聚、溶液缩聚和界面缩聚的特征。

12. 聚酯化和聚酰胺化的平衡常数有何差别，对缩聚条件有何影响？

13. 简述环氧树脂的合成原理和固化原理。

14. 不饱和聚酯树脂的主要原料为乙二醇、马来酸酐和邻苯二甲酸酐。试说明三种原料各起什么作用。它们之间比例调整的原理是什么？用苯乙烯固化的原理是什么？如考虑室温固化时可选何种固化体系？

15. 通过碱滴定法和红外光谱法，同时测得 21.3g 聚己二酰己二胺试样中含有 2.50×10^{-3} mol 羧基。根据这一数据，计算得数均分子量为 8520。计算时需做什么假定？如何通过实验来确定可靠性？如该假定不可靠，怎么由实验来测定正确的值？

16. 166℃乙二醇与己二酸缩聚，测得不同时间下的羧基反应程度如下：

时间 t/min	12	37	88	170	270	398	596	900	1370
羧基反应程度 P	0.2470	0.4975	0.6865	0.7894	0.8500	0.8837	0.9084	0.9273	0.9405

(1) 求对羧基浓度的反应级数，判断自催化或酸催化；

(2) 求速率常数，浓度以 [COOH] mol/kg 反应物计，$[OH]_0 = [COOH]_0$。

17. 等物质的量己二胺和己二酸进行缩聚，反应程度 P 为 0.500、0.800、0.900、0.950、0.970、0.980、0.990、0.995 时，试求数均聚合度，并作图。

18. 用等物质的量的己二胺与己二酸制备尼龙-66，应加多少乙酸才能在转化率达99.7％时，得到相对分子质量为 16000 的聚合物？

19. 等物质的量的二元醇和二元酸经外加酸催化缩聚，试证明 P 从 0.98 至 0.99 所需的时间与从开始至 $P=0.98$ 需的时间相近。

20. 己二酸与己二胺缩聚反应的平衡常数 $K=432$，两种单体等物质的量投料，要得数均聚合度为 200 的尼龙-66，体系中含水量必须控制在多少？

21. 尼龙-1010 是根据 1010 盐中过量的癸二酸来控制相对分子质量，如果要求相对分子质量为 20000，问尼龙-1010 盐的酸值应该是多少？（以 mgKOH/g1010 盐计）

22. 等物质的量的乙二醇与对苯二甲酸于 280℃下缩聚，已知反应平衡常数 $K=4.9$，若达平衡时，体系中残存水量为单体的 0.001％，所得涤纶树脂的平均聚合度为多少？

23. 计算下列单体混合后反应到什么程度必然成为凝胶。

(1) 苯酐和甘油等摩尔比；

(2) 苯酐：甘油＝1.5：0.98；

(3) 苯酐：甘油：乙二醇＝1.5：0.99：0.002；

(4) 苯酐：甘油：乙二醇＝1.5：0.5：0.7。

24. 制备醇酸树脂的配方为：1.21mol 季戊四醇、0.50mol 邻苯二甲酸酐、0.49mol 丙三羧酸 [$C_3H_5(COOH)_3$]，能否不产生凝胶而反应完全。

25. 2.5mol 邻苯二甲酸酐、1mol 乙二醇、1mol 丙三醇体系进行缩聚，为控制凝胶点需要，在聚合过程中定期测定树脂的熔点、酸值（mgKOH/g 试样）、溶解性能。试计算反应至多少酸值时会出现凝胶。

第 3 章
连锁聚合反应

3.1 概述

3.1.1 一般性特征

烯类单体的加聚反应绝大多数属于连锁聚合反应。连锁聚合反应一般由链引发、链增长、链终止等基元反应组成。聚合时引发剂 I 先形成引发活性种 R*，活性种打开单体 M 的 π 键，与之加成，形成单体活性种，而后进一步不断与单体加成，促使链增长，最后增长着的活性链失去活性，使链终止。

链锁聚合反应的基元反应可简示如下（以乙烯基单体聚合为例）。

链引发：

$$I \xrightarrow[\text{或离解}]{\text{分解}} R^*$$

$$R^* + H_2C=CH \longrightarrow R-H_2C-\overset{*}{C}H$$
$$\quad\quad\quad |X \quad\quad\quad\quad\quad\quad\quad |X$$

链增长活性中心

链增长：

$$R-CH_2-\overset{*}{C}H + H_2C=CH \longrightarrow \cdots\cdots \sim\!\sim\!\sim CH_2-\overset{*}{C}H$$
$$\quad\quad |X \quad\quad\quad\quad |X \quad\quad\quad\quad\quad\quad\quad\quad |X$$

链终止：

$$\sim\!\sim\!\sim CH_2-\overset{*}{C}H \longrightarrow （死）聚合物$$
$$\quad\quad\quad |X$$

在适当的条件下，化合物的价键有均裂和异裂两种形式。均裂时，共价键上一对电子分属于两个基团，这种带独电子的基团呈中性，称作自由基或游离基。异裂结果，共价键上一对电子全部归属于某一基团，形成阴离子或负离子，另一缺电子的基团，称作阳离子或正离子。

根据引发活性种与键增长活性中心的不同，连锁聚合反应分为自由基聚合、阳离子聚合、阴离子聚合等。配位聚合也属于离子聚合的范畴。

自由基：

$$R\cdot|\cdot R \xrightarrow{\text{分解}} 2R\cdot \xrightarrow{\underset{|X}{\overset{H_2C=CH}{}}} R-CH_2-\overset{\bullet}{C}H \longrightarrow \cdots\cdots \sim\!\sim\!\sim CH_2-\overset{\bullet}{C}H$$
$$\quad\quad\quad\quad\quad\quad\quad\quad\quad\quad\quad |X \quad\quad\quad\quad\quad\quad\quad\quad |X$$

阳离子：

$$RB \xrightarrow{\text{离解}} R^+B^- \xrightarrow{\begin{subarray}{c} H_2C=CH \\ | \\ X \end{subarray}} R-CH_2-\overset{+}{C}H-B^- \longrightarrow \cdots \cdots \longrightarrow \sim\sim CH_2-\overset{+}{C}H-B^-$$

阴离子：

$$RB \xrightarrow{\text{离解}} R^-B^+ \xrightarrow{\begin{subarray}{c} H_2C=CH \\ | \\ X \end{subarray}} R-CH_2-\overset{-}{C}H-B^+ \longrightarrow \cdots \cdots \longrightarrow \sim\sim CH_2-\overset{-}{C}H-B^+$$

从以上连锁聚合的反应机理可看出，它具有以下几个一般性特征。

① 聚合过程一般由多个基元反应组成，各基元反应的反应速率和活化能差别大。

② 单体只能与活性中心反应生成新的活性中心，单体之间不能反应。

③ 连锁聚合反应一般都是放热反应。

烯类单体的加聚反应中，从键能变化看，每一次加成都是打开一个双键的 π 键，同时形成两个 σ 单键。打开 π 键需供给 264kJ/mol 的能量，而形成两个 σ 键放出 348kJ/mol 的能量，因而是放热反应。由于其他因素的影响，不同聚合物的聚合热有所不同，但一般都是放出 84kJ/mol 左右的热量。

④ 虽然连锁聚合反应是放热反应，但首先要给予单体打开 π 键的活化能，否则反应无法启动。所以连锁聚合反应一般必须由引发剂引发后才能聚合，引发剂（或其一部分）成为所得聚合物分子的组成部分。

⑤ 聚合过程中瞬间生成高分子。

一旦活性中心生成，在极短的时间内，许多单体加成上去，生成高分子量的聚合物。延长反应时间只能提高单体转化率，却不能增加聚合物的分子量（活性聚合除外）。反应一旦开始，体系中就只有单体和聚合物，而无各种低聚合物，反应体系始终是由单体、聚合产物和微量引发剂及含活性中心的增长链所组成。

3.1.2 连锁聚合反应的单体

单体能否聚合，需从热力学和动力学两方面考虑。单体聚合成聚合物过程自由焓的变化为负值时，才有聚合的可能。热力学上能聚合的单体，还要求有适当的引发剂、温度等动力学条件，才能保证一定的聚合速率。

单烯类、共轭二烯类、炔烃、羰基化合物和一些杂环化合物多数是热力学上能够连锁加聚的单体，其中前两类最为重要。

单体的聚合能力（适于何种聚合机理）首先取决于单体分子中 π 键的电子云分布情况。

醛、酮中羰基 π 键只能异裂，异裂后具有类似离子的特性，可由阴离子或阳离子引发剂引发聚合，不能进行自由基聚合。

$$\overset{\displaystyle O}{\underset{\displaystyle |}{-C-}} \longleftrightarrow \overset{\displaystyle \ddot{O}^-}{\underset{\displaystyle +}{-C-}}$$

乙烯基单体碳-碳 π 键既可均裂，也可异裂，因此可能进行自由基聚合或离子聚合。

$$\overset{}{\diagdown}C-C\overset{}{\diagup} \longrightarrow \overset{}{\diagdown}\overset{+}{C}-\overset{-}{C}\overset{}{\diagup} \longrightarrow \overset{}{\diagdown}\overset{\cdot}{C}-\overset{\cdot}{C}\overset{}{\diagup}$$

乙烯基单体（$CH_2=CHX$）的聚合反应能力主要取决于双键上的取代基的存在及其性质、数量、位置等诸因素。可以通过取代基的电子效应（诱导效应、共轭效应）和空间位阻效应的分析来讨论乙烯基单体的聚合反应能力。

乙烯分子无取代基，结构对称，无诱导效应和共轭效应，须在高温高压的苛刻条件下才能进行自由基聚合，例如高压下合成低密度聚乙烯；或在特殊的络合引发体系作用进行配位聚合，例如低压下合成高密度聚乙烯。

当取代基为烷氧基、烷基、苯基、乙烯基等给电子基团时，取代基的电子效应使碳-碳双键电子云密度增加，有利于阳离子的进攻与结合。

$$H_2C\!=\!\!CH \longleftarrow X$$

同时，取代基的电子效应分散阳离子增长种的正电性，使碳正离子稳定。

$$R\!-\!CH_2\!-\!\overset{\overset{\displaystyle H}{|}}{\underset{\underset{\displaystyle X}{|}}{C}}\!\!\!\!\overset{+}{}$$

由于以上两个原因，带给电子基团的乙烯基单体有利于阳离子聚合。烷基的给电性和超共轭效应均较弱，只有1,1-双烷基烯烃才能进行阳离子聚合。

阳离子聚合的单体有异丁烯、烷基乙烯基醚、苯乙烯、异戊二烯等。

当取代基为腈基和羰基（醛、酮、酸、脂）等吸电子基团时，取代基的电子效应将使双键电子云密度降低，有利于阴离子的进攻和结合。

$$H_2C\!=\!\!CH \longrightarrow X$$

同时，取代基的电子效应分散阴离子增长种的负电性，稳定活性中心，有利于阴离子聚合。

$$R\!-\!CH_2\!-\!\overset{\overset{\displaystyle H}{|}}{\underset{\underset{\displaystyle X}{|}}{C}}$$

卤原子的诱导效应是吸电子，而共轭效应却有供电性，但两者均较弱，因此氯乙烯既不能阴离子聚合，也不能阳离子聚合，只能自由基聚合。

乙烯基单体对离子聚合有较高的选择性，但自由基引发剂却能使大多数烯烃聚合，自由基呈中性，对π键的进攻和对自由基增长种的稳定作用并无严格的要求。

许多带有吸电子基团的烯类单体，如丙烯腈、丙烯酸酯等同时能进行阴离子聚合和自由基聚合，但取代基吸电子性太强时一般只能进行阴离子聚合，如同时含两个强吸电子取代基的单体 $CH_2\!=\!\!C(CN)_2$、$CH_2\!=\!\!CCl_2$ 等。

带有共轭体系的烯类单体，如苯乙烯、α-甲基苯乙烯、丁二烯、异戊二烯等，π电子流动性较大，易诱导极化，可随进攻试剂性质的不同而取不同的电子云流向，能按上述三种机理进行聚合。

取代基的体积、数量、位置等能引起空间位阻效应，在动力学上对聚合能力有显著的影响，但不涉及对不同活性种的选择性。

对于1,1-双取代的烯类单体 $CH_2\!=\!\!CXY$，一般都能按取代基的性质进行相应机理的聚合。并且由于结构上更不对称，极化程度增加，更易聚合。但两个取代基都是体积较大的芳基时，如1,1-二苯基乙烯，只能形成二聚体。

与1,1-双取代的烯类不同，1,2-双取代的烯类单体 $XCH\!=\!\!CHY$，结构对称，极化程度低，加上位阻效应，一般不能均聚，或只能形成二聚体。例如，马来酸酐难以均聚。

三取代和四取代乙烯一般都不能聚合，但氟代乙烯却是例外。不论氟代的数量和位置如何，均易聚合，这是 F 的原子半径很小（仅大于 H）的缘故。聚四氟乙烯如聚三氟氯乙烯就是典型的例子。

3.2 自由基连锁聚合反应

自由基聚合产物约占聚合物总产量的 60% 以上，其重要性可想而知。高压聚乙烯、聚氯乙烯、聚四氟乙烯、聚乙酸乙烯酯、聚丙烯酸酯、聚丙烯腈、丁苯橡胶、丁腈橡胶、氯丁橡胶、ABS 树脂等聚合物都是通过自由基聚合来生产的。

3.2.1 自由基聚合的基元反应

如前所述，自由基聚合反应一般都包括三个基元反应。所谓基元反应，即每一种聚合物的每一个大分子的生成都必然经历的最基本的反应过程，其中包括分子链的引发、增长和终止三步反应，就是人们常说的所谓"三基元反应"。下面逐一予以介绍。

3.2.1.1 链引发

链引发反应是形成自由基活性中心的反应。可以用引发剂、热、光、电、高能辐射引发聚合。以引发剂引发时，引发反应由两步组成。

(1) 引发剂 I 分解，形成初级自由基。

$$I \longrightarrow 2R\cdot$$

(2) 初级自由基与单体加成，形成单体自由基。

$$R\cdot + H_2C{=}CH \longrightarrow R{-}H_2C{-}\overset{\cdot}{C}H$$
$$\phantom{R\cdot + H_2C{=}}X \phantom{\longrightarrow R{-}H_2C{-}\overset{\cdot}{C}}X$$

单体自由基形成后，继续与其他单体加聚，而使链增长。

比较上述两步反应，引发剂分解是吸热反应，活化能高，约 $105\sim150\text{kJ/mol}$，反应速率小，分解速率常数约为 $10^{-4}\sim10^{-6}\,\text{s}^{-1}$。初级自由基与单体结合成单体自由基这一步是放热反应，活化能低，约 $20\sim34\text{kJ/mol}$，反应速率大，与后继的链增长反应相似。

第一步引发剂的分解反应是活化能较高的吸热反应，反应速率较慢；第二步单体自由基的生成反应是活化能较低的放热反应，反应速率较快。因此，链引发反应速率主要由引发剂的分解速率决定。

3.2.1.2 链增长

在引发阶段形成的单体自由基，仍具有活性，能打开第 2 个烯类分子的 π 键，形成新的自由基。新自由基活性并不衰减，继续和其他单体分子结合成单元更多的链自由基。这个过程称作链增长反应，实际上是加成反应。

$$R{-}CH_2{-}\overset{\cdot}{C}H + H_2C{=}CH \longrightarrow R{-}CH_2{-}CH{-}CH_2{-}\overset{\cdot}{C}H \longrightarrow \cdots \longrightarrow \sim\sim\sim CH_2{-}CH$$

为了书写方便，链自由基可简写成上述锯齿形式，其中的锯齿形代表由许多单元组成的碳链骨架，基团所带的独电子处在碳原子上。

链增长反应有两个特征：一是强放热，烯类聚合热约为 $55\sim95kJ/mol$；二是活化能低，约 $20\sim34kJ/mol$，增长极快，较引发速率高 10^6 倍，自由基与单体分子间的有效碰撞次数，每秒钟达 $10^5\sim10^6$ 次之多，在 $0.01s$ 至几秒钟内，就可以使聚合度达到数千，甚至上万。因此，聚合体系内由单体和高聚物两部分组成，不存在聚合度递增的一系列中间产物。

3.2.1.3 链终止

自由基活性高，有相互作用而终止的倾向。终止反应有偶合终止和歧化终止两种方式。

两链自由基的独电子相互结合成共价键的终止反应称作偶合终止。偶合终止的结果是，大分子的聚合度为链自由基重复单元数的两倍。

$$M_n \cdot + M_m \cdot \longrightarrow M_n{-}M_m$$

例如：

$$\sim\!\!\sim\!CH_2{-}\overset{\displaystyle\cdot}{C}H + H\overset{\displaystyle\cdot}{C}{-}CH_2\!\sim\!\!\sim \xrightarrow{\text{偶合}} \sim\!\!\sim\!CH_2{-}CH{-}CH{-}CH_2\!\sim\!\!\sim$$
$$\underset{X}{}\qquad\underset{X}{}\qquad\qquad\underset{X}{}\quad\underset{X}{}$$

用引发剂引发并无链转移时，大分子两端均为引发剂残基。

某链自由基夺取另一自由基的氢原子或其他原子的终止反应，则称作歧化终止。歧化终止的结果是，聚合度与链自由基中单元数相同，每个大分子只有一端为引发剂残基，另一端为饱和或不饱和，两者各半。

$$M_n \cdot + M_m \cdot \longrightarrow M_n(饱和) + M_m(不饱和)$$

例如：

$$\sim\!\!\sim\!CH_2{-}\overset{\displaystyle\cdot}{C}H + H\overset{\displaystyle\cdot}{C}{-}CH_2\!\sim\!\!\sim \xrightarrow{\text{歧化}} \sim\!\!\sim\!CH_2{-}CH_2 + HC{=}CH\!\sim\!\!\sim$$
$$\underset{X}{}\qquad\underset{X}{}\qquad\qquad\underset{X}{}\qquad\underset{X}{}$$

链终止方式与单体种类和聚合条件有关。一般单取代乙烯基单体聚合时以偶合终止为主，而二元取代乙烯基单体由于立体阻碍难于双基偶合终止。

聚合温度高则歧化终止倾向增大。例如，由实验确定，$60℃$ 以下聚苯乙烯以偶合终止为主，聚合温度增高，苯乙烯聚合时歧化终止比例增加；甲基丙烯酸甲酯在 $60℃$ 以上聚合，以歧化方式为主，在 $60℃$ 以下聚合，两种终止方式都有。

链终止活化能很低，只有 $8\sim21kJ/mol$，甚至为零，因此终止速率常数极高〔$10^6\sim10^8L/(mol\cdot s)$〕。但双基终止受扩散控制。

链终止和链增长是一对竞争反应。从一对活性链的双基终止和活性链-单体的增长反应比较，终止速率显然远大于增长速率。但从整个聚合体系宏观来看，因为反应速率还与反应物质的浓度成正比，而单体浓度（$1\sim10mol/L$）远大于自由基浓度（$10^{-9}\sim10^{-7}mol/L$），结果，增长速率要比终止速率大得多。否则，将不可能形成长链自由基和聚合物。

任何自由基聚合都有上述链引发、链增长、链终止三步基元反应。其中引发速率最小，成为控制整个聚合速率的关键。

3.2.1.4 链转移

在自由基聚合过程中，链自由基有可能从单体、溶剂、引发剂等低分子或大分子上夺取一个原子而终止，并使这些失去原子的分子成为自由基，继续新链的增长，使聚合反应继续进行下去。这一反应称作链转移反应。

$$\sim\!\!\sim\!CH_2{-}\overset{\displaystyle\cdot}{C}H + YS \longrightarrow \sim\!\!\sim\!CH_2{-}CH{-}Y + \overset{\displaystyle\cdot}{S}$$
$$\underset{X}{}\qquad\qquad\qquad\underset{X}{}$$

向低分子转移的结果，使聚合物分子量降低。有时为了避免产物分子量过高，特地加入某种链转移剂对分子量进行调节。如在丁苯橡胶生产中，加入十二硫醇来调节分子量，这种链转移剂叫分子量调节剂。

链自由基也有可能从大分子上夺取原子而转移。向大分子转移一般发生在叔氢原子或氯原子上，结果使叔碳原子带上独电子，形成大分子自由基。单体在其上进一步增长，形成支链。

(1) 向单体分子转移

$$\sim\sim CH_2-\overset{\centerdot}{C}H + H_2C=CH \longrightarrow \sim\sim CH=CH + H_3C-\overset{\centerdot}{C}H$$

（结构式中各基团带 X 取代基）

(2) 向溶剂分子转移

$$\sim\sim CH_2-\overset{\centerdot}{C}H + CCl_4 \longrightarrow \sim\sim CH_2-CHCl + \centerdot CCl_3$$

(3) 向引发剂分子转移

$$\sim\sim CH_2-\overset{\centerdot}{C}H + H_5C_6\overset{\parallel}{C}-O-O-\overset{\parallel}{C}C_6H_5 \longrightarrow \sim\sim CH_2-HC-C_6H_5 + \centerdot C_6H_5 + 2CO_2$$

(4) 向大分子转移

$$\sim\sim CH_2-\overset{\centerdot}{C}H(Mn\centerdot) + \sim\sim CH_2-CH\sim\sim \longrightarrow MnH + \sim\sim CH_2-\overset{\centerdot}{C}\sim\sim$$

$$\sim\sim CH_2-\overset{\centerdot}{C}\sim\sim + M \longrightarrow \sim\sim CH_2-\overset{M}{\underset{X}{\overset{|}{C}}}\sim\sim$$

$$\cdots\cdots$$

$$\longrightarrow \sim\sim CH_2-\overset{\centerdot}{C}\sim\sim$$

自由基向某些物质转移后，形成稳定的自由基，就不能再引发单体聚合，最后只能与其他自由基双基终止。结果，初期无聚合物形成，出现了所谓的"诱导期"，这种现象称作阻聚作用。具有阻聚作用的物质称作阻聚剂，如苯醌等。

阻聚反应并不是聚合的基元反应，但颇重要。

3.2.2 自由基聚合反应的特征

3.2.2.1 自由基聚合反应的特征

根据上述机理分析，可将自由基聚合反应的特征概括如下。

(1) 自由基聚合反应在微观上可以明显地区分成链引发、链增长、链终止、链转移等基元反应，其中引发速率最小，是控制总聚合速率的关键，显示出慢引发、快增长、速终止的动力学特征。整个反应过程可以概括为慢引发、快增长、速终止。

(2) 只有链增长反应才使聚合度增加，一个单体分子从引发，经增长和终止，转变成大分子，时间极短，1s 内就可使聚合度增长到成千上万，不可能停留在中间聚合度阶段，反应混合物仅由单体和聚合物组成。在聚合全过程中，聚合度变化较小。

(3) 在聚合过程中，单体浓度逐步降低，聚合物浓度相应增加。延长聚合时间主要是提高转化率，对分子量影响较小。

(4) 少量（0.01%～0.1%）阻聚剂如苯醌等足以使自由基聚合反应终止。

3.2.2.2 自由基聚合和缩聚机理特征的比较

自由基聚合具有连锁特性，而缩聚则遵循逐步机理，两者的差异比较见表 3-1。

表 3-1 自由基聚合和缩聚机理特征比较

自由基聚合	线性缩聚
由链引发、链增长、链终止等基元反应组成，其 k 和 E_a 各不相同，引发最慢，是控制的一步	不能区分出链引发、链增长和链终止，每步 k 和 E_a 基本相同
单体加到少量活性种上，使链迅速增长，单-单、单-聚、聚-聚之间均不能反应	单体、低聚物、缩聚物任何物种之间均能缩聚，使链增长，无所谓活性中心
只有链增长才使聚合度增加，从一聚体增长到高聚物，时间极短，中途不能暂停。聚合一开始，就有高聚物产生	任何物种间都能反应，使分子量逐步增加，反应可以停留在中等聚合度阶段，只在聚合后期才能获得高分子量产物
在聚合过程中，单体逐渐减少，转化率增加	聚合初期，单体缩成低聚物，以后再由低聚物逐步缩聚成高聚物，转化率变化微小，反应程度逐步增加
延长聚合时间，转化率提高，分子量变化较小	延长缩聚时间，分子量提高，而转化率变化较小
反应混合物由单体、聚合物和微量活性种组成	任何阶段，都由聚合度不等的同系缩聚物组成
微量苯醌类阻聚剂可消灭活性种，使聚合终止	平衡限制和非等当量可使缩聚暂停，这些因素一旦消除，缩聚又能继续进行

两种聚合反应的转化率和分子量与时间的关系比较如图 3-1、图 3-2 所示。

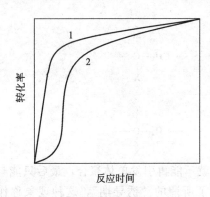

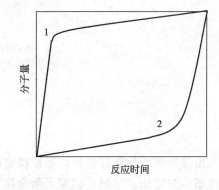

图 3-1 两种聚合转化率与反应时间的关系
1—缩聚；2—自由基聚合

图 3-2 两种聚合分子量与反应时间的关系
1—自由基聚合；2—缩聚

3.2.3 自由基聚合反应动力学

聚合反应动力学是高分子化学的重要研究内容，理论上可以阐明聚合反应机理，在生产中可以提供控制聚合反应条件和产品质量的依据与手段。

本节从自由基聚合反应三个基元反应的速率方程推导出发，再依据等活性、长链和稳态三个基本假设推导出聚合反应的总速率方程，得到聚合反应速率、单体浓度、引发剂浓度和反应时间之间的定量关系，同时分析温度等影响聚合反应速率的一些因素。

3.2.3.1 链引发反应和引发剂

链引发是聚合微观历程的关键反应，引发剂是控制聚合速率和分子量的主要因素。无论工业生产还是实验研究，引发剂的选择及其用量的确定都是影响自由基聚合反应速率和产物分子量的重要因素。

自由基聚合的引发剂是易分解成自由基的化合物，结构上具有弱键，其离解能 $100\sim170kJ/mol$，远低于 C—C 键能 $350kJ/mol$（在一般聚合温度 $40\sim100℃$ 下）。离解能过高或过低，将分解得太慢或太快。根据这一要求，常用的有过氧类化合物、偶氮类化合物以及氧化还原反应体系三大类。

① 过氧类化合物。过氧化氢是过氧化物的母体。H_2O_2 热分解结果，形成两个氢氧自由基，但其分解活化能较高（约 $220kJ/mol$），很少单独用作引发剂。

$$HO—OH \longrightarrow 2HO\cdot$$

H_2O_2 分子中的一个 H 原子被取代，成为氢过氧化物；2 个 H 被取代，则成为过氧化物。这是可用作引发剂的很重要的一类化合物。常用的过氧化物包括有机过氧化物和无机过氧化物。

有机过氧化物引发剂有：

烷基过氧化氢

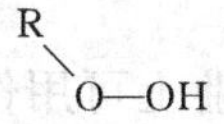

二烷基过氧化物

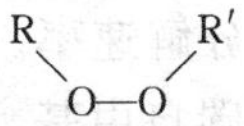

过氧化酯类

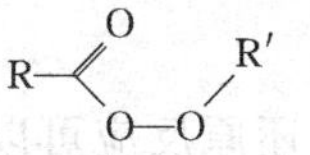

过氧化二酰

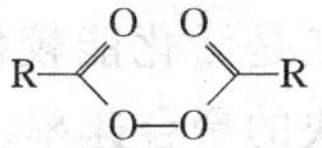

过氧化二碳酸酯类

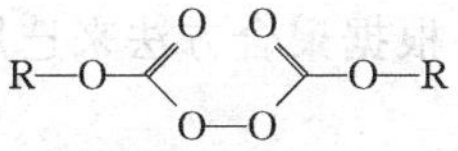

过氧化物受热分解时，过氧键均裂成两个自由基。

过氧化二苯甲酰（BPO）是最常用的有机过氧类引发剂，一般在 $60\sim80℃$ 分解。BPO 的分解按两步进行：第一步均裂成苯甲酸基自由基，有单体存在时，即引发聚合；无单体存在时，进一步分解成苯基自由基，并析出 CO_2，但分解并不完全。

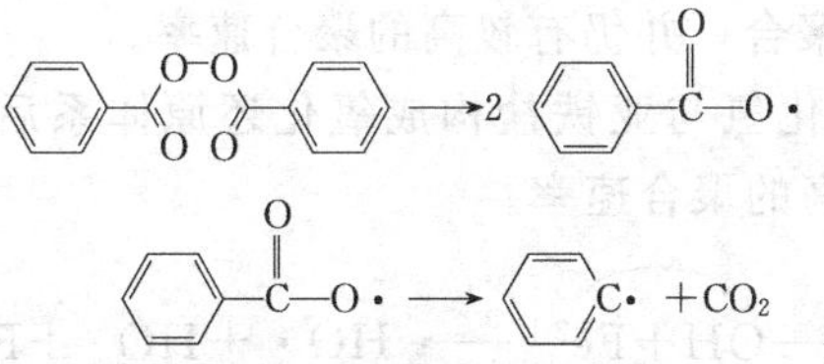

BPO 中 O—O 键的电子云密度大而相互排斥，容易断裂，用于 $60\sim80℃$ 聚合比较有效。

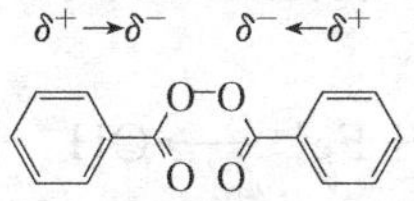

过硫酸盐，如过硫酸钾 $K_2S_2O_8$ 和过硫酸铵 $(NH_4)_2S_2O_8$，是无机过氧类引发剂的代表，能溶于水，多用于乳液聚合和水溶液聚合的场合。用于 $40\sim100℃$ 聚合。

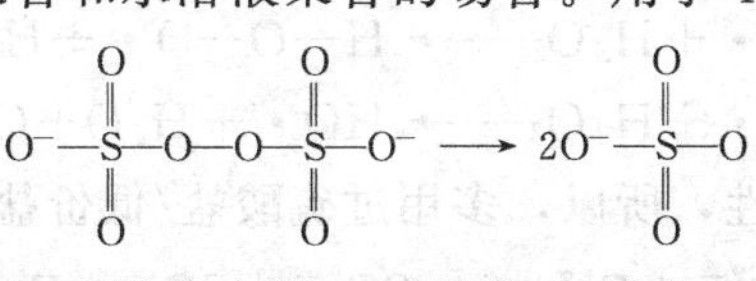

分解产物 SO_4^- 既是离子，又是自由基，可称作离子自由基或自由基离子。

② 偶氮类引发剂。一般为带吸电子取代基的偶氮化合物，根据分子结构可分为对称和

不对称两大类。

$$\underset{X}{\overset{R''}{\underset{|}{R'-C-N=N-C-R'}}}\qquad \underset{X}{\overset{R}{\underset{|}{R-C-N=N-C-R'}}}$$

X 为吸电子取代基，如—NO₂、—COOR、—COOH、—CN 等。

偶氮二异丁腈（AIBN）是最常用的偶氮类引发剂，一般在 45～65℃下使用，也可作光聚合的光敏剂。其分解反应式如下：

$$\underset{CN}{\overset{CH_3}{\underset{|}{H_3C-C-N=N-C-CH_3}}}\longrightarrow 2\ \underset{CN}{\overset{CH_3}{\underset{|}{H_3C-C\cdot}}}+N_2$$

其特点是分解反应几乎全部为一级反应，只形成一种自由基（而 BPO 则可能产生两种自由基），因此广泛用于聚合动力学研究和工业生产。另一优点是比较稳定，可以纯粹状态安全储存，但 80～90℃时也会激烈分解。

偶氮类引发剂分解时有 N₂ 溢出，工业上可用作泡沫塑料的发泡剂，科学研究上可利用反应放出的 N₂ 的放出速率来研究反应的分解速率。

AIBN 分解后形成的异丁腈自由基是碳自由基，缺乏脱氢能力，因此不能用作接枝聚合的引发剂。

③ 氧化-还原引发体系。有些氧化-还原反应可以产生自由基，用来引发单体聚合。这类引发剂称氧化-还原体系。该体系的优点是活化能较低（约 40～60kJ/mol），可在较低温度下（0～50℃）引发聚合，且能获得较快的聚合速率。这类体系的组分可以是无机或有机化合物，性质可以是水溶性或油溶性，根据聚合方法来选用。

a. 水溶性体系

这类体系的氧化剂有 H₂O₂、过硫酸盐、氢过氧化物；而还原剂则有无机还原剂（Fe²⁺、Cu⁺、NaHSO₃、Na₂SO₃、Na₂S₂O₃ 等）和有机还原剂（醇、胺、草酸、葡萄糖等）。

H₂O₂ 单独分解时的活化能为 220kJ/mol，与亚铁盐组成氧化-还原体系后，活化能减为 40kJ/mol，可在 5℃下引发聚合，并仍有较高的聚合速率。

过硫酸钾、异丙苯过氧化氢与亚铁盐构成氧化还原体系后，活化能都降为 50kJ/mol，在 5℃下引发聚合，仍有较高的聚合速率。

$$H\dot{O}-\overset{\frown}{OH}+Fe^{2+}\longrightarrow HO\cdot+HO^-+Fe^{3+}$$

上述反应属于双分子反应，1分子氧化剂只形成 1 个自由基。如还原剂过量，将进一步与自由基反应，使活性消失。

$$HO\cdot+Fe^{2+}\longrightarrow OH^-+Fe^{3+}$$

因此，还原剂的用量一般较氧化剂少。

除了以上反应外，H₂O₂ 与亚铁盐组成的氧化-还原体系还有以下竞争反应：

$$HO\cdot+H_2O_2\longrightarrow H-O-O\cdot+H_2O$$

$$H-O-O\cdot+H_2O_2\longrightarrow HO\cdot+H_2O+O_2$$

影响 H₂O₂ 的效率和反应重现性，所以，多用过硫酸盐/低价盐体系。

$$S_2O_8^{2-}+Fe^{2+}\longrightarrow SO_4^{2-}+SO_4^-+Fe^{3+}$$

亚硫酸盐和硫代硫酸盐经常与过硫酸盐构成氧化-还原体系，反应以后形成两个自由基。

$$S_2O_8^{2-}+SO_3^{2-}\longrightarrow SO_4^{2-}+SO_4^{-}\cdot+SO_3^{-}\cdot$$

$$S_2O_8^{2-}+S_2O_3^{2-}\longrightarrow SO_4^{2-}+SO_4^{-}\cdot+S_2O_3^{-}\cdot$$

水溶性氧化-还原引发体系用于水溶液聚合和乳液聚合。

b. 油溶性体系

用作该体系的氧化剂有氢过氧化物、过氧化二烷基、过氧化二酰基等；用作还原剂的有叔胺、环烷酸盐、硫醇、有机金属化合物［$Al(C_2H_5)_3$、$B(C_2H_5)_3$］。

过氧化二苯甲酰/N,N-二甲基苯胺是常用体系。可用来引发甲基丙烯酸甲酯共聚合，制备齿科自凝树脂和骨水泥。这是一种可以在室温条件下快速完成的小批量聚合物制备的高活性引发体系。如牙科医生为病人镶牙时需要在现场调配制作成型的牙托材料，往往采用该体系。该反应生成一种带正电荷的叔胺阳离子自由基。

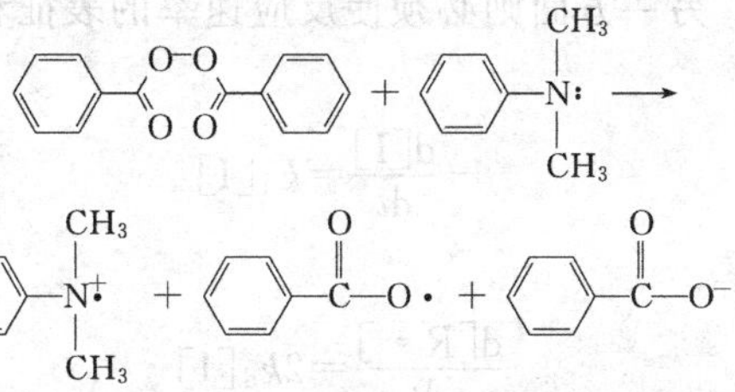

由于氧化剂和还原剂都是有机物，所以在单体-聚合物体系中很容易均匀混合，能够保证聚合反应平稳进行。

BPO在苯乙烯中于90℃下的分解速率常数 k_d 为 $1.33\times10^{-4}\,s^{-1}$，而该氧化还原体系60℃的 k_d 竟高达 $1.25\times10^{-2}\,L/(mol\cdot s)$，30℃时 k_d 还有 $2.29\times10^{-3}\,L/(mol\cdot s)$，表明活性高，可在室温下使用。

氧化-还原体系还有一个共同特点：即引发效率相对较低，至少有一半的引发剂将还原剂氧化而不产生自由基，并未发挥引发作用。所以采用该体系时除了严格控制还原剂的加入量以外，还必须适当增加氧化剂的用量。

乳液聚合常采用氧化还原引发体系。氧化剂、还原剂和辅助还原剂的选择和配合是一个广阔的研究领域。

④ 光引发剂。过氧化物和偶氮化合物可以热分解产生自由基，也可以在光照条件下分解产生自由基，成为光引发剂。

此外，二硫化物、安息香酸和二苯基乙二酮等也是常用的光引发剂。

$$RSSR\xrightarrow{h\nu}2RS\cdot$$

$$Ph-\overset{O}{\overset{\|}{C}}-\overset{OH}{\overset{|}{HC}}-Ph\xrightarrow{h\nu}Ph-\overset{O}{\overset{\|}{C}}\cdot+\overset{OH}{\overset{|}{H\dot{C}}}-Ph$$

$$Ph-\overset{O}{\overset{\|}{C}}-\overset{O}{\overset{\|}{C}}-Ph\xrightarrow{h\nu}2Ph-\overset{O}{\overset{\|}{C}}\cdot$$

光引发的特点：

a. 光照立刻引发，光照停止，引发也停止，因此易控制，重现性好；

b. 每一种引发剂只吸收特定波长范围的光而被激发，选择性强；

c. 由激发态分解为自由基的过程无需活化能，因此可在低温条件下进行聚合反应，可减少热引发因温度较高而产生的副反应。

3.2.3.2 自由基聚合反应速率

(1) 基元反应速率

① 链引发。如前所述，自由基聚合链引发反应包括两个步骤：

$$I \xrightarrow{k_d} 2R \cdot$$

$$R \cdot + M \xrightarrow{k_i} RM \cdot$$

第一步是引发剂分解生成初级自由基；第二步是初级自由基与单体反应生成单体自由基。

对于第一步反应的速率，即所谓引发剂的分解速率与初级自由基的生成速率，其实就是分别以该步反应的反应物和生成物作为这一步反应速率的不同表征对象而已。

化学常识告诉我们，一个化学反应的速率既可以用反应物的消耗速率表示，也可以用生成物的增加速率表示。究竟是选择反应物还是生成物作为化学反应速率定义和表征的对象，一方面取决于计算的难易，另一方面则必须使反应速率的表征和结果具有该反应的特征性。

引发剂的分解速率：

$$-\frac{d[I]}{dt} = k_d[I]$$

初级自由基的生成速率：

$$\frac{d[R \cdot]}{dt} = 2k_d[I]$$

单体自由基的生成速率：

$$R_i = \frac{d[M \cdot]}{dt} = \frac{d[R \cdot]}{dt} = 2k_d[I] \tag{3-1}$$

这是基于第二步反应生成单体自由基的速率远大于引发剂的分解速率，链引发速率完全由引发剂分解速率决定。换言之，在一般情况下，链引发速率与单体浓度无关。

不过，由于在一般情况下只有一部分初级自由基参与引发单体生成单体自由基，而另一部分初级自由基却发生了副反应，所以应该将引发效率考虑进去，于是得到链引发反应速率方程（脚标 d 和 i 分别代表引发剂分解和链引发）：

$$R_i = 2fk_d[I] \tag{3-2}$$

则引发效率：

$$f = \frac{单体自由基生成速率}{初级自由基生成速率} = \frac{R_i}{2k_d[I]}$$

引发剂分解速率常数一般为 $10^{-4} \sim 10^{-6} \, s^{-1}$，引发效率约 $0.6 \sim 0.8$，引发速率约 $10^{-8} \sim 10^{-10} \, mol/(L \cdot s)$。

② 链增长。与线形平衡缩聚反应类似，生成聚合度为 $(n+1)$ 的聚合物需要进行 n 步链增长反应，应该有 n 个链增长速率和同样数量的速率常数。按照 Flory 等活性理论，链自由基的活性与链长无关，则各步链增长反应的速率常数都应该相等。

$$M_1^{\cdot} + M \xrightarrow{k_p} M_2^{\cdot}$$

$$M_2^{\cdot} + M \xrightarrow{k_p} M_3^{\cdot}$$

$$\cdots\cdots$$

$$M_n^{\cdot} + M \xrightarrow{k_p} M_{n+1}^{\cdot}$$

现在令体系中 [M·] 代表所有长短不等的链自由基 $RM_1 \cdot$、$RM_2 \cdot$、$RM_3 \cdot \cdots$ $RM_n \cdot$浓度的总和，单体浓度为 [M]，同时选择用单体的消耗速率表示链增长反应速率，则：

$$R_p = -\left(\frac{d[M]}{dt}\right)_p = k_p[M]\sum[RM_i\cdot] = k_p[M][M\cdot] \tag{3-3}$$

k_p 约 $10^2 \sim 10^4 L/(mol\cdot s)$，$[M\cdot]$ 约 $10^{-7} \sim 10^{-9} mol/L$，$[M]$ 取 $1 \sim 10 mol/L$，则增长速率 R_p 约 $10^{-4} \sim 10^{-6} mol/(L\cdot s)$。

③ 链终止。自由基聚合反应的链终止反应可能包括双基偶合、双基歧化和链转移（单基终止）三种方式。为了简化推导过程，这里暂时只考虑双基终止的情况，将链转移终止留在后面讨论。

链终止速率以自由基消失速率表示。链终止反应及其速率方程为：

偶合终止

$$M_n^\cdot + M_m^\cdot \xrightarrow{k_{t,c}} M_{n+m} \quad\quad R_{t,c} = 2k_{t,c}[M\cdot]^2$$

歧化终止

$$M_n^\cdot + M_m^\cdot \xrightarrow{k_{t,d}} M_n + M_m \quad\quad R_{t,d} = 2k_{t,d}[M\cdot]^2$$

终止总速率：

$$R_t = -\frac{d[M\cdot]}{dt} = R_{t,c} + R_{t,d} = 2k_t[M\cdot]^2 \tag{3-4}$$

式中

$$k_t = k_{t,c} + k_{t,d}$$

链终止速率较快，k_t 约为 $10^6 \sim 10^8$，大于链增长的 k_p，但这并不意味着链不能增长，因为速率的比较不仅仅是 k，还要看浓度因素，即 $[M]$、$[M\cdot]$ 的大小。$[M\cdot]$ 极低，所以总的结果是链增长速率大于链终止速率。

(2) 聚合反应总速率 正如前面所述，聚合反应的速率既可以用单体的消耗速率表示，也可以用聚合物的生成速率表示。不过考虑到如果选择聚合物的生成速率表示聚合反应速率，则不可避免会面对如何换算聚合物的物质的量、平均聚合度与原料单体物质的量之间的关系问题。所以选择单体的消耗速率表征聚合反应速率显得更简单一些。

分析自由基聚合反应中参加三个基元反应的反应物可以发现，链引发反应第一步只消耗引发剂；第二步即单体自由基的生成反应只消耗一个单体和一个初级自由基；而链终止反应只消耗自由基而不消耗单体。显而易见，对于每一个具体的大分子的生成过程而言，链增长反应所消耗的单体数无疑远远多于链引发反应所消耗的单体数。这就是高分子化学中常说的"聚合物分子的长链原理"。基于此，动力学上聚合反应总速率近似地等于链增长反应速率，即

$$R_总 = -\frac{d[M]}{dt} = R_p + R_i \approx R_p = k_p[M][M\cdot] \tag{3-5}$$

3.2.3.3 自由基聚合反应动力学方程

在上述聚合反应总速率方程中，自由基浓度难于直接测定，根据稳态原理，$R_i = R_t$，求解自由基浓度：

$$[M\cdot] = \left(\frac{R_i}{2k_t}\right)^{1/2} = \left(\frac{fk_d[I]}{k_t}\right)^{1/2}$$

将其代入式(3-5)，则得到自由基聚合反应总聚合速率的动力学方程：

$$R_\text{总} = k_p \left(\frac{R_i}{2k_t} \right)^{1/2} [M]$$

$$= k_p \left(\frac{fk_d}{k_t} \right)^{1/2} [M][I]^{1/2}$$

$$= k[M][I]^{1/2} \tag{3-6}$$

式中

$$k = k_p (fk_d/k_t)^{1/2}$$

定义为聚合反应的总速率常数，它包含了链引发、链增长、链终止三个速率常数对聚合反应综合速率常数的贡献。

该动力学方程表明，聚合反应总速率与单体浓度成正比，与引发剂浓度的平方根成正比。

在 $0 \rightarrow t$、$[M]_0 \rightarrow [M]$ 区间，对式(3-6)进行定积分，则得到：

$$\ln \frac{[M]_0}{[M]} = k[I]^{1/2}t = k_p \left(\frac{fk_d}{k_t} \right)^{1/2} [I]^{1/2}t \tag{3-7}$$

3.2.3.4 温度对聚合速率的影响

一般说来，升高温度，将加速引发剂的分解，从而提高聚合速率。这可以从聚合速率常数 k 与温度关系的 Arrhenius 式作进一步定量剖析。

$$k = A e^{-\frac{E_a}{RT}}$$

由前可知，（总）聚合速率常数 k 与各基元反应速率常数有如下关系：

$$k = k_p \left(\frac{fk_d}{k_t} \right)^{1/2}$$

总活化能与基元反应活化能的关系如下：

$$E = \left(E_p - \frac{E_t}{2} \right) + \frac{E_d}{2}$$

选 $E_p = 29\text{kJ/mol}$，$E_t = 17\text{kJ/mol}$，$E_d = 125\text{kJ/mol}$ 为例，则 $E = 83\text{kJ/mol}$。总活化能为正值，从 Arrhenius 式可以看出，升高温度，将使聚合速率（常数）增大，温度从 50℃ 升高到 60℃，聚合速率常数将增为 2.5 倍。

同样，降低 E 值，可提高聚合速率。在总活化能中，E_d 占主导地位。如果选用 $E_d = 105\text{kJ/mol}$ 的高活化性引发剂（如过氧化二碳酸酯），E 值将降低为 73，聚合将显著加速，比升高温度更有效。因此，引发剂的选择在自由基聚合中占着重要地位。

热引发聚合活化能约为 80~96kJ/mol，与引发剂引发时相当或稍大，温度对聚合速率的影响较大。

而光和辐射引发聚合时，无 E_d 项，聚合活化能很低，约 20kJ/mol，温度对聚合速率的影响较小，甚至在较低的温度（0℃）下也能聚合。

3.2.3.5 动力学链长和聚合度

聚合度是表征聚合物的重要指标，影响聚合速率的诸因素，如引发剂、浓度、温度等，也同样影响着聚合度，但影响方向却往往相反。

在聚合动力学研究中，常将一个活性种从引发开始到链终止所消耗的单体分子数定义为动力学链长 ν，无链转移时，相当于每一链自由基所连接的单体单元数，可由增长速率和引发速率之比求得。稳态时，引发速率等于终止速率，因此动力学链长的定义表达式为：

$$\nu=\frac{R_p}{R_i}=\frac{R_p}{R_t}=\frac{k_p[M]}{2k_t[M\cdot]} \tag{3-8}$$

由链增长速率方程 $R_p=k_p[M][M\cdot]$ 解出 $[M\cdot]$，代入上式，得 $\nu\text{-}R_p$ 的关系：

$$\nu=\frac{k_p^2[M]^2}{2k_tR_p} \tag{3-9}$$

如将稳态时的自由基浓度代入式(3-8)，则得 $\nu\text{-}R_i$ 的关系：

$$\nu=\frac{k_p}{(2k_t)^{1/2}}\times\frac{[M]}{R_i^{1/2}} \tag{3-10}$$

引发剂引发时，引发速率 $R_i=2fk_d[I]$，则：

$$\nu=\frac{k_p}{2(fk_dk_t)^{1/2}}\times\frac{[M]}{[I]^{1/2}} \tag{3-11}$$

上四式是动力学链长的多种表达式。式(3-11) 表明，动力学链长与引发剂浓度平方根成反比。由此看来，增加引发剂浓度来提高聚合速率的措施，往往使聚合度降低。

聚合物平均聚合度 $\overline{X}_n$ 与动力学链长的关系与终止方式有关。

偶合终止，$\overline{X}_n=2\nu$；歧化终止，$\overline{X}_n=\nu$；兼有两种终止方式，则 $\nu<\overline{X}_n<2\nu$，可按比例计算：

$$\overline{X}_n=\frac{R_p}{\dfrac{R_{tc}}{2}+R_{td}}$$

$$\overline{X}_n=\frac{\nu}{\dfrac{C}{2}+D}$$

式中，C、D 分别代表偶合终止和歧化终止的分率。

升温使速率增加，却使聚合度降低。因为，从式(3-11) 可知，$k'=k_p/2(fk_dk_t)^{1/2}$ 是表征动力学链长或聚合度的综合常数，应用 Arrhennius 式，仿照综合速率常数，作相似处理，得：

$$E'=\left(E_p-\frac{E_t}{2}\right)-\frac{E_d}{2}$$

E' 是影响聚合度的综合活化能。取 $E_p=29\text{kJ/mol}$，$E_t=17\text{kJ/mol}$，$E_d=125\text{kJ/mol}$，则 $E'=-42\text{ kJ/mol}$。结果是 Arrhennius 式中的指数为正值，这意味着温度升高，聚合度将降低。

热引发聚合时，温度对聚合度的影响，与引发剂引发时相似。光和辐射引发时，E 是很小的正值，表明温度对聚合度和速率的影响甚微。

3.2.3.6 链转移反应对聚合度的影响

如前所述，活性链向单体、引发剂、溶剂等低分子物质转移，结果是聚合度降低，分子量减小。向三种物质转移的反应式和速率方程如下：

$$\text{M}_x^{\cdot}+\text{M}\xrightarrow{k_{tr,M}}\text{M}_x+\text{M}\cdot \qquad R_{tr,M}=k_{tr,M}[M\cdot][M]$$

$$\text{M}_x^{\cdot}+\text{I}\xrightarrow{k_{tr,I}}\text{M}_x\text{R}+\text{R}\cdot \qquad R_{tr,I}=k_{tr,I}[M\cdot][I]$$

$$M_x^{\bullet} + YS \xrightarrow{k_{tr,S}} M_xY + S\bullet \qquad R_{tr,S} = k_{tr,S}[M\bullet][S]$$

式中，$R_{tr,M}$ 和 $k_{tr,M}$ 分别代表向单体链转移反应的速率和速率常数（tr 表示转移，transfer，其他符号意义类推）。

当存在链转移反应时，每进行一次链转移，原有的链自由基消失，形成一条大分子，但同时却产生一个新的自由基，它有继续引发单体聚合产生一条新的链自由基，即动力学链尚未终止，直至由双基终止导致真正死掉为止。因此，链转移反应不影响动力学链长的大小，但却使聚合度下降。

按定义，平均聚合度等于单体消耗速率与大分子生成速率之比。单体消耗速率等于链增长速率，大分子生成速率包括链终止速率（偶合是两条自由基链生成一个大分子，歧化是一条自由基链生成一个大分子）与链转移速率（各转移反应均生成一个大分子）两部分。

$$\overline{X}_n = \frac{单体消耗速率}{大分子生成速率} = \frac{R_p}{R_{t,d} + \frac{1}{2}R_{t,c} + \sum R_{tr}}$$

将以上各链转移反应速率方程代入，并转换成倒数形式，则有：

$$\frac{1}{\overline{X}_n} = \frac{R_{t,d} + \frac{1}{2}R_{t,c}}{R_p} + \frac{k_{tr,M}}{k_p} + \frac{k_{tr,I}}{k_p} \times \frac{[I]}{[M]} + \frac{k_{tr,S}}{k_p} \times \frac{[S]}{[M]} \qquad (3\text{-}12)$$

将链转移速率常数与链增长速率常数之比定义为链转移常数 C，它代表这两种反应的竞争力，反映某一物质的链转移能力。则向单体、引发剂和溶剂的链转移常数 C_M、C_I 和 C_S 可分别表示为：

$$C_M = \frac{k_{tr,M}}{k_p}, \quad C_I = \frac{k_{tr,I}}{k_p}, \quad C_S = \frac{k_{tr,S}}{k_p}$$

代入式(3-12)得：

$$\frac{1}{\overline{X}_n} = \frac{R_{t,d} + \frac{1}{2}R_{t,c}}{R_p} + C_M + C_I \frac{[I]}{[M]} + C_S \frac{[S]}{[M]} \qquad (3\text{-}13)$$

当只有偶合终止时（$R_{t,d} = 0$）：

$$\frac{1}{\overline{X}_n} = \frac{1}{2\nu} + C_M + C_I \frac{[I]}{[M]} + C_S \frac{[S]}{[M]} \qquad (3\text{-}14)$$

当只有歧化终止时（$R_{t,c} = 0$）：

$$\frac{1}{\overline{X}_n} = \frac{1}{\nu} + C_M + C_I \frac{[I]}{[M]} + C_S \frac{[S]}{[M]} \qquad (3\text{-}15)$$

以上三式就是链转移反应对聚合度影响的定量关系式，右边四项分别代表正常聚合、向单体转移、向引发剂转移、向溶剂转移对聚合度的贡献。由于是倒数关系，所以实际上是对聚合度的负贡献。要注意的是，对于某一特定的体系，并不一定包括全部链转移反应。

在实际生产中，应用链转移的原理来控制分子量是很普遍的。例如聚氯乙烯分子量主要取决于向单体转移的程度，可由聚合温度来控制；丁苯橡胶的分子量可由十二硫醇来调节；乙烯与四氯化碳（常用作调节聚合的溶剂）经调节聚合和进一步反应，可制备氨基酸；溶液聚合产物分子量一般较低等。

3.2.4 分子量控制及其影响因素

第 2 章在讲述线形缩聚物分子量控制的时候，我们曾经讲过，可以采用控制两种单体官能团的摩尔比或加入端基封锁剂的方法控制聚合物的聚合度，而且可以根据我们对聚合物分子量的具体要求，定量地计算出单体官能团的准确配比或加入单官能团化合物的具体量。

然而这些方法却无法用于自由基聚合反应，原因是受温度影响的三个基元反应的速率常数本身也很难测定并且它们易受反应条件的影响。虽然前面我们也讲述了自由基聚合物聚合度的定量计算公式，然而在实际操作中按照这些公式计算的结果与实际情况相差甚远。所以到目前为止，自由基聚合物的分子量控制主要还是通过实验和经验来确定。

不过尽管如此，了解影响自由基型聚合物聚合度的各种因素对于有效地控制分子量显然具有指导意义。归纳所有影响因素，将加聚物的分子量控制原则总结于下。

影响因素包括单体浓度、引发剂的浓度、单体纯度（是否含链转移剂）、聚合温度、阻聚剂和聚合方法等几个方面，下面逐一讨论。

3.2.4.1 单体浓度

从前面关系式的讨论可知，提高单体浓度能够同时提高聚合反应速率和聚合度。动力学链长

$$\nu = k'[M][I]^{-1/2}$$

这表明，与聚合度直接关联的动力学链长与单体浓度成正比。

另外按照

$$\frac{1}{\overline{X}_n} = \frac{1}{\nu} + C_M + C_I\frac{[I]}{[M]} + C_S\frac{[S]}{[M]}$$

这表明，单体浓度的提高有利于减轻各种链转移反应对聚合度的负面影响。

所以，如果希望得到尽可能高的聚合度，必须选择除单体和引发剂以外的不含任何溶剂的本体聚合或悬浮聚合方法，以保证尽可能高的单体浓度。

3.2.4.2 引发剂浓度

上两式表明，动力学链长与引发剂浓度的平方根成反比，提高引发剂浓度将加大向引发剂转移反应对聚合度的负面影响。所以如希望得到尽可能高的聚合度，必须控制较低的引发剂浓度。不过引发剂浓度太低可能使聚合反应速率太慢甚至不能进行。除此以外，选择不容易发生诱导分解的引发剂如 AIBN 对于提高聚合度是有利的。

3.2.4.3 单体纯度

某些溶剂特别是那些含有活泼氢或卤素原子的化合物容易与链自由基进行链转移反应，从而导致聚合度的降低。所以，如果希望得到尽可能高的聚合度就必须使用高纯度单体，尽可能不含各种类型的链转移剂杂质。

3.2.4.4 聚合反应温度

温度对聚合反应的影响包括三个方面：聚合速率、聚合度及大分子微观结构。

(1) 温度对聚合速率的影响 如前所述，在聚合反应总活化能中引发剂分解的活化能占据主导地位（大约 80%），所以升高温度将直接加速引发剂分解，从而导致聚合反应速率的升高。

从另一个角度讲，选择高活性（即低活化能）引发剂，同样能够提高聚合速率，而且其

效果优于升高温度。其原因在于升高温度将导致聚合度的降低。采用低活化能的氧化-还原引发体系能够在较低温度下同时获得较高的聚合速率和聚合度就是这个道理。

(2)温度对聚合度的影响 如前所述，与动力学链长（聚合度）相关的活化能为负值，所以升高温度将导致聚合度的降低。

比较该活化能的几个组成部分可以看出，温度升高使引发剂分解加快是导致聚合度降低的主要因素。与此同时，三个链转移常数均随温度升高而增大，从而也使聚合度进一步降低。

因此，温度对于自由基聚合反应速率和聚合度的影响是相反的，在实际控制中应综合考虑。

(3)温度对大分子微观结构的影响 总体而言，自由基聚合反应的许多副反应都具有较高的活化能，所以升高温度将导致影响大分子微观结构改变的副反应的加剧。

① 温度升高有利于支链的生成。

② 温度升高有利于大分子链上结构单元的头-头联结。

③ 温度升高有利于顺式异构体的生成。

3.2.4.5 聚合反应压力

一般来说，压力对液相聚合或固相聚合的影响较小，但对气态单体的聚合速率和聚合物分子量的影响较为显著。

如乙烯在低压下（500atm）聚合时，相对分子质量只有2000，要得到高分子量商品聚乙烯（相对分子质量 $10^5 \sim 5 \times 10^5$），反应压力就必须达到 1500~2000atm。

压力增高能促使活性链与单体之间的碰撞次数增多，并使反应活化能降低，从而使反应加速，反应温度降低，并且还能增加聚合物分子量。即增加压力能同时使反应速率和聚合度都增加。

应用高压可以成功地进行某些难以聚合的单体的聚合反应，如乙烯与一氧化碳的共聚合反应在 200~250MPa 的压力下进行，得到新的聚合物——聚酮，它是一种光分解材料。

除此以外，压力对乙烯、丙烯等气相单体聚合反应速率和聚合度的影响巨大，不过一般液态烯类单体的聚合反应受压力的影响不如缩聚反应那样明显，所以不作详细讨论。

3.2.4.6 阻聚剂与缓聚剂

所谓阻聚即阻止或停止聚合反应的进行，具有阻聚功能的物质称为阻聚剂。所谓缓聚即使聚合反应以较低速率进行，具有缓聚功能的物质称为缓聚剂。

烯类单体在储存和精制过程中，为防止其在夏天或受热情况下发生热引发聚合，就必须加入适量阻聚剂，使用之前再采用适当方法将阻聚剂除去。

事实上，阻聚剂和缓聚剂都属于链转移常数很大的链转移剂。

(1)分子型 这是目前广泛使用的阻聚剂，包括苯醌类、硝基苯类、芳胺类、亚硝基类、酚类、醛类和 O_2 等。其中对苯二酚、p-叔丁基苯酚、苯醌、硝基苯等比较常用。目前尚未建立普遍适用的自由基阻聚机理。唯有对常用的苯醌类化合物的阻聚机理研究得较多，其中能得到广泛认同的即所谓氢醌歧化机理：

该转移反应生成的三种自由基都相当稳定，很难引发单体再进行聚合，只能进行歧化反应：

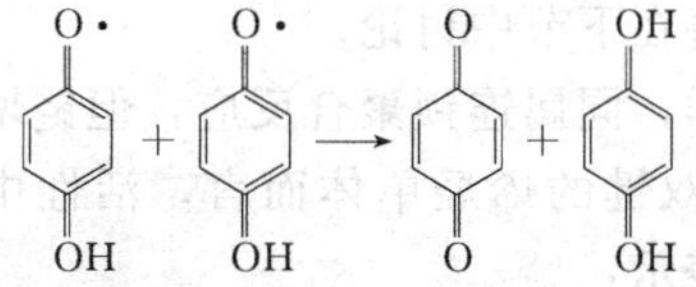

所生成的苯醌继续发挥阻聚作用，对苯二酚在空气中会逐渐氧化成苯醌，从而也发挥阻聚作用，这样就可以将阻聚作用一直维持下去。

氧的阻聚和引发作用：O_2 的阻聚作用比较特殊，一般聚合反应在相对较低温度下（如 <100℃）进行，氧分子具有双自由基特性而对聚合反应起阻聚作用，并在该温度条件下生成相当稳定的过氧自由基或过氧化物。不过由于这种作用相当轻微，所以常常并未引起注意。当温度远高于 100℃ 以后，生成的过氧键逐渐发生分解，生成活泼自由基而引发单体聚合，犹如加入过氧类引发剂一样。目前工业上高压聚乙烯生成中采用严格计量氧作引发剂便是典型的例子。

除此以外，对于单体活性高、聚合物性能要求严格的聚合反应，有时必须在反应前用惰性气体将反应中的空气置换出来，并使反应始终维持在惰性气氛中进行，这也是为了避免空气中的氧的阻聚作用。

(2) 自由基型　典型的代表为 2,2-二苯基-2,4,6-三硝基苯肼自由基，即 DPPH，它是高效阻聚剂的代表，能够定量捕捉自由基而立即终止反应，反应式如下：

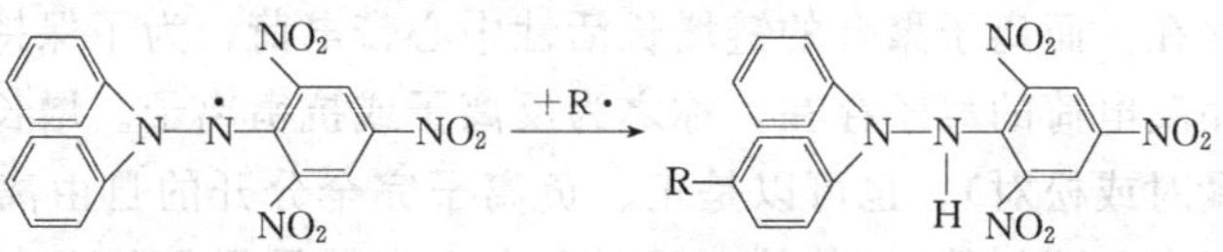

DPPH 浓度在 10^{-4}mol/L 以下，就足以使乙酸乙烯酯或苯乙烯完全阻聚。1 个 DPPH 分子能够化学计量地消灭一个自由基，是理想的阻聚剂，因此可以用来测定引发速率。DPPH 素有自由基捕捉剂之称。DPPH 通过链转移反应消灭自由基，原来呈黑色，反应后，则成无色，可用比色法定量。另外三苯甲基类自由基及相关化合物也属于自由基型阻聚剂。

3.2.4.7　聚合反应方法的影响

如果以获得尽可能高的分子量的聚合物为目的，在选择聚合反应方法时应该遵守下面两条原则。

(1) 优先选择本体聚合或悬浮聚合，避免溶液聚合以减小链转移反应对聚合度的负面影响。

(2) 尽量选择乳液聚合或者其他特殊的气相聚合、固相聚合等，它们是根据减少双基终止的机会，延长自由基寿命以提高聚合度而设计出来的特殊聚合反应方法。

3.3　离子型聚合反应

3.3.1　概述

离子型聚合反应是单体在引发剂（或催化剂）作用下按离子历程转化为高分子量聚合物的化学过程。按照增长离子的性质，可以把离子型聚合反应分为三种：增长离子是带正电荷的阳离子即为阳离子聚合；增长离子为带负电荷的阴离子则称阴离子聚合；若增长中心为离子（阳或阴）性质，且增长时包括单体对增长中心的配位，常叫配位聚合。本节主要讨论阳离子和阴离子聚合，配位聚合将在下节中讨论。

离子聚合与自由基聚合一样，同属连锁聚合反应，但链增长反应活性中心是带电荷的离子而不是自由基。对于含碳-碳双键的烯烃单体而言，活性中心就是碳正离子或碳负离子，它们的聚合反应可分别用下式表示：

$$A^+B^- + H_2C{=}CH{-}X \longrightarrow A{-}H_2C{-}\overset{+}{C}HB^-{-}X \xrightarrow{(n-1)H_2C{=}CHX} {+}CH_2{-}CH{-}X{]}_n$$

$$A^+B^- + H_2C{=}CH{-}Y \longrightarrow B{-}CH_2{-}\overset{-}{C}HA^+{-}Y \xrightarrow{(n-1)H_2C{=}CHY} {+}CH_2{-}CH{-}Y{]}_n$$

除了活性中心的性质不同之外，离子聚合与自由基聚合明显不同，主要表现在以下几个方面。

(1) 对单体的选择性 一般而言，自由基聚合对单体的选择性较低，多数烯烃单体可以进行自由基聚合。但离子聚合对单体有较高的选择性，只适合于带能稳定碳正离子或碳负离子取代基的单体。具有推电子基团的乙烯基单体，有利于阳离子聚合，具有吸电子基团的乙烯基单体，则容易进行阴离子聚合。由于离子聚合单体选择范围窄，导致已工业化的聚合品种要较自由基聚合少得多。

(2) 活性中心的存在形式 在自由基聚合中，反应活性中心是电中性的自由基，虽然寿命很短，但可独立存在。而离子聚合的链增长活性中心带电荷，为了保持电中性，在增长活性链近旁有一个带相反电荷的离子存在，称之为反离子或抗衡离子。增长离子和反离子的关系可以是离子对（紧对或松对），也可以是正、负离子完全分开的自由离子。在不同的反应条件下（如不同的温度和溶剂等），各种离子对和自由离子呈平衡状态存在，以阳离子聚合为例：

$$\sim\!\!\sim\!\!\sim C^+B^- \rightleftharpoons \sim\!\!\sim\!\!\sim C^+ /\!/ B^- \rightleftharpoons \sim\!\!\sim\!\!\sim C^+ + B^-$$

紧密离子对　　　　疏松离子对　　　　自由离子
（Ⅰ）　　　　　　　（Ⅱ）　　　　　　　（Ⅲ）

不同形式的活性中心具有不同的活性，从左到右，增长活性链与反离子作用减弱，与单体的反应性增强，链增长速率加快，但控制增长链构型的能力则减弱。

离子对以（Ⅰ）和（Ⅱ）方式进行链增长反应时，由于反离子距离近，单体插入难，聚合速率较小，但单体在插入到离子对中间进行加成反应时，加成插入方向受到反离子限制，可以得到具有一定立体规整性的高聚物。自由离子（Ⅲ）状态进行链增长反应时，反离子远离活性中心，单体插入容易，故聚合速率较大，但单体插入方向难以受到限制，故常得到无规立构高聚物。

离子对中，活性中心和反离子结合的紧密程度取决于单体、反离子结构以及溶剂和温度等聚合条件，又反过来影响聚合反应速率、聚合物分子量及其分布和立体化学。由于离子聚合经常存在两种以上的活性中心，因而其聚合机理和反应动力学较自由基聚合复杂，难以定量化。

(3) 介质的极性影响 在自由基聚合中，反应介质的极性（溶剂的极性）对聚合的影响不大，而在离子聚合中，由于增长种是带电荷的，因此溶剂的极性和溶剂化能力直接影响着增长种的种类、相对比例和活性，从而明显地影响聚合速率和聚合物的结构。

(4) 聚合速率和温度 离子聚合的活化能低，聚合速率快。离子聚合反应一般在低温

（0℃以下）进行，低温有利于减慢聚合速率，防止重排、链转移等副反应发生。如苯乙烯阴离子聚合反应在－70℃于四氢呋喃中进行。

（5）聚合机理 离子聚合的链引发活化能较自由基聚合低，因此与自由基聚合的慢引发不同，离子聚合是快引发。离子聚合链终止反应不能发生活性离子链偶合终止，因为活性链端具有相同电性，不能相互反应。通常是通过加入终止剂进行活性离子链单基终止。

（6）聚合方法 自由基聚合可以在水介质中进行，但水对离子聚合的链引发和链增长活性中心有失活作用，因此离子聚合一般采用溶液聚合，偶有本体聚合，而不能进行乳液聚合和悬浮聚合。同时，由于微量杂质如水、酸、醇等都是离子聚合的阻聚剂，因此离子聚合对低浓度的杂质和其他偶发性物质的存在极为敏感，实验结果重现性差。

近年来，离子聚合在高分子合成的理论研究和工业生产中受到越来越多的重视。在理论上，由于离子聚合有较强的控制聚合物大分子链构型的能力，同时通过离子聚合可以获得"活性聚合物"，使人们可以进行"分子设计"，合成出具有预想结构和性能的聚合物。在工业生产中，利用离子聚合已经生产出了许多性能优良的聚合物，如丁基橡胶、异戊橡胶、热塑性橡胶 SBS 等。其中一些品种只能通过离子聚合来生产。通过离子聚合，还可以将常用单体如丁二烯、苯乙烯等，聚合成结构、性能与自由基聚合产物截然不同的新产物。总之，离子聚合在理论研究和工业应用领域中正显示出越来越强的生命力。

3.3.2 阳离子聚合反应

单体经阳离子型引发剂引发，生成单体阳离子活性中心，并按连锁聚合反应机理聚合生成高聚物的聚合反应称为阳离子聚合反应。由于上述的影响因素，可供阳离子聚合的单体种类较少，主要是异丁烯；可用的溶剂有限，一般选用卤代烃，如氯甲烷；但引发剂种类很多，从质子酸到 Lewis 酸。主要聚合物商品有聚异丁烯、丁基橡胶等。

由于阳离子聚合时容易生成低聚物，近年来常利用这一特点生产具有特殊性能的低聚物，在工业中应用极为广泛。

3.3.2.1 单体

除羰基化合物、杂环外，阳离子聚合的烯类单体只限于带有供电子基团的异丁烯、乙烯基烷基醚，以及有共轭结构的苯乙烯类、二烯烃等少数几种。

供电子基团一方面使碳-碳双键电子云密度增加，有利于阳离子活性种的进攻；另一方面又使生成的碳阳离子电子云分散而稳定，减弱副反应。

3.3.2.2 引发剂

阳离子聚合反应的引发剂均为亲电试剂，常用的引发剂可分为两类。

（1）质子酸 引发阳离子为引发剂离解产生的质子 H^+，包括：无机酸 H_2SO_4、H_3PO_4、HCl 等，有机酸 CF_3COOH、CCl_3COOH 等，超强酸 $HClO_4$、CF_3SO_3H、$ClSO_3H$ 等。

以 $HClO_4$ 引发异丁烯为例，其反应如下：

产物是单体离子对。

超强酸由于酸性极强，离解常数大，活性高，引发速率快，且生成的反离子亲核性弱，难以与增长链活性中心成共价键而使反应终止；而一般的质子酸（如 H_2SO_4、HCl 等）由于生成的反离子 SO_4^{2-}、Cl^- 等的亲核性较强，易与碳阳离子生成稳定的共价键，使增长链失去活性，因而通常难以获得高分子量的产物。

按质子酸阳离子机理引发 α-烯烃低聚，产物分子量很少超过几千，主要用作柴油、润滑油等。用硫酸作引发剂，古马隆和茚的阳离子聚合产物相对分子质量为 $1000\sim3000$，可应用于涂料、黏合剂、地砖、蜡纸等。

(2) Lewis 酸 Lewis 酸是缺电子化合物。这类引发剂多数在使用时需加入少量共引发剂，才能放出质子或碳阳离子引发聚合反应。引发剂常用 BF_3、$AlCl_3$、$SnCl_4$、$TiCl_4$、$ZnCl_2$ 等；共引发剂常用水、有机酸、醇、醚等化合物，两者组成引发体系。例如：

$$BF_3 + H_2O \Longrightarrow H^+[BF_3(OH)]^-$$

$$BF_3 + ROR \Longrightarrow R^+[BF_3(OR)]^-$$

Lewis 酸引发阳离子聚合时，可在高收率下获得较高分子量的聚合物，因此，从工业上看，它们是阳离子聚合的主要引发剂。

3.3.2.3 聚合反应机理

阳离子聚合反应机理也由链引发、链增长、链终止三种基元反应组成，现以 BF_3-H_2O 引发异丁烯的聚合为例，说明阳离子聚合反应机理。

(1) 链引发 引发体系首先形成质子活性中心：

$$BF_3 + H_2O \Longrightarrow H^+[BF_3(OH)]^-$$

质子活性中心与异丁烯作用生成单体碳阳离子活性中心，并与其阴离子形成离子对：

$$H^+[BF_3(OH)]^- + H_2C{=}C(CH_3)_2 \longrightarrow H_3C{-}\overset{\overset{\displaystyle CH_3}{|}}{\underset{\underset{\displaystyle CH_3}{|}}{C}}{}^+[BF_3(OH)]^-$$

阳离子引发极快，几乎瞬间完成，引发活化能 E_i 为 $8.4\sim21kJ/mol$，与自由基聚合中的慢引发截然不同（$E_i = 105\sim125kJ/mol$）。所以阳离子聚合反应能在低温下快速进行。

(2) 链增长 引发生成的单体碳阳离子活性中心连锁引发单体，不断进行链增长，形成碳阳离子活性链。每一次链增长反应，单体都以头-尾结构插入到离子对之间：

$$H_3C{-}\overset{\overset{\displaystyle CH_3}{|}}{\underset{\underset{\displaystyle CH_3}{|}}{C}}{}^+[BF_3(OH)]^- + nH_2C{=}\overset{\overset{\displaystyle CH_3}{|}}{\underset{\underset{\displaystyle CH_3}{|}}{C}} \longrightarrow H_3C{-}\overset{\overset{\displaystyle CH_3}{|}}{\underset{\underset{\displaystyle CH_3}{|}}{C}}{-}(CH_2{-}\overset{\displaystyle CH_3}{\underset{\displaystyle CH_3}{C}}){}_n^+[BF_3(OH)]^-$$

阳离子聚合的增长反应有下列特征。

① 链增长是离子与分子之间的反应，活化能低（$E_p = 8.4\sim21kJ/mol$），增长速率快，几乎与引发同时瞬间完成，反映出"低温高速"的宏观特征。

② 阳离子聚合中，单体按头-尾结构插入离子对而增长，对单体单元构型有一定控制能力，但控制能力远不及阴离子聚合和配位聚合，较难达到真正活性聚合的标准。

③ 伴有分子内重排、转移、异构化等副反应。

(3) 链转移 阳离子聚合的活性种很活泼，容易向单体或溶剂（AX）进行链转移。

$$H_3C{-}\overset{\overset{\displaystyle CH_3}{|}}{\underset{\underset{\displaystyle CH_3}{|}}{C}}{\sim}CH_2{-}\overset{\overset{\displaystyle CH_3}{|}}{\underset{\underset{\displaystyle CH_3}{|}}{C}}{}^+[BF_3(OH)]^- + H_2C{=}\overset{\displaystyle CH_3}{\underset{\displaystyle CH_3}{C}} \longrightarrow H_3C{-}\overset{\overset{\displaystyle CH_3}{|}}{\underset{\underset{\displaystyle CH_3}{|}}{C}}{\sim}\overset{\overset{\displaystyle CH_2}{\|}}{\underset{\underset{\displaystyle CH_3}{|}}{C}} + H_3C{-}\overset{\overset{\displaystyle CH_3}{|}}{\underset{\underset{\displaystyle CH_3}{|}}{C}}{}^+[BF_3(OH)]^-$$

$$\text{H}_3\text{C}-\underset{\underset{\text{CH}_3}{|}}{\overset{\overset{\text{CH}_3}{|}}{\text{C}}}\text{~~~CH}_2-\underset{\underset{\text{CH}_3}{|}}{\overset{\overset{\text{CH}_3}{|}}{\text{C}}}{}^+[\text{BF}_3(\text{OH})]^- + \text{AX} \longrightarrow \text{H}_3\text{C}-\underset{\underset{\text{CH}_3}{|}}{\overset{\overset{\text{CH}_3}{|}}{\text{C}}}\text{~~~CH}_2-\underset{\underset{\text{CH}_3}{|}}{\overset{\overset{\text{CH}_3}{|}}{\text{C}}}-\text{X} + \text{A}^+[\text{BF}_3(\text{OH})]^-$$

在阳离子聚合中，极易发生向单体的链转移反应，其链转移常数 C_M 为 $10^{-1}\sim10^{-2}$，比一般自由基聚合（$C_M = 10^{-3}\sim10^{-5}$）要大 $2\sim3$ 个数量级，因此，阳离子聚合产物的分子量一般较自由基聚合要低。链增长与链转移是一对竞争反应，降低温度、提高反应介质的极性，有利于链增长反应，从而可提高产物分子量，这也是为什么阳离子聚合需要在低温、极性溶剂中进行的原因。

(4) 链终止 阳离子聚合的活性种带有正电荷，同种电荷相斥，故不能双基终止，也无凝胶效应，这是与自由基聚合显著不同之处。但也有另外几种终止方式。

① 与反离子结合。在一定情况下，用质子酸引发时，酸根反离子与增长链阳离子共价结合而终止。如三氟乙酸引发苯乙烯聚合中，便发生这种链终止反应。

$$\text{~~~CH}_2-\overset{+}{\underset{\underset{\bigcirc}{|}}{\text{CH}}}[\text{OCOCF}_3]^- \longrightarrow \text{~~~CH}_2-\underset{\underset{\bigcirc}{|}}{\text{CH}}-\text{OCOCF}_3$$

用 Lewis 酸引发时，一般是增长链阳离子与反离子中的一部分结合而终止。

$$\text{~~~CH}_2-\underset{\underset{\text{CH}_3}{|}}{\overset{\overset{\text{CH}_3}{|}}{\text{C}}}{}^+[\text{BF}_3(\text{OH})]^- \longrightarrow \text{~~~CH}_2-\underset{\underset{\text{CH}_3}{|}}{\overset{\overset{\text{CH}_3}{|}}{\text{C}}}-\text{OH} + \text{BF}_3$$

② 自终止。增长离子对重排，终止成聚合物。自终止比向单体或溶剂链转移要慢得多。

$$\text{~~~CH}_2-\underset{\underset{\text{CH}_3}{|}}{\overset{\overset{\text{CH}_3}{|}}{\text{C}}}{}^+[\text{BF}_3(\text{OH})]^- \longrightarrow \text{~~~CH}_2-\underset{\underset{\text{CH}_3}{|}}{\overset{\overset{\text{CH}_2}{||}}{\text{C}}} + \text{H}^+[\text{BF}_3(\text{OH})]^-$$

③ 人为终止。以上众多阳离子聚合终止方式往往都难以顺利进行，因此有"难终止"之称，但未达到完全无终止的程度。

实际上，阳离子聚合中经常添加水、醇、酸、酯、醚等亲核性物质来人为地终止。它们在体系中超过一定含量时，会导致转移性链终止反应，以水为例：

$$\text{~~~CH}_2-\underset{\underset{\text{CH}_3}{|}}{\overset{\overset{\text{CH}_3}{|}}{\text{C}}}{}^+[\text{BF}_3(\text{OH})]^- + \text{H}_2\text{O} \longrightarrow \text{~~~CH}_2-\underset{\underset{\text{CH}_3}{|}}{\overset{\overset{\text{CH}_3}{|}}{\text{C}}}-\text{OH} + \underset{\underset{[\text{H}_3\text{O}]^+[\text{BF}_3(\text{OH})]^-}{\underset{\text{（无引发活性）}}{}}}{\overset{\overset{}{\downarrow \text{H}_2\text{O}}}{\text{H}^+[\text{BF}_3(\text{OH})]^-}}$$

即水可继续与链转移再生出的质子反应，生成无引发活性的氧鎓离子，此时过量的水实际上起到链终止剂的作用。

氨或有机胺也是阳离子聚合的终止剂，它们与增长链阳离子生成稳定无引发活性的季铵盐正离子：

$$\text{~~~C}^+\text{B}^- + :\text{NR}_3 \longrightarrow \text{~~~}\overset{+}{\text{C}}\text{NR}_3\text{B}^-$$

阳离子聚合中，真正动力学链终止反应比较少，又不像后面所述的阴离子聚合那样无终止而成为活性聚合。阳离子聚合的机理特征是快引发、快增长、易转移、难终止。

3.3.2.4 聚合动力学

阳离子聚合反应的动力学研究要比自由基聚合困难得多。因为阳离子聚合体系总伴有共引发剂，使引发反应复杂化，共引发剂、微量杂质对聚合速率影响很大，数据重现性差；聚合速率极快，引发和增长几乎同步瞬时完成；尤其是很难确定真正的动力学链终止反应，活性中心浓度不变的稳态假定在许多阳离子聚合体系中难以建立。由于阳离子聚合的复杂性，至今还没有一套广泛适用的动力学方程，只有考虑设定特殊的反应条件，才可以比较勉强地利用稳态假定来建立动力学方程。理论推导的动力学方程往往与实验结果有出入，参考性不强，因此本书对阳离子聚合反应动力学方程的推导不作详细介绍。

3.3.3 阴离子聚合反应

单体经阴离子型引发剂引发形成单体阴离子活性中心，并按连锁聚合反应机理聚合成高聚物的聚合反应称为阴离子聚合反应。阴离子聚合的常用单体有丁二烯类和丙烯酸酯类，常用的引发剂是丁基锂，生产的高聚物主要有低顺丁橡胶（顺式含量小于 40%）、聚异戊二烯、苯乙烯-丁二烯-苯乙烯（SBS）嵌段共聚物等十余种产品。最具代表性的产品是 SBS 热塑性弹性体。

20 世纪早期，阴离子聚合少有研究。1956 年 Szwarc 根据苯乙烯-萘钠-四氢呋喃体系的聚合特征，首次提出活性阴离子聚合的概念，从此以后，这一领域得到迅速发展。

3.3.3.1 单体

阴离子聚合反应单体除某些含杂原子的环状单体外，主要是带吸电子取代基的烯类单体。前一类单体的阴离子聚合属开环聚合反应，将另章讨论。

常见的吸电子取代基有：腈基（—CN）、酯基（—COOR）、酰氨基（—CONH$_2$）、硝基（—NO$_2$）等。吸电子基团的存在使双键电子云密度减少，使 β-碳原子产生一定的正电性，有利于阴离子进攻，同时可以使形成的阴离子活性中心电子云得到分散而稳定。例如：

$$A^+B^- + H_2C\!\!=\!\!\overset{\delta+\ \overset{\rightarrow}{\ }\ \delta-}{CH} \longrightarrow B\!\!-\!\!CH_2\!\!-\!\!\overset{\overset{H}{|}}{\underset{\underset{CN}{|}}{C}}{}^-\ A^+$$

烯类单体取代基的吸电子性越强，越易进行阴离子聚合反应。按阴离子聚合活性顺序，可将烯类单体分为四组，活性依次递减：A 组是硝基乙烯和双取代的吸电子基单体，活性最强；B 组是丙烯腈类，活性强；C 组是丙烯酸酯类，活性较强；D 组是共轭烯类，如苯乙烯、丁二烯等，活性较弱。

高活性单体用很弱的引发剂就可被引发，而低活性单体只有用强引发剂才能被引发。

3.3.3.2 引发剂

阴离子聚合引发剂都是亲核试剂，根据链引发方式不同可分为两种。

(1) 亲核加成引发 相应的引发剂是一些能提供碳负离子、烷氧阴离子和氮阴离子等引发活性中心的亲核试剂。这类引发剂主要有金属烷基化合物和金属氨基化合物。

工业上最广泛使用的金属烷基化合物是烷基锂，丁基锂是最常用的阴离子型引发剂，原因是其兼有引发活性和良好的溶解性能。

$$C_4H_9Li + H_2C\!\!=\!\!CH \longrightarrow Y \longrightarrow C_4H_9CH_2\!\!-\!\!\overset{\overset{H}{|}}{\underset{\underset{Y}{|}}{C}}{}^-\ Li^+$$

金属氨基类引发剂是将金属放入液氨中形成的化合物。常用的有氨基锂和氨基钠。

$$2K + 2NH_3 \Longrightarrow 2KNH_2 + H_2 \uparrow$$

$$KNH_2 \longrightarrow K^+ + NH_2^-$$

（2）电子转移引发 锂、钠、钾等碱金属原子的最外层只有一个价电子，容易转移给单体或其他化合物而形成阴离子活性中心，并引发阴离子型聚合反应。如金属钠的价电子转移给苯乙烯，形成单体自由基阴离子，它不稳定，立刻双基偶合成可进行双向链增长反应的双阴离子活性中心：

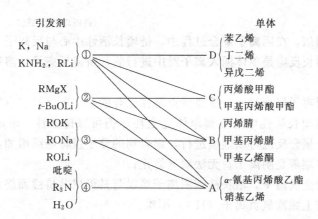

碱金属引发属非均相引发体系，聚合反应在碱金属细粒表面进行，引发剂利用率不高，导致引发反应较慢。一般可将金属分散成小颗粒或在反应器内壁上涂成薄层（金属镜）来增加金属的表面积，以提高引发速率。

3.3.3.3 单体和引发剂的匹配

阴离子聚合的单体和引发剂的活性可以差别很大，在确定阴离子聚合的单体/引发剂组合时，必须考虑它们之间的活性匹配，两者配合得当，才能实现目标聚合。具体匹配关系如图 3-3 所示。

图 3-3 常见阴离子聚合单体与引发剂的活性匹配关系

图中 D 类单体为非极性共轭烯烃，在阴离子聚合体系中，是活性最低的一种，只有用①类强的阴离子引发剂才能引发它们聚合。同时，它们也是最容易控制，可以做到无副反应、无链终止的一类单体，因此可制得"活"的聚合物，在理论研究和工业应用中均有很高的价值。

C 类单体是极性单体，用格利雅试剂在非极性溶剂中可制得立体规整的聚合物，用①类引发剂引发聚合会引起多种副反应的发生。控制聚合反应条件可以得到该类单体的活性聚合物，但比 D 类单体要困难得多。

B 类和 A 类单体活性太高，用很弱的碱就可以引发其聚合，但反应速率和聚合物的分子量不易控制。

3.3.3.4 聚合反应机理

以下实验能代表性地说明阴离子聚合的反应机理：在10%苯乙烯的四氢呋喃溶液中，加入丁基锂乙烷溶液，溶液发热并呈深红色，说明反应立即开始；以后体系黏度迅速增加，反应在5min左右结束；体系中杂质很少时，深红色的聚苯乙烯阴离子几天不消失，即阴离子链没有终止；在体系中加入少量甲醇，溶液立即褪色，说明阴离子被终止。

这个例子说明，阴离子聚合反应机理与其他连锁聚合反应一样，分为链引发、链增长、链终止三种基元反应。不同的是，阴离子的稳定性较高，具有链不终止性。

(1) 链引发 丁基锂可溶于多种极性溶剂（如四氢呋喃）和非极性溶剂（如烷烃）中。丁基锂在非极性溶剂中以缔合体存在，无引发活性；若添加少量四氢呋喃，则解缔合成单量体，就有引发活性。同时，四氢呋喃中氧的未配对电子与锂阳离子络合，有利于疏松离子对或自由离子的形成，活性得以提高。丁基锂就以单阴离子的形式引发单体，产生阴离子活性中心。

$$C_4H_9Li + :OC_4H_8 \longrightarrow C_4H_9^- \parallel [Li \leftarrow OC_4H_8]^+$$

$$C_4H_9^- + Li^+ + H_2C=CH \longrightarrow C_4H_9-CH_2-CH^{-\ +}Li$$

(2) 链增长 经引发反应产生阴离子活性中心与单体进一步加成，又产生新的碳阴离子活性中心，按此方式连续地反应下去，可使链不断增长。

$$C_4H_9-CH_2-CH^{-\ +}Li + nH_2C=CH \longrightarrow C_4H_9\mathop{-}\limits{}[CH_2-CH]_{\overline{n}}CH_2-CH^{-\ +}Li$$

（碳阴离子活性链）

和阳离子聚合相似，在阴离子聚合过程中，链增长活性中心与反离子（阳离子）之间存在离解平衡，由于增长反应是单体插入离子对中进行的，所以反离子、溶剂和温度对链增长反应有较大的影响。

(3) 链终止 阴离子聚合的一个重要特点是在适合的条件下（没有空气、醇、酸等）不发生链终止反应，链增长活性中心直到单体完全耗尽仍可保持活性，形成"活性高聚物"。当加入新的单体时，聚合反应可以继续进行，聚合物的分子量将继续增加，这是因为：

其一，活性链末端都是阴离子，无法双基终止；

其二，反离子为金属离子，增长链碳阴离子难以与其形成共价键而终止；

其三，从活性链上脱除氢负离子（H$^-$）困难。

但在某些条件下，可使活性链终止。

① 活性聚合物久置，链端发生异构化，而后形成不活泼的烯丙基型端基阴离子。

$$\sim\sim CH_2-CH-CH_2-CH^{-\ +}Li \longrightarrow \sim\sim CH_2-CH-CH=CH^- + LiH$$

$$\sim\sim CH_2-CH-CH=CH + \sim\sim CH_2-CH^{-\ +}Li \longrightarrow$$

$$\sim\sim C^{-}-CH=CH \quad(Li^+) \quad + \sim\sim CH_2-CH_2$$

② 加入醇、酸和水等质子给予体终止剂。

$$\sim\sim\sim CH_2-CH^-\cdot Li^+ + H_2O \longrightarrow \sim\sim\sim CH_2-CH_2 + LiOH$$

③ 试剂和器皿难以绝对除净微量杂质，也可以经链转移而终止。

根据无终止的机理特征，活性阴离子聚合可以有下列应用。

a. 制备嵌段聚合物。利用阴离子聚合，相继加入不同活性的单体进行聚合，就可以制得嵌段聚合物。例如工业上生产的苯乙烯-丁二烯-苯乙烯（SBS）嵌段共聚物。

b. 制备带有特殊官能团的遥爪聚合物。活性聚合结束，加入二氧化碳、环氧乙烷或异氰酸酯进行反应，形成带有羧基、羟基、氨基等端基的聚合物。如果是双阴离子引发，则大分子链两端都有这些端基，成为遥爪聚合物。

c. 合成分子量均一的聚合物。在阴离子聚合反应体系中，如果链引发很快，活性中心几乎在同一时间内增长，可以得到单分散性的聚合物。

3.3.3.5 活性聚合动力学

早期动力学研究的是有终止的阴离子聚合体系。作稳态假设，可以按处理自由基聚合的方法，对该体系的动力学进行类似处理。目前无论在理论上还是应用上，人们的兴趣主要是无终止的阴离子聚合体系。

(1) 聚合反应动力学方程 阴离子活性聚合机理的特点是快引发、慢增长、无终止、无链转移，因此其动力学方程相对简单。快引发活化能低，与光引发相当。所谓慢增长，是相对于快引发而言的，实际上与自由基聚合相比，阴离子聚合增长要快得多。

阴离子活性聚合中，链引发速率远远大于链增长速率（$R_i \gg R_p$），即由链引发反应很快全部形成活性种，并同步发生链增长，体系中产生的聚合物增长活性链的浓度与活性种浓度以及引发剂浓度相等，因此过程可用通式表示：

引发 $\qquad\qquad\qquad B^-A^+ + M \longrightarrow BM^- + A$

增长 $\qquad\qquad \sim\sim\sim M_{n-1}^- + A + M \xrightarrow{k_p} \sim\sim\sim M_n^- + A$

总的聚合速率方程即为增长反应速率方程：

$$R_p = \frac{d[M]}{dt} = k_p[M^-][M] \qquad\qquad (3-16)$$

式中，$[M^-]$ 为阴离子增长活性中心（增长活性链）的总浓度。在聚合过程中，$[M^-]$始终保持不变，且等于引发剂浓度 $[I]_0$，则上式可写成：

$$R_p = -\frac{d[M]}{dt} = k_p[I]_0[M] \qquad\qquad (3-17)$$

积分得单体浓度（或转化率）随时间变化关系式：

$$\ln\frac{[M]_0}{[M]} = k_p[I]_0 t \qquad\qquad (3-18)$$

$$[M] = [M]_0 e^{-k_p[I]_0 t}$$

式中，引发剂浓度 $[I]_0$ 和起始单体浓度 $[M]_0$ 已知，只要测得 t 时的残留单体浓度 $[M]$，就可以求出增长速率常数 k_p。在适当条件下，阴离子聚合的 k_p 值与自由基聚合的 k_p 值相近，但由于阴离子活性中心浓度达 $10^{-3} \sim 10^{-2}$ mol/L，而自由基浓度约为 $10^{-9} \sim 10^{-7}$ mol/L，并且阴离子聚合无终止，所以阴离子聚合速率比自由基聚合速率大 $10^4 \sim 10^7$ 倍。

(2) 聚合度和动力学链长　根据阴离子活性聚合机理，聚合时所消耗的单体平均分配键接在每个活性端基上，活性聚合物的平均聚合度就等于消耗单体数与活性端基浓度之比，因此可将活性聚合称作化学计量聚合。

$$\overline{X}_n = \frac{[M]_0 - [M]}{[M^-]} = \frac{[M]_0 - [M]}{[I]_0} \qquad (3\text{-}19)$$

将式(3-18)代入，则：

$$\overline{X}_n = \frac{[M]_0}{[I]_0}(1 - e^{-k_p[I]_0 t}) \qquad (3\text{-}20)$$

活性聚合物的平均动力学链长（ν）定义为每个链活性中心所消耗的单体数，同样有：

$$\nu = \frac{[M]_0 - [M]}{[M^-]} = \frac{[M]_0 - [M]}{[I]_0} = \frac{[M]_0}{[I]_0}(1 - e^{-k_p[I]_0 t}) \qquad (3\text{-}21)$$

当单体100％转化，平均动力学链长与平均聚合度为：

$$\nu = \overline{X}_n = \frac{[M]_0}{[I]_0} \qquad (3\text{-}22)$$

3.4 配位聚合反应

配位聚合是在配位催化剂的作用下，烯类单体与带有配位体的过渡金属活性中心先进行"配位络合"，构成配位键后使其活化，进而按离子聚合机理进行增长，因此又称配位离子聚合。配位聚合的特点是在反应过程中，催化剂活性中心与反应体系始终保持配位络合。因而能通过电子效应、空间位阻效应等因素，对反应产物的结构起着重要的选择作用。人们还可以通过调节络合催化剂中配位体的种类和数量，改变催化性能，从而达到调节聚合物的立体规整性的目的。配位聚合反应是获得高度立构规整性聚合物的重要聚合方法。通过配位型阴离子聚合反应，可以合成高规整度大分子，制成结晶型高聚物。配位聚合开发了许多性能优异的新型高分子材料，如高密度聚乙烯、顺丁橡胶、乙丙橡胶、结晶聚丙烯等，对高分子材料工业作出了划时代的重要贡献。

3.4.1 引发剂

配位聚合的引发剂［又称 Ziegler-Natta（齐格勒-纳塔）催化剂］，是一种具有特殊定向效能的引发剂，通常由两部分组成。

(1) 主引发剂　周期表中第四到第八族的过渡金属卤化物，如 $TiCl_4$、$TiCl_3$、$TiBr_4$、VCl_3 和 $ZrCl_4$ 等均可用作配位聚合引发剂的主引发剂，其中最常用的是 $TiCl_3$。

(2) 共引发剂　周期表中第一到第三族的金属烷基化合物（或氢化合物）都可用作配位聚合引发剂的共引发剂。最常用的烷基铝化合物有三乙基铝 $(C_2H_5)_3Al$、一氯二乙基铝 $(C_2H_5)_2AlCl$ 和倍半乙基铝 $(C_2H_5)_2AlCl \cdot (C_2H_5)AlCl_2$。在烷基铝中，$(C_2H_5)_3Al$ 所得聚丙烯全同立构规整度较高，若其中一个烷基被卤素取代后，则立构规整度更高，高达97％。

3.4.2 聚合机理

配位聚合形成立构规整性聚合物的机理，目前主要有两种理论：双金属活性中心机理与单金属活性中心机理，差别在于主引发剂及共引发剂活性中心形成机理的不同。现以丙烯聚合为例，将两种理论分别介绍如下。

3.4.2.1 双金属活性中心

双金属活性中心机理是 Natta 首先提出的，以后得到了 Patat、Sinn 和古川等人的支持。他们认为：聚合时，单体首先插入到钛原子和烷基相连的位置上，这时 Ti—C 键打开，单体的 π 键即与 Ti 新生成的空 d 轨道配位，生成 π 配位化合物，后者经环状配位过渡状态又变成一新的活性中心。就这样，配位、移位交替进行，每一个过程可定向插入一个单体（增长一个链节），最终可得立规聚丙烯。

(1) 链引发 首先，主引发剂与共引发剂形成含有两种金属的桥形络合物活性种，丙烯单体分子被形成的"桥键"吸附配位，双键极化，单体分子插入 Ti—C 键之间（先形成六元环过渡态，再移位恢复四元环状桥式结构）。

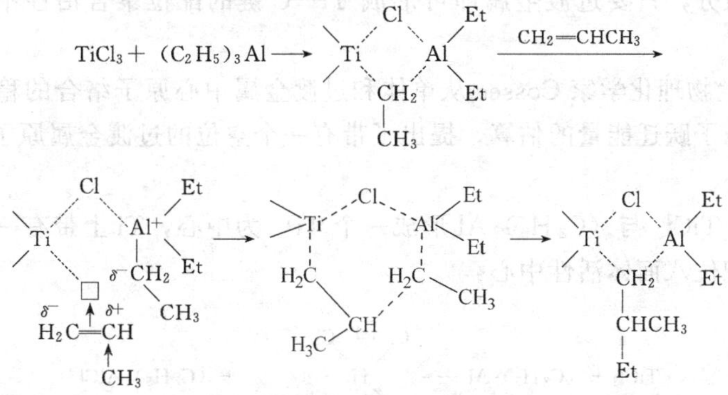

(2) 链增长 纳塔用红外光谱法测定高聚物分子的端基证明，在链增长过程中，单体分子以相同方式不断插入到金属-碳键之间，即：

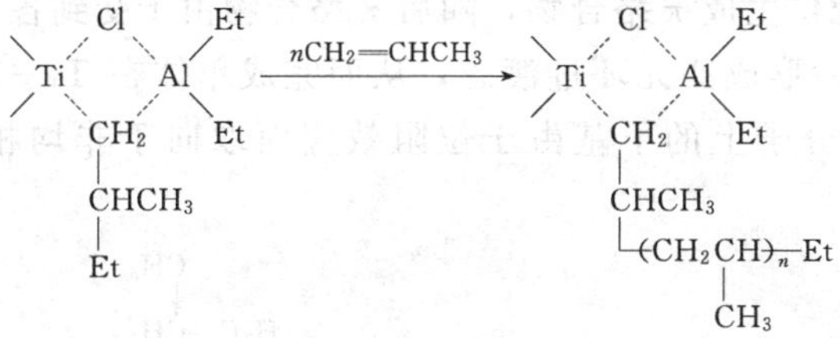

(3) 链转移和链终止 链转移包括向单体、共引发剂和 H_2 等的转移，以 [Cat]Et 表示配位聚合的引发剂，则反应式为：

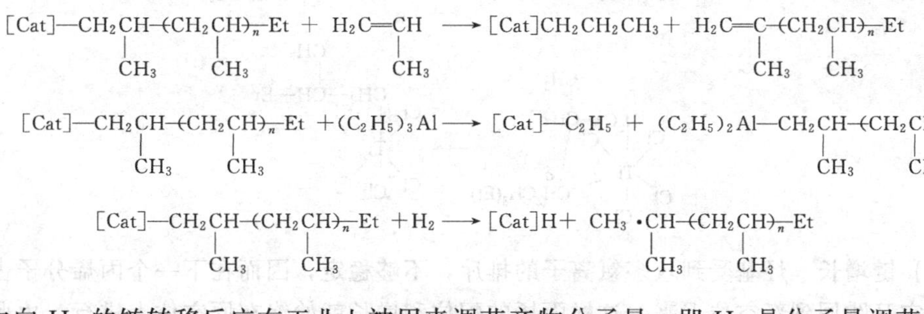

其中向 H_2 的链转移反应在工业上被用来调节产物分子量，即 H_2 是分子量调节剂，相应过程称为"氢调"。

链终止反应主要是醇、酸、胺、水等一些含活泼氢化合物与活性中心反应而使其失活：

$$[Cat]-CH_2CH-(CH_2CH)_n-Et + \begin{matrix} ROH \\ RCOOH \\ RNH_2 \\ H_2O \end{matrix} \} \longrightarrow \begin{matrix} [Cat]-OR \\ [Cat]-OCOR \\ [Cat]-NHR \\ [Cat]-OH \end{matrix} + [Cat]-CH_2CH-(CH_2CH)_n-Et$$

O_2、CO_2 等也能使链终止，因此配位聚合时，单体、溶剂要认真纯化，体系要严格排除空气。

3.4.2.2　单金属活性中心

Karol 等人使用配位聚合催化剂进行乙烯和丙烯共聚时发现，单体竞聚率只受过渡金属影响，而与 Al 组分无关。其后，Boor 只用 $TiCl_3$-三正丁胺为催化剂成功地实现了丙烯的等规聚合，而根本无需金属有机化合物的存在。基于这些实验事实，科学工作者认为，活性中心并不包括含铝组分，只要过渡金属即可形成 Ti—C 键的配位聚合活性中心——单金属活性中心。

1960 年，荷兰物理化学家 Cossee 从单体和过渡金属中心原子络合的稳定性出发，并根据分子轨道理论电子跃迁能量的估算，提出了带有一个空位的过渡金属原子为中心的正八面体单金属活性中心。

(1) 链引发　$TiCl_3$ 与 $(C_2H_5)_3Al$ 形成一个 Ti^{3+} 为中心，Ti 上带有一个烷基、一个空位和四个氯的五配位八面体活性中心：

$$TiCl_3 + (C_2H_5)_3Al \longrightarrow [\text{Ti 八面体结构}] + (C_2H_5)_2AlCl$$

丙烯分子被主引发剂吸附并发生极化和取向，进而利用 π 电子在八面体 Ti 原子的"空位"（空轨道）上进行配位生成 π 络合物，随后 π 络合物由于受到各个原子所带不同电荷力的作用而发生位移，最后形成四元环过渡态，从而完成单体在 Ti—C 键之间的插入，并形成一个新的空位。丙烯分子上的甲基由于位阻效应而取向于非均相引发剂晶格所限制的外侧：

$$[\text{Ti 结构}] + H_2C=CHCH_3 \longrightarrow [\text{Ti-丙烯配位结构}] \longrightarrow$$

$$[\text{四元环过渡态结构}] \longrightarrow [\text{插入后 Ti 结构}]$$

(2) 链增长　烃基受到较多氯离子的排斥，不够稳定，因而在下一个丙烯分子占据新空位之前它又跳回到新空位上来，这样丙烯的配位和增长就始终在原空位上进行，由此得到全同聚丙烯：

Cossee 从量子化学的角度对单金属活性中心机理进行了探讨，并以分子轨道图像阐明了这一过程的可能性。近来越来越多的科学工作者支持这种机理。但较多学者也认为，实际的机理不会纯粹只属一种，可能以不同的机理进行链增长。

（3）链终止 链转移和链终止反应与前面双金属机理讨论的类似。

3.4.3 配位聚合的实施

按配位聚合的特点来选择聚合方法，常采用本体聚合和溶液聚合法。由于配位聚合的引发剂对水敏感，水会破坏引发剂，且可使活性中心失活，所以一般不宜采用以水为介质的乳液聚合和悬浮聚合法。

溶液聚合工艺可根据聚合物在溶剂中的溶解情况不同，分为聚合物溶于溶剂中形成均一溶液的溶液法和聚合物不溶于溶剂而在溶剂中形成淤浆的淤浆法。溶液法用于中压聚乙烯、聚异戊二烯橡胶、溶液丁苯橡胶等的生产，溶剂淤浆法用于低压聚乙烯、聚丙烯、丁基橡胶的生产。

本体聚合法有以单体为溶剂的液相本体聚合法和无溶剂气相本体聚合法两种。

3.5 各种连锁聚合反应的比较

自由基聚合、离子型聚合和配位聚合都属于连锁聚合反应，但由于增长反应的活性中心的性质不同，所以它们在多方面都表现出很大的差异。现将它们的异同点归纳于表3-2中。

根据表3-2中所列的四种连锁聚合反应的相异点，能帮助我们鉴别某一聚合反应体系所属的类型。

考察反应体系对溶剂极性变化的敏感性，测定体系对溶剂或其他添加物的链转移常数，测定反应的活化能，然后分别与各类聚合反应典型数据进行对比，借此可大致确定其反应类型。

根据阻聚剂的行为也可以鉴别反应类型。当体系中投入 DPPH 时，若为自由基聚合，则反应立即终止；对离子聚合、配位聚合，则反应仍能继续进行。当体系投入水、醇等活泼氢物质时，则可终止离子型和配位型聚合，而对自由基聚合无大影响。离子聚合反应中，CO_2 能终止阴离子聚合，而对阳离子聚合无影响，以此可区分阴、阳离子聚合反应。

聚合温度也可作为推定聚合反应类型的参考数据。一般来说，自由基聚合的反应温度最高（50~80℃），阴离子聚合居中（室温或0℃以下），阳离子聚合最低（0~-100℃），配位聚合较低。但由于某些单体对聚合温度要求的特殊性，上面列出的聚合温度范围并非绝对不变，所以此法虽十分简便，但有时只能作推定时参考。

芳烃类单体的阴离子聚合，反应液常呈深蓝（紫）或红色，这可作为阴离子聚合初步判断的依据。

表 3-2 不同连锁聚合反应特点的比较

聚合反应类型	自由基聚合	阳离子聚合	阴离子聚合	配位聚合
聚合单体	弱吸电子基的烯类单体、共轭单体	推电子基的烯类单体、共轭单体、易极化为负电性的单体	吸电子基的烯类单体、共轭单体、易极化为正电性的单体	推电子基的烯类单体、共轭单体、易极化为负电性的单体
引发剂(催化剂)	过氧化物、偶氮化物、氧化还原体系	路易斯酸、质子酸等	碱金属、有机金属化合物等	Ziegler-Natta 体系等
活性中心	自由基 C·	碳阳离子(C$^+$)	碳阴离子(C$^-$)	配位离子(配位阴离子)
聚合机理	双基终止,特征为慢引发、快增长、有终止	不能双基终止,通过单分子自发终止,或向单体、溶剂等链转移终止,特征为快引发、快增长、易转移、难终止	不能双基终止,较难发生链终止,需加入其他试剂使之终止,一般为快引发、慢增长、无终止	
阻聚剂	生成稳定自由基和化合物的试剂,如对苯二酚、DPPH 等	亲核试剂:水、醇、酸、胺类	给质子的试剂:水、醇、酸等活泼氢物质及 O_2、CO_2 等	氢气
动力学过程	有自动加速	无自动加速	无自动加速	无自动加速
分子量增长	快速	快速	平稳	快速
分子量分布	宽		窄	宽
聚合温度	高(一般 50~80℃)	低(0℃以下~-100℃)	中(室温或 0℃以下)	较低
水、溶剂的影响	可用水作介质,帮助散热,溶剂对聚合反应影响小	水会使离子聚合终止,离子聚合中,溶剂的极性和溶剂化能力,对引发和增长活性中心的形态有极大影响,从而影响聚合速率、产物分子量及立体规整性,一种离子聚合的溶剂常是另一种离子聚合的链转移剂或终止剂,不可颠倒使用		
聚合方法	本体、溶液、悬浮、乳液	本体、溶液	本体、溶液	本体、溶液(非均相体系)
典型特点	双基终止,水不影响聚合,存在自动加速	链增长重排,单基终止,不存在自动加速	活性聚合物,单基终止,不存在自动加速	立体异构,极少支链

3.6 连锁共聚合反应

3.6.1 概述

两种或两种以上的单体共同聚合时,得到的高聚物分子链中含有两种或两种以上的单体链节,这种聚合物称为共聚物,该聚合过程称为共聚合反应。两种单体共聚称为二元共聚,两种以上单体进行共聚称为多元共聚。在逐步聚合反应中,大多采用两种原料,形成的聚合物也含有两种结构单元,但不叫共聚反应。共聚合这一名称多用于连锁聚合,如自由基共聚、离子共聚。

根据单体在共聚物分子链中的排列方式,大致有以下几种类型。

(1) 无规共聚物,即 M_1 和 M_2 两种单体单元在共聚物大分子中是无规则排列的。

(2) 交替共聚物,即 M_1 和 M_2 是交替排列的:

$$\sim\sim\sim M_1 M_2 M_1 M_2 M_1 M_2 M_1 \sim\sim\sim$$

(3) 嵌段共聚物，即共聚物大分子是分别由 M_1 及 M_2 的长链段构成：

$$\sim\sim\sim M_1 M_1 M_1 M_1 \cdots \sim\sim\sim M_2 M_2 M_2 M_2 \cdots \sim\sim\sim M_1 M_1 M_1 M_1 \cdots \sim\sim$$

(4) 接枝共聚物，这是以一种单体单元（如 M_1）构成主链，另一种单体单元（如 M_2）构成支链的共聚物：

$$
\begin{array}{c}
\sim\sim\sim M_1 M_1 M_1 M_1 \sim\sim M_1 M_1 M_1 M_1 \sim\sim \\
| \qquad\qquad\quad | \\
M_2 M_2 M_2 \sim\sim \quad M_2 M_2 M_2 \sim\sim
\end{array}
$$

以上四种共聚物，除（1）、（2）两种是两种单体共聚反应制得外，后两种需用特殊的方法制取。本节仅讨论无规共聚和交替共聚情况。

共聚物的命名是将两种单体或多种单体名用短线分开并在前面冠以"聚"字，或在后面加"共聚物"字样。例如聚乙烯-丙烯、聚丙烯腈-苯乙烯-丁二烯，或乙烯-丙烯共聚物、丙烯腈-苯乙烯-丁二烯共聚物。至于单体单元的排列方式，可分别用无规、交替、嵌段和接枝等字样加以表示（国际命名法常在两单体之间插入 -co-、-alt-、-b-、-g- 表示）。

对于共聚合的研究，不论在实际应用上或理论研究上，都具有重要的意义。

均聚物的品种有限，其性能远不能满足实际需要。将两种或两种以上单体共聚后，可以改变大分子的结构，从而改变其性能，增加品种，扩大应用范围。通过共聚，可以改善聚合物的许多性能，如机械性能、弹性、塑性、柔顺性、玻璃化温度、塑化温度、熔点、溶解性能、染色性能、表面性能和交联性能等。以聚苯乙烯为例，它是一种硬度很高但抗冲击性和耐溶剂性较差的易碎塑料，若将苯乙烯和丙烯腈共聚，可增加冲击强度和耐溶剂性；与丁二烯共聚，产物具有良好的弹性，可作橡胶使用（丁苯橡胶）。而苯乙烯、丙烯腈、丁二烯三元共聚物则囊括了上述所有优点，其产物便是综合性能极好的 ABS 树脂。再如，聚乙烯、聚丙烯各自均为塑料，但它们的共聚物却是弹性体，称作"乙丙橡胶"。由此可见，共聚不仅可以改性，而且可以合成出全新性能的聚合物。

有些单体如顺丁烯二酸酐难以均聚，却易与苯乙烯或醋酸乙烯共聚。

在理论上，通过共聚合的研究，可以测定单体、自由基、碳阳离子和碳阴离子的活性，进一步了解单体的活性与结构的关系。

聚合物性能改变的程度与第二、三单体的种类、数量以及单体单元的排布方式有关。

在均聚反应中，聚合速率、聚合物的分子量及其分布是研究的三个重要内容。在共聚反应中，共聚物的组成和序列分布上升为首要问题。

3.6.2 共聚物组成和原料组成的关系

共聚物组成是指共聚物中含参加共聚各单体所占的比例，是决定共聚物性能的主要因素之一。要得到预期组成的共聚物不是一件容易做到的事，首先是由于共聚中两种链活性中心对两种单体的反应活性各不相同的缘故，在共聚合时共聚物的组成与单体配料组成往往相差甚大；其次，在反应过程中，活性大的单体消耗得快，随反应的进行，体系中单体组成也在不断地变化，这样在不同反应阶段形成的共聚物的共聚物组成也是一个变值，即在每一瞬间形成的共聚物的瞬时组成是各不相同的，当然整个共聚物的共聚组成也是不均匀的。因此，需要对共聚物组成与单体组成间的关系进行研究。

可从其机理和动力学方程着手。

自由基共聚的机理与均聚的机理大致相同，也有链引发、链增长和链终止。

以 M_1 和 M_2 代表两种单体，$\sim\sim\sim M_1 \cdot$ 和 $\sim\sim\sim M_2 \cdot$ 代表两种增长活性链,共有三种引

发、四种增长及三种终止反应。

链引发：

$$I \longrightarrow 2R\cdot$$
$$R\cdot + M_1 \longrightarrow RM_1\cdot$$
$$R\cdot + M_2 \longrightarrow RM_2\cdot$$

链增长：

$$\sim\sim M_1\cdot + M_1 \xrightarrow{k_{11}} \sim\sim M_1\cdot \quad R_{11} = k_{11}[M_1\cdot][M_1] \tag{3-23}$$

$$\sim\sim M_1\cdot + M_2 \xrightarrow{k_{12}} \sim\sim M_2\cdot \quad R_{12} = k_{12}[M_1\cdot][M_2] \tag{3-24}$$

$$\sim\sim M_2\cdot + M_1 \xrightarrow{k_{21}} \sim\sim M_1\cdot \quad R_{21} = k_{21}[M_2\cdot][M_1] \tag{3-25}$$

$$\sim\sim M_2\cdot + M_2 \xrightarrow{k_{22}} \sim\sim M_2\cdot \quad R_{22} = k_{22}[M_2\cdot][M_2] \tag{3-26}$$

链终止（P 代表共聚物大分子）：

$$\sim\sim M_1\cdot + \sim\sim M_1\cdot \longrightarrow P$$
$$\sim\sim M_1\cdot + \sim\sim M_2\cdot \longrightarrow P$$
$$\sim\sim M_2\cdot + \sim\sim M_2\cdot \longrightarrow P$$

由于链终止反应只消耗自由基而不消耗单体,链引发反应仅消耗极少的单体,因此共聚物组成可看成与链引发和链终止反应无关。基于此,我们在推导共聚组成方程时,就只需考虑决定共聚物组成的四个链增长反应动力学方程即可。

链增长过程中所消耗的单体都进入共聚物中,故某一瞬间进入共聚物中两种单体之比,即等于两种单体的消耗速率之比：

$$\frac{-d[M_1]/dt}{-d[M_2]/dt} = \frac{d[M_1]}{d[M_2]} = \frac{k_{11}[M_1\cdot][M_1] + k_{21}[M_2\cdot][M_1]}{k_{12}[M_1\cdot][M_2] + k_{22}[M_2\cdot][M_2]} \tag{3-27}$$

与均聚反应相同,应用稳态处理,因为式(3-23) 和式(3-25) 并不改变活性链的浓度,故在反应过程中,$\sim\sim M_1\cdot$ 转变为 $\sim\sim M_2\cdot$ 的速率必等于 $\sim\sim M_2\cdot$ 转变为 $\sim\sim M_1\cdot$ 的速率,$[M_1\cdot]$ 及 $[M_2\cdot]$ 保持恒定。即有：

$$k_{12}[M_1\cdot][M_2] = k_{21}[M_2\cdot][M_1] \tag{3-28}$$

将式(3-28) 代入式(3-27) 得：

$$\frac{d[M_1]}{d[M_2]} = \frac{k_{11}[M_1\cdot][M_1] + k_{12}[M_1\cdot][M_2]}{k_{22}[M_2\cdot][M_2] + k_{21}[M_2\cdot][M_1]} \tag{3-29}$$

分子除以 $k_{12}[M_1\cdot][M_2]$,分母除以 $k_{21}[M_2\cdot][M_1]$,并令 $r_1 = k_{11}/k_{12}$,$r_2 = k_{22}/k_{21}$,得：

$$\frac{d[M_1]}{d[M_2]} = \frac{\dfrac{k_{11}}{k_{12}} \times \dfrac{[M_1]}{[M_2]} + 1}{\dfrac{k_{22}}{k_{21}} \times \dfrac{[M_2]}{[M_1]} + 1} = \frac{\dfrac{r_1[M_1] + [M_2]}{[M_2]}}{\dfrac{r_2[M_2] + [M_1]}{[M_1]}} \tag{3-30}$$

$$= \frac{[M_1]}{[M_2]} \times \frac{r_1[M_1] + [M_2]}{r_2[M_2] + [M_1]}$$

式(3-30) 称为共聚合方程,描述共聚反应某一瞬间所形成的共聚物组成与该瞬间体系中单体组成的定量关系,也叫做共聚物组成微分方程。

式中,$d[M_1]/d[M_2]$ 是某一瞬间生成的共聚物中两种单体单元组成的比例；$[M_1]$ 及 $[M_2]$ 是该时刻共聚反应体系中单体 M_1 和 M_2 的浓度；r 为单体均聚和共聚链增长反应速率之比,定义为竞聚率,表征单体进行共聚的相对活性大小。r_1、r_2 分别为单体 M_1、M_2

的竞聚率（或称单体活性比），一般可从有关手册中查得，或通过实验测定，或用 Qe 方程近似估算。如果已知 $[M_1]$、$[M_2]$ 和 r_1、r_2，就可应用上式计算某一瞬间所生成的共聚物的组成。

为研究和使用方便，有些情况下采用摩尔分数或质量分数来表示两种单体的比例。

设 f_1、f_2 分别为原料单体混合物中单体 M_1 和 M_2 的摩尔分数；F_1 和 F_2 分别为共聚物中 M_1 和 M_2 单元（$d[M_1]$ 和 $d[M_2]$）的摩尔分数，则：

$$f_1 = 1 - f_2 = \frac{[M_1]}{[M_1] + [M_2]}$$

$$F_1 = 1 - F_2 = \frac{d[M_1]}{d[M_1] + d[M_2]}$$

将上两式代入式(3-30)，简化后可得：

$$F_1 = \frac{r_1 f_1^2 + f_1 f_2}{r_1 f_1^2 + 2 f_1 f_2 + r_2 f_2^2} \tag{3-31}$$

式(3-31) 称为摩尔分数共聚合方程。

又设两种单体总质量为 W，总体积为 V，w_1、w_2 为某一瞬间原料单体混合物中 M_1、M_2 所占的质量分数，$w_1 + w_2 = 1$，以及 M_1'、M_2' 分别为单体 M_1 和 M_2 的分子量，则：

$$[M_1] = \frac{w_1 W}{M_1' V} \qquad [M_2] = \frac{w_2 W}{M_2' V}$$

代入式(3-30) 后简化得：

$$\frac{dw_1}{dw_2} = \frac{w_1}{w_2} \times \frac{[(M_2'/M_1') r_1 w_1 + w_2]}{[r_2 w_2 + (M_2'/M_1') w_1]}$$

令 $k = M_2'/M_1'$，有：

$$\frac{dw_1}{dw_2} = \frac{w_1}{w_2} \times \frac{r_1 k w_1 + w_2}{r_2 w_2 + k w_1}$$

设 W_1 为该瞬间所得共聚物中 M_1 单体单元所占的质量分数，即得到用质量分数表示的共聚合方程：

$$W_1 = \frac{dw_1}{dw_1 + dw_2} = \frac{r_1 k (w_1/w_2) + 1}{1 + k + r_1 k (w_1/w_2) + r_2 (w_2/w_1)} \tag{3-32}$$

可根据实际情况，选用式(3-30)～式(3-32) 共聚合方程，在不同的场合各有其方便之处。

3.6.3 竞聚率的意义

在上节推导共聚合方程时，引入了两个参数 r_1 和 r_2。其中 $r_1 = k_{11}/k_{12}$，它表示以 $\sim\sim M_1\cdot$ 为结尾的活性链加本身单体 M_1 与加另一单体 M_2 的反应能力的比值。$\sim\sim M_1\cdot$ 加 M_1 的能力即为均聚能力，而加 M_2 的能力即为共聚能力，两种反应互为竞争反应，故称 r_1 为单体 M_1 的竞聚率，也称为单体 M_1 的活性比。即 r_1 是单体 M_1 和 M_2 分别与末端为 $M_1\cdot$ 的增长活性链反应的相对活性。同理，r_2 为单体 M_2 的竞聚率。

当 $r = 0$ 时，说明只能共聚不能自聚；当 r 介于 0 与 1 之间时，共聚倾向大于自聚倾向；当 $r = 1$ 时，表示共聚和自聚倾向相等；当 $r > 1$ 时，自聚倾向大于共聚。

由此可知，r_1 和 r_2 两个参数不仅决定共聚物的组成，还决定了 M_1 和 M_2 单体单元在共聚物大分子链中的排列，也反映了结构与反应性能之间的内在联系。

关于共聚竞聚率的数据，已做了大量实验工作，可查阅有关的高分子手册。表 3-3 列出了常用单体二元共聚的竞聚率，可供参考。引用手册数据，要注意聚合反应类型、聚合实施条件和聚合反应的温度等，不同条件下 r 值往往有所不同。

表 3-3　自由基共聚反应中常用单体的竞聚率

M₁	M₂	r_1	r_2	温度/℃
苯乙烯	马来酸酐	0.05	0.005	50
	丁二烯	0.78	1.39	60
	丙烯腈	0.37	0.05	50
	甲基丙烯酸甲酯	0.52	0.46	60
	乙酸乙烯酯	55	0.01	60
	氯乙烯	17	0.02	60
	丙烯酸	0.15	0.25	50
丙烯腈	丁二烯	0.02	0.35	50
	异丁烯	0.98	0.02	50
	丙烯酸甲酯	1.5	0.84	50
乙酸乙烯酯	丙烯腈	0.06	4.05	60
	氯乙烯	0.23	1.68	60
	偏氯乙烯	0.03	4.7	68
甲基丙烯酸甲酯	丙烯腈	1.35	0.18	60
	丁二烯	0.25	0.75	90
	乙酸乙烯酯	20	0.015	60
	氯乙烯	13	0	60
	偏氯乙烯	2.53	0.24	60
	马来酸酐	3.4	0.01	75
乙烯	丙烯腈	0	7.0	20
	丙烯酸丁酯	0.01	14	150
	乙酸乙烯酯	1.07	1.08	90
	四氯乙烯	0.15	0.85	80
氯乙烯	乙酸乙烯酯	1.68	0.23	60
	偏氯乙烯	0.3	3.2	60
	丙烯腈	0.02	3.28	60
	马来酸酐	0.098	0	75

3.6.4　共聚物组成曲线

用图形表示原料单体组成与共聚物组成的关系，即按式（3-31）画出的 F-f 曲线图，称为共聚物组成曲线。下面分五种类型加以讨论。

(1) $r_1=0$，$r_2=0$　$r_1=k_{11}/k_{12}=0$，$r_2=k_{22}/k_{21}=0$，$k_{12}\neq0$，$k_{21}\neq0$，表明两种单体只能共聚，不能自聚，两种链自由基只能加上异种单体，这时两种单体的共聚合为交替共聚。在交替共聚物中，两种单体单元交替排列，严格相间。

这种情况下，共聚物组成方程变为：

$$\frac{\mathrm{d}[M_1]}{\mathrm{d}[M_2]}=1，F=\frac{1}{2}$$

说明不管单体组成怎样变化，共聚物中 M_1、M_2 单体单元各占一半，并且不随反应进

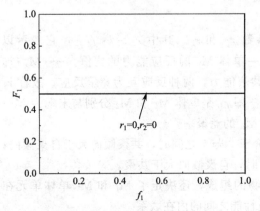

图 3-4　交替共聚时的 F_1-f_1 曲线

行而改变。其 F_1-f_1 图即为图 3-4 中的水平线。

另外，若 $r_1 \neq 0$、$r_2 = 0$，这时，共聚物组成方程为：

$$\frac{d[M_1]}{d[M_2]} = 1 + r_1 \frac{[M_1]}{[M_2]}$$

$$F_1 = \frac{r_1 f_1 + f_2}{r_1 f_1 + 2f_2}$$

(3-33)

当 M_2 过量很多时，即 f_1 比较小，若 $r_1 < 1$，则 $r_1 f_1$ 值很小，可忽略不计，则上两式可简化成：

$$\frac{d[M_1]}{d[M_2]} \approx 1, \ F_1 \approx \frac{1}{2}$$

表明此时共聚合反应接近形成交替共聚物。

通常用 $r_1 r_2$ 的积趋近"零"的程度来衡量交替聚合倾向的大小。但须注意，当 $r_1 > 1$，$r_2 = 0$（或 $r_2 \to 0$）时，此法则就不适用。

(2) $r_1 < 1$，$r_2 < 1$　$r_1 < 1$，$r_2 < 1$，即 $k_{11} < k_{12}$，$k_{22} < k_{21}$，表明两种单体均聚能力都小于共聚能力。因此在共聚物分子链中，相同单体单元相连接的概率小于不同单体单元相连接的概率，均聚嵌段少。这种共聚类型在自由基共聚中最为普遍，通常称为无规共聚，其共聚物组成与单体组成曲线如图 3-5 所示。

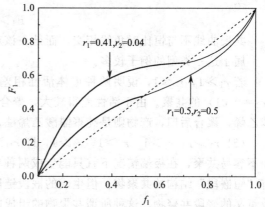

图 3-5　无规共聚时的 F_1-f_1 曲线

这类共聚曲线的特点是与对角线有一交点，表明在该点共聚物的组成与原料单体的组成相同，这一点称作恒比点。由于此时 $d[M_1]/d[M_2] = [M_1]/[M_2]$，代入共聚物组成方程，有：

$$\frac{d[M_1]}{d[M_2]} = \frac{[M_1]}{[M_2]} = \frac{[M_1]}{[M_2]} \times \frac{r_1[M_1] + [M_2]}{r_2[M_2] + [M_1]}$$

$$(r_1[M_1] + [M_2]) = (r_2[M_2] + [M_1])$$

$$\frac{[M_1]}{[M_2]} = \frac{1 - r_1}{1 - r_2}$$

(3-34)

同样有：

$$F_1 = f_1 = \frac{1 - r_2}{2 - r_1 - r_2}$$

若 $r_1 = r_2 < 1$，则恒比点组成为 $F_1 = f_1 = \frac{1}{2}$，相应的组成曲线以恒比点为对称点，见图 3-5。

在工业生产中，维持共聚物组成恒定要比知道共聚物组成如何变化更为重要。在有恒比点的情况下，按式(3-34)投料，即使转变率达 90% 的情况下，生成的共聚物的组成，前后变化也很小，这样共聚物不致因组成差别太大而出现相分离。在非恒比点共聚时，要维持共聚物组成的恒定，原则上应使体系中 $[M_1]/[M_2]$ 之比保持恒定，可向反应釜中加入消耗较快的单体，或以生成共聚物相等的速率补加与生成共聚物相同组成的单体混合物。

(3) $r_1=1$，$r_2=1$　$r_1=r_2=1$ 即 $k_{11}=k_{12}$，$k_{22}=k_{21}$，表明两种链自由基的均聚和共聚能力相同，这时，共聚物组成方程可简化为 $F_1\equiv f_1$。即共聚时，不论单体配比与转化率如何变化，共聚物组成始终等于单体组成。这类共聚曲线即为 F_1-f_1 图上的对角线，因此称为恒比共聚。

(4) $r_1>1$，$r_2<1$　$r_1>1$，即 $k_{11}>k_{12}$；$r_2<1$ 即 $k_{22}<k_{21}$。表明各种活性链对单体 M_1 的结合倾向都大于 M_2，所以共聚物链中 M_1 单体单元占多数。共聚时，单体 M_1 比单体 M_2 更容易进入大分子链，亦即单体 M_1 的消耗速率大于单体 M_2。因为 $r_1>1$，$r_2<1$，所以：

$$\frac{r_1[M_1]+[M_2]}{r_2[M_2]+[M_1]}>1$$

即

$$\frac{d[M_1]}{d[M_2]}>\frac{[M_1]}{[M_2]}$$

或

$$F_1>f_1$$

共聚曲线不与恒比对角线相交，而处在该对角线的上方，如图 3-6 所示。

属于这一类型的例子较多。

若 $r_1\gg1$，$r_2\ll1$，说明两种单体活性相差较大，例如苯乙烯（$r_1=55$）和醋酸乙烯酯（$r_2=0.01$）的共聚。由于活性差得较大，聚合前期，主要是含有少量醋酸乙烯酯单元的聚苯乙烯，聚合后期，产物则是纯聚醋酸乙烯酯，共聚的结果，几乎是两种均聚物的混合物。

(5) $r_1>1$，$r_2>1$　$r_1>1$，$r_2>1$，即 $r_{11}>k_{12}$，$k_{22}>k_{21}$，表明两种单体都倾向于均聚而不容易共聚，在极端情况下就只能生成两种单体均聚物的混合物，或者生成完全无规的具有"短嵌段"结构的共聚物。但生成的嵌段链段一般不长且无法控制，因此很难获得具有商业意义的嵌段共聚物。这种所谓共聚物的组成曲线为 S 形，与有恒比点共聚组成曲线的反 S 形正好相反。如图 3-7 所示，这种类型共聚例子很少。

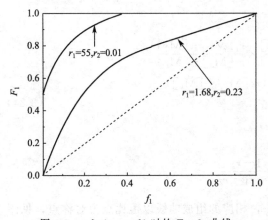

图 3-6　$r_1>1$，$r_2<1$ 时的 F_1-f_1 曲线

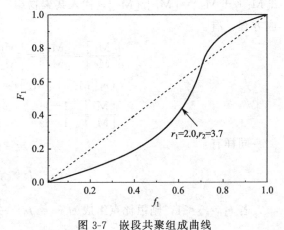

图 3-7　嵌段共聚组成曲线

3.6.5　共聚物组成的控制方法

共聚物的组成直接影响其产品的性能，在工业生产中要严格控制共聚物的组成，以制得满足产品性能要求、组成分布尽可能窄的共聚物。

根据前面的分析，除了交替共聚或恒比共聚外，共聚物组成将随单体配料比和转化率而改变，因而对于共聚物组成的控制可以从这两方面进行考虑。

(1) 选择恒比点进行投料 对于有恒比点的共聚体系（$r_1 < 1$，$r_2 < 1$ 或 $r_1 >$，$r_2 > 1$），可选择恒比点的单体组成进行投料。

由于以恒比点单体组成投料进行聚合反应，共聚物的组成 F_1 总等于单体组成 f_1，因此聚合反应进行时，两单体总是恒定地按两单体的投料比消耗于共聚物的组成，体系中未反应单体的组成也保持不变，相应的，共聚产物的组成保持不变。这种工艺适合于恒比点的共聚物组成正好能满足实际需要的场合。

(2) 控制转化率 当两种单体属于 $r_1 > 1$，$r_2 < 1$ 的共聚类型，且对共聚物的组成控制要求是一种单体占主体，另一种单体的含量不高时，可采用这种方法。例如，对聚氯乙烯改性往往是加入乙酸乙烯酯进行共聚（$r_1 = 1.68$，$r_2 = 0.23$），单体投料配方中以氯乙烯为主，乙酸乙烯酯的含量只要求控制在 3%～15%，控制转化率在接近 90% 时停止反应，即可保证使共聚物的组成与要求接近。

(3) 补加消耗得快的单体 由共聚合方程求得合成所需组成 F_1 的共聚物对应的单体组成 f_1，用组成为 f_1 的单体混合物作起始原料，在聚合反应过程中，随着反应的进行连续或分次补加消耗较快的单体，使未反应单体的 f_1 保持在小范围内变化，从而获得分布较窄的预期组成的共聚物。

这方面的例子很多，如对于 $r_1 > 1$，$r_2 < 1$ 的共聚体系（M_1 单体消耗较快），偏氯乙烯-氯乙烯（$r_1 = 6$，$r_2 = 0.1$）、丙烯腈-氯乙烯（$r_1 = 2.7$，$r_2 = 0.04$）等，均可采用该法控制共聚物组成。

3.6.6 离子型共聚合

前面讨论的主要是自由基型共聚合。所推导出的共聚物组成方程，因为不涉及活性中心的性质，故同样适用于离子型共聚和配位共聚。但由于聚合机理的差别，其共聚合较之自由基共聚合有很大的不同。

首先，自由基共聚对单体的选择性较小，离子共聚和配位共聚对单体有较高的选择性，因此能进行离子和配位共聚的单体要比自由基共聚少得多，且单体极性往往相近，有恒比共聚的倾向，得到无规共聚物，难以获得交替共聚物，相反容易得到嵌段共聚物。原因是交替共聚要求两种单体的极性差别很大，其中一种单体必须易于进行阳离子聚合，而另一种单体则易于进行阴离子聚合，因此很难同时满足它们都能够顺利进行聚合反应的条件。

对同一共聚单体对，因共聚反应类型的不同，共聚单体对的相对反应活性，即竞聚率 r_1 和 r_2 会有很大不同。例如苯乙烯-甲基丙烯酸甲酯共聚单体对，用 BPO 引发自由基共聚时，$r_1 = 0.52$，$r_2 = 0.46$；用 $SnCl_4$ 引发阳离子共聚时，$r_1 = 10.5$，$r_2 = 0.1$；用钠/液氨引发阴离子共聚时，$r_1 = 0.12$，$r_2 = 6.4$。由于竞聚率的不同，所得共聚物的组成差别很大，如图3-8所示。

离子型共聚的另一特征是溶剂、温度等

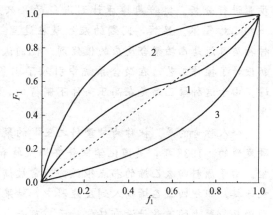

图3-8 不同类型苯乙烯（M_1）与甲基丙烯酸甲酯（M_2）共聚物组成曲线

1—自由基共聚；2—阳离子共聚；3—阴离子共聚

反应条件对竞聚率的影响很大，也很复杂。这是因为溶剂、温度等因素在离子型共聚中，对活性中心的存在形式（或离子对的离解程度）有很大影响。同时，不同引发剂产生的反离子不同，因此对聚合也有明显的影响。利用离子型共聚这一特点，可通过改变聚合条件来调控竞聚率，从而达到合成预期组成共聚物的目的。

阳离子共聚合最重要的一个例子是丁基橡胶的合成，它是由异丁烯（约97%）和少量的异戊二烯（约3%）在卤代烃溶剂中于低温（—100℃）共聚而成。

阴离子聚合常为活性聚合，不存在稳态假设条件，因而根据稳态假设推导出的共聚合方程不适于阴离子共聚合，竞聚率通过测定共聚反应中交叉链增长的绝对反应速率常数和各均聚反应链增长速率常数来计算。阴离子共聚合最重要的应用是利用其活性聚合特性合成苯乙烯-丁二烯-苯乙烯（SBS）三嵌段共聚物。

配位共聚合重要的品种有乙丙橡胶（乙烯和丙烯共聚而成的无规共聚物）、乙丙三元橡胶（EPDM，乙烯-丙烯共聚时加入少量含两个或两个以上不饱和键的第三单体共聚而成）及线形低密度聚乙烯（LLDPE，乙烯与少量 α-烯烃配位共聚而成）。

知识窗

聚乙烯和聚四氟乙烯的发现

19世纪30年代，由于合成氨工业的发展，人们在有机合成反应中开始广泛采用高压技术。1933年3月，英国帝国化学工业的福西特和吉布森想让乙烯和苯甲醛在140MPa的高压和170℃温度下进行反应。但是达到预定时间后，预定的反应没有发生。当他们打开反应釜清理时，发现器壁上有一层白色蜡状的固体薄膜，取下分析后发现它是乙烯的聚合物。这使他们感到十分惊奇，于是他们重复了上述实验，试图找出原因所在，不幸发生了爆炸事故，实验不得不终止下来。

1935年，帝国化学工业的另外几位研究人员帕林、巴顿和威廉姆斯决定重复上述试验。他们在一个高压容器中进行实验，实验过程中，由于高压容器的密封性能不好，容器里的压力不断降低，虽然采取了补救措施，实验还是不得不终止。不过在实验结束后，他们还是在装置中发现有少量的白色固体，经分析，它与两年前福西特发现的蜡状薄膜是同一种物质——聚乙烯。

这种貌似偶然的巧合使他们意识到可能存在着必然的原因，于是他们对实验的每一步骤进行分析。实验是按原计划进行的，只是在发现容器漏气以后，曾往容器中补充一些乙烯气体。显然，问题的症结就在这里。在这一过程中，一定带进去某些物质，这种物质可能是乙烯聚合反应的催化剂。他们认为带进去的物质除了氧气别无可能。他们重新设计了操作工艺，在聚合系统中引入了少量的氧气，经过多次试验，终于制得了聚乙烯。由于这种聚乙烯是在高压条件下制得的，被称为高压聚乙烯，于1939年实现了工业生产。

令人称奇的是，被称为"塑料之王"的聚四氟乙烯也是在一次类似的偶然实验事故中被发现的。1938年，美国化学家普鲁姆凯特和他的助手雷博克开始研究聚四氟乙烯的实验。由于原料四氟乙烯的沸点很低，通常被储存在钢瓶里。实验时，他们把钢瓶同反应器相连接，想把四氟乙烯输入到反应器中，结果发现并没有四氟乙烯流入到反应器的迹象，因为反应器上的流量计没有任何指示。可是，奇怪的是，钢瓶上的气压表却不断下降，最后指示为零。那么钢瓶中的气体都到哪里去了呢？检查阀门，没有任何毛病；称量钢瓶，质量不变。实验就这样莫名其妙地失败了。

普鲁美凯特和雷博克闷闷不乐地坐在椅子上，思考失败的原因。过了一会儿，普鲁美凯特打破沉默，提议再做一次检查。他们拆下了反应器，里面是空的；他们又打开钢瓶的阀门，没有四氟乙烯气体逸出。四氟乙烯哪里去了？普鲁美凯特扶着钢瓶呆地站着，无意中将钢瓶晃动了几下，似乎听到什么响声。他不禁愣了一下，四氟乙烯的沸点很低，在室温下是不可能以固体形式存在的。这时，他突然意识到，是不是四氟乙烯已经在钢瓶中发生了聚合反应？他同雷博克一起，立即从钢瓶上拆下压力表和阀门，果然从钢瓶中倒出了许多白色粉末。经鉴定，这种白色粉末就是他们想要的聚合物。同时，他们找到了四氟乙烯聚合的条件，那就是有压力和氧存在。

通用塑料和工程塑料

近半个世纪以来，合成塑料工业的年均增长率达到 $10\%\sim15\%$，远远超过其他材料。目前世界上已经工业化的塑料品种达 300 余个，年产量近亿吨。其中，美国和德国的塑料产量如按体积计已经超过各自的钢铁产量。

人们习惯上将塑料分为通用塑料和工程塑料两大类。所谓"通用"的含义首先是指产量高、价格低。所谓"工程"的含义是将少数具有优良性能、可以作为结构材料使用的某些特种塑料从普通塑料中独立出来，虽然两者并无明确的界限。通用塑料最重要的品种包括所谓"四烯、三醛和二酯"。

以石油化学工业生产的 α-烯烃单体为原料生产的聚乙烯、聚氯乙烯、聚丙烯和聚苯乙烯是通用塑料的四大品种，俗称"四烯"，其总产量达到全部塑料总产量的 80%。它们被广泛用于包装、建筑、电子电器、家具、玩具、运输等部门。产量仅次于四烯的通用塑料是三种热固性树脂即"三醛"：酚醛、脲醛、蜜醛树脂（melamine resin，即三聚氰胺-甲醛树脂，也叫蜜胺树脂）。所谓"二酯"即不饱和聚酯和聚氨酯。这类通用塑料的价格也比较便宜，使用也相当广泛。就最终产品性能而言，热固性塑料的模量、拉伸强度、热变形温度等都优于四烯，但其加工性能却差于四烯。

目前产量最大的五种工程塑料是聚酯、尼龙、聚碳酸酯、聚甲醛和改性聚苯醚。他们的机械强度和热变形温度都高于一般通用塑料，其综合性能优良，可作为传动、密封、电绝缘、耐腐蚀等结构部件。例如，由工程塑料制作的齿轮、轴承具有耐磨、抗腐蚀、自润滑、低噪声、成型加工容易等优点，广泛用于汽车、电器、仪表等领域。工程塑料的产量大约只占塑料总产量的 $5\%\sim7\%$，其价格却远高于通用塑料，发展速度也明显超过通用塑料。

在工程塑料中有一类具有特殊分子链和聚集态结构、性能特别优异的聚合物，常常被称为特种工程塑料。如聚酰亚胺的耐热性能超过铝，可以在 310℃ 的高温条件下长期使用，同时由于他们比一般金属轻，所以可以部分取代铝、锌、铜等有色金属而用于火箭、导弹组件和防弹衣等。由于合成特种工程塑料的原料单体价格昂贵，聚合、加工都比较困难，因此产量少，价格也更高。

从天然皮革、人造革、合成革到超纤皮

我国古代的人很早就知道利用蛋白质，如练丝、鞣革和制作豆腐。相传西汉淮南王刘安发明了豆腐，实质是用 Ca^{2+}、Mg^{2+} 等离子使大豆球蛋白的水溶液沉淀。练丝是用浓碱去掉丝胶，使蚕丝成为可染色的熟丝。兽皮的主要成分是动物蛋白质纤维，鞣革在化学原理上是用鞣革剂与蛋白质中的氨基发生交联反应。最原始的方法是烟熏法，烟中的醛为鞣革剂。

聚氯乙烯（PVC）人造革（简称人造革）是最早发明用作天然皮革的代用品，它是用PVC加增塑剂和其他助剂压延复合在布上制成。优点是价格便宜，色彩丰富，花纹繁多；缺点是增塑剂易挥发，从而容易变硬、变脆，无皮革的自然毛孔，透气性差。后来改用聚氨酯（PU）代替PVC为涂层，用无纺布为基布生产的人造革俗称PU合成革（简称合成革）。从化学结构来说，它更接近皮革。由于不用增塑剂来实现柔软的性质，所以它更耐老化；仍然具有色彩丰富、花纹繁多的优点；优良的综合性能受到消费者的欢迎；价格比PVC人造革高，但比天然皮革便宜。不过透气性差仍是其主要缺点。

区别PVC人造革和PU合成革可以用汽油浸泡，方法是各取一小块放在汽油中半小时后取出。如果是前者则会变硬、变脆，如果是后者则不会。而真皮和人造革、合成革用两种方法区别：一是用肉眼看背面，人造革和合成革背面是布基，真皮不是；二是用燃烧法，人造革和合成革会软化、黏流，真皮不会。

由于天然皮革资源的日益紧缺以及随着工业技术的不断进步，近代产生了一种性能优于皮革、而结构完全模拟皮革的新产品——海岛型超细纤维皮革（简称超纤维），已广泛用于制鞋、服装服饰、沙发、箱包等领域。天然皮革由极细的胶原纤维"编织"而成，分粒面层和网状层两层，粒面层由极细的胶原纤维编织而成，网状层由较粗的胶原纤维编织而成。模仿这种结构，超纤皮的基布是海岛纤维的无纺布，提供强度和透气性；而面层是微孔聚氨酯弹性体，提供耐久性、质感、结实感和透气性。

海岛型超细纤维皮革的生产流程，一般是先经过喂入纤维、开松、梳理、铺网，形成一定厚度的纤维层，再分别采用针刺或水刺（高压水柱）方法使纤维进行相互缠结，制成具有一定厚度和相应密度的基布。再将基布通过一定浓度的PU树脂并进行轧压和水洗，初步形成类似真皮形态的贝斯。贝斯进入碱液或甲苯中，在一定的温度和时间下并通过反复轧，对于PET/COPET（碱溶性共聚酯）海岛纤维是融掉COPET，对于尼龙/LDPE海岛纤维是用甲苯溶掉LDPE。溶掉"海"成分使之"开纤"后形成细度达 0.0001～0.05d 的超细纤维。然后进行上柔、染色、磨毛等一系列后整理，得到最终产品。超细纤维的创新构造使其比天然皮革还要强，具有3倍天然皮革的拉伸强度。

本 章 要 点

1. 连锁聚合：自由基聚合、阴离子聚合、阳离子聚合、配位聚合。

一般性特征：基元反应 R 和 E_a 差别大、活性中心、放热反应、引发、瞬间生成高分子。

单体结构：决定能否聚合及聚合历程。

2. 自由基连锁聚合基元反应及其特点：慢引发、快增长、速终止（三者速率常数递增），链转移。自由基聚合反应的特征及其与线形缩聚反应的比较：聚合速率、转化率、分子量（聚合度）。

3. 自由基聚合引发剂和链引发反应：BPO、AIBN、$K_2S_2O_8$（/Fe^{2+}）、BPO/N,N-二甲基苯胺。

4. 自由基聚合基元反应动力学与总动力学方程；反应速率影响因素。

$$R_总 = k_p \left(\frac{fk_d}{k_t} \right)^{1/2} [M][I]^{1/2}$$

$$\ln \frac{[\mathrm{M}]_0}{[\mathrm{M}]} = k[\mathrm{I}]^{1/2} t = k_\mathrm{p} \left(\frac{f k_\mathrm{d}}{k_\mathrm{t}} \right)^{1/2} [\mathrm{I}]^{1/2} t$$

$$k = A \mathrm{e}^{-\frac{E_a}{RT}}$$

$$E = \left(E_\mathrm{p} - \frac{E_\mathrm{t}}{2} \right) + \frac{E_\mathrm{d}}{2}$$

速率常数数量级如下：k_d 约为 $10^{-5\pm1}\,\mathrm{s}^{-1}$，$k_\mathrm{p}$ 约为 $10^{3\pm1}\,\mathrm{L/(mol \cdot s)}$，$k_\mathrm{t}$ 约为 $10^{7\pm1}\,\mathrm{L/}$ $(\mathrm{mol \cdot s})$。三者活化能为：$E_\mathrm{d} = 120 \sim 130\,\mathrm{kJ/mol}$，$E_\mathrm{p} = 20 \sim 35\,\mathrm{kJ/mol}$，$E_\mathrm{t} = 8 \sim 20\,\mathrm{kJ/mol}$，综合活化能 $E \approx 80\,\mathrm{kJ \cdot mol^{-1}}$。聚合速率随温度而增加。转化率增加，体系黏度增加，终止速率降低，产生凝胶效应，聚合自动加速。

宏观聚合过程有加速型、匀速型和减速型三种，如果引发剂半衰期选择得当，则可接近匀速要求。

5. 分子量控制、分布及影响因素：浓度（单体、引发剂）、纯度、温度、压力、阻聚与缓聚、链转移。动力学链长与聚合度的关系。

$$v = \frac{k_\mathrm{p}}{2(f k_\mathrm{d} k_\mathrm{t})^{1/2}} \times \frac{[\mathrm{M}]}{[\mathrm{I}]^{1/2}} \quad \overline{X}_n = \frac{v}{\frac{C}{2} + D}$$

有链转移：

$$\frac{1}{X_n} = \frac{R_{\mathrm{t,d}} + \frac{1}{2} R_{\mathrm{t,c}}}{R_\mathrm{p}} + C_\mathrm{M} + C_\mathrm{I} \frac{[\mathrm{I}]}{[\mathrm{M}]} + C_\mathrm{S} \frac{[\mathrm{S}]}{[\mathrm{M}]}$$

(1) 只有偶合终止：

$$\frac{1}{X_n} = \frac{1}{2v} + C_\mathrm{M} + C_\mathrm{I} \frac{[\mathrm{I}]}{[\mathrm{M}]} + C_\mathrm{S} \frac{[\mathrm{S}]}{[\mathrm{M}]}$$

(2) 只有歧化终止：

$$\frac{1}{X_n} = \frac{1}{v} + C_\mathrm{M} + C_\mathrm{I} \frac{[\mathrm{I}]}{[\mathrm{M}]} + C_\mathrm{S} \frac{[\mathrm{S}]}{[\mathrm{M}]}$$

6. 离子型聚合反应与自由基聚合反应的不同：活性中心、单体选择、介质影响、聚合速率与温度、聚合机理、聚合方法；离子对形态。

7. 阳离子聚合反应单体、引发剂、聚合机理、动力学特征。

单体：供电子取代基的烯类（异丁烯、苯乙烯、乙烯基烷基醚、二烯烃）。

引发剂：质子酸、路易斯酸。

聚合机理：快引发、快增长、易转移、难终止。

动力学特征：低温高速。

8. 阴离子聚合反应单体、引发剂、聚合机理、聚合动力学

单体：吸电子取代基的烯类（—CN、—COOR、—CONH$_2$、—NO$_2$）；含杂原子的环类。

引发剂：丁基锂、氨基钾/钠、锂/钾/钠，与单体的匹配。

聚合机理：快引发、慢增长、无转移、无终止，活性聚合。

聚合动力学：

$$R_\mathrm{p} = -\frac{\mathrm{d}[\mathrm{M}]}{\mathrm{d}t} = k_\mathrm{p}[\mathrm{B}^-][\mathrm{M}]$$

$$\overline{X}_n = \frac{[M]_0 - [M]}{[M^-]/n} = \frac{n([M]_0 - [M])}{[C]}$$

9. 配位聚合与定向聚合；配位聚合引发剂与聚合历程。

引发剂：Ziegle-Natta 体系。

聚合历程：双金属活性中心、单金属活性中心。

10. 各种连锁聚合反应的比较：聚合单体、引发剂（催化剂）、活性中心、聚合机理、聚合温度、水/溶剂等；典型特点。

11. 共聚物的类型：无规、交替、嵌段、接枝；无规共聚和交替共聚组成方程可以共聚合机理来实现，而嵌段和接枝共聚则可用多种聚合机理来合成。

12. 共聚物组成与原料组成的关系

$$\frac{d[M_1]}{d[M_2]} = \frac{[M_1]}{[M_2]} \times \frac{r_1[M_1] + [M_2]}{r_2[M_2] + [M_1]}$$

$$F_1 = \frac{r_1 f_1^2 + f_1 f_2}{r_1 f_1^2 + f_1 f_2 + r_2 f_2^2}$$

$$r_1 = \frac{k_{11}}{k_{12}} \quad r_2 = \frac{k_{22}}{k_{21}}$$

13. 竞聚率的概念与意义。竞聚率是关联共聚物组成和单体组成的关键因素。

14. 5 种典型二元共聚物的组成曲线：交替共聚（$r_1 = 0$，$r_2 = 0$）、无规共聚（$r_1 < 1$，$r_2 < 1$）、恒比共聚（$r_1 = 1$，$r_2 = 1$）、（$r_1 > 1$，$r_2 < 1$）、嵌段共聚（$r_1 > 1$，$r_2 > 1$）。

15. 共聚物组成的控制方法：选择恒比点、控制转化率、补加单体。

16. 离子共聚型共聚合的特征：

(1) 单体选择性；(2) 恒比共聚，无规共聚物，嵌段共聚物；(3) 溶剂、温度影响。

习题与思考题

1. 烯类单体加聚有下列规律：(1) 单取代和 1,1-双取代烯类容易聚合，而 1,2-双取代烯类难聚合；(2) 大部分烯类单体能自由基聚合，而能离子聚合的烯类单体却较少。试说明原因。

2. 是否所有自由基都可以用来引发烯类单体聚合？试举活性不等的自由基 3～4 例，说明应用结果。

3. 下列烯类单体适于何种机理聚合？并进行解释。

$H_2C = CHCl$，$H_2C = CCl_2$，$H_2C = CHCN$，$H_2C = C(CN)_2$，$H_2C = CHCH_3$，$H_2C = C(CH_3)_2$，$H_2C = CHC_6H_5$，$F_2C = CF_2$，$H_2C = C(CN)COOR$，$H_2C = C(CH_3) - CH = CH_2$

4. 试解释下列高分子概念，并说明相互关系。

(1) 活性中心与活性种；(2) 初级自由基、单体自由基与链自由基；

(3) 动力学链长与聚合度；(4) 控制步骤与聚合总速率；

(5) 诱导期与自动加速过程；(6) 链转移常数与动力学链长。

5. 自由基聚合时，转化率和分子量随时间的变化有何特征？与机理有何关系？

6. 试分别说明有哪些因素对烯类单体进行连锁聚合反应的聚合热产生影响，并说明影响的结果和原因。

7. 试分别说明苯乙烯、甲基丙烯酸甲酯和氯乙烯三种单体在自由基聚合反应中的不同。

对聚合度产生什么影响？

8. 在推导自由基聚合反应动力学方程时都做了哪些基本假定？试分别说明这种假定对动力学方程的推导结果的影响。

9. 试全面比较自由基聚合反应与线型平衡缩聚反应的不同特点。

10. 试总结影响自由基聚合反应速率和聚合物聚合度的各种因素及其具体影响，同时说明使聚合物分子量分散指数变大的主要原因。

11. 试总结获得高分子量的自由基聚合物需要的各种聚合反应条件。

12. 试叙述自由基聚合反应中自动加速发生的过程，解释其产生的原因并比较苯乙烯、甲基丙烯酸甲酯和氯乙烯（或丙烯腈）三种单体分别进行本体聚合时产生自动加速的早晚和程度。

13. 以偶氮二异庚腈为引发剂，写出氯乙烯自由基聚合中各基元反应：引发、增长、偶合终止、歧化终止、向单体转移、向大分子转移。

14. 为什么说传统自由基聚合的机理特征是慢引发、快增长、速终止？在聚合过程中，聚合物的聚合度、转化率、聚合产物中物种变化趋向如何？

15. 大致说明下列引发剂的使用温度范围？并写出分解反应式：（1）异丙苯过氧化氢；（2）过氧化十二酰；（3）过氧化碳酸二环己酯；（4）过硫酸钾-亚铁盐；（5）过氧化二苯甲酰-二甲基苯胺。

16. 推导自由基聚合动力学方程时，做了哪些基本假定？一般聚合速率与引发速率（引发剂浓度）平方根成正比（0.5级），是哪一机理（引发或终止）造成的？什么条件会产生0.5～1级、1级或2级？

17. 建立数量和单位概念：引发剂分解、引发、增长、终止诸基元反应的速率常数和活性能，单体、引发剂和自由基浓度，自由基寿命等，剖析和比较微观和宏观体系的增长速率、终止速率和总速率。

18. 简述自由基聚合中的下列问题：（1）产生自由基的方法；（2）速率、聚合度与温度的关系；（3）速率常数与自由基寿命；（4）阻聚与缓聚；（5）如何区别偶合终止和歧化终止；（6）如何区别向单体和向引发剂转移。

19. 在求取自由基聚合动力学参数 k_p、k_t 时，可以利用哪四个可测参数、相应关系和方法来测定？

20. 在自由基聚合中，为什么聚合物链中单体单元大部分按头-尾方式连接，且所得的聚合物多为无规立构？

21. 在自由基聚合反应中，链终止速率常数 k_t 大于链增长常数 k_p，为什么还能生成长链聚合物分子？

22. 什么是链转移反应？有几种形式？对聚合速率和分子量有何影响？什么叫链转移常数？与链转移速率常数的关系如何？

23. 活泼单体苯乙烯和不活泼单体乙酸乙烯酯分别在苯和异丙苯中进行其他条件完全相同的自由基溶液聚合，试从单体、溶剂和自由基的活泼性比较所合成的四种聚合物的分子量大小。并简要解释其原因。

24. 已知在苯乙烯单体中加入少量乙醇进行聚合时，所得聚苯乙烯的分子量比一般本体聚合要低。但当乙醇量增加到一定程度后，所得到的聚苯乙烯的分子量要比相应条件下本体聚合所得的要高，试解释之。

25. 什么原因造成聚合体系产生诱导期？何谓阻聚剂？何谓缓聚剂？它们与诱导期有什

么关系?

26. 单体（如苯乙烯）在储存和运输过程中，常需加入阻聚剂。聚合前用何法除去阻聚剂? 若取混有阻聚剂的单体聚合，将会发生什么后果。

27. 工业上用自由基聚合生产的大品种有哪些? 试简述它们常用的聚合方法和聚合条件。

28. 在自由基溶液聚合中，单体浓度增加 10 倍，求：(1) 对聚合速率的影响；(2) 数均聚合度的变化。如果保持单体浓度不变，而使引发剂浓度减半，求：(1) 聚合速率的变化；(2) 数均聚合度的变化。

29. 甲基丙烯酸甲酯在 50℃下用偶氮二异丁腈引发聚合，已知该条件下，链终止既有偶合终止，又有歧化终止，生成聚合物经实验测定引发剂片段数目与聚合物分子数目之比为 1∶1.25，请问此聚合反应中偶合终止和歧化终止各占多少?

30. 在 60℃下苯乙烯以 AIBN 为引发剂引发聚合，若无链转移，以双基偶合终止生成聚合物，根据下列数据计算数聚合度。$[M]=3.5\text{mol}/L$，自由基寿命 $\tau=8.8\text{s}$，$k_p=1.45\times10^2\text{L}/(\text{mol}\cdot\text{s})$。

31. 苯乙烯以二叔丁基过氧化物为引发剂，苯为溶剂，60℃下进行聚合。已知 $[M]=1.0\text{mol}/L$，$[I]=0.01\text{mol}/L$，$R_i=4\times10^{-11}\text{mol}/(\text{L}\cdot\text{s})$，$R_p=1.5\times10^{-7}\text{mol}/(\text{L}\cdot\text{s})$，$C_m=8.0\times10^{-5}$，$C_i=3.2\times10^{-4}$，$C_S=2.3\times10^{-6}$，60℃下苯和苯乙烯的密度分别为 0.839g/mL 和 0.887g/mL，假定苯乙烯-苯体系为理想溶液。试求 fk_d、动力学链长和平均聚合度。

32. 在苯溶液中用偶氮二异丁腈引发浓度为 1mol/L 的苯乙烯聚合，测得聚合初期引发速率为 $4.0\times10^{-11}\text{mol}/(\text{L}\cdot\text{s})$，聚合反应速度为 $1.5\times10^{-7}\text{mol}/(\text{L}\cdot\text{s})$。若全部为偶合终止，试求：

(1) 数均聚合度（向单体、引发剂、溶剂苯、高分子的链转移反应可以忽略）；

(2) 从实用考虑，上述得到的聚苯乙烯分子量太高，欲将数均分子量降低为 83200，试求链转移剂正丁硫醇（$C_S=21$）应加入的浓度为多少?

33. 在甲苯中不同温度下测定偶氮二异丁腈的分解速率常数，数据如下，求分解活化能。再求 40℃和 80℃下的半衰期，判断在这两温度下聚合是否有效。

温度/℃	50	60.5	69.5
分解速率常数/s^{-1}	2.64×10^{-6}	1.16×10^{-5}	3.78×10^{-5}

34. 苯乙烯溶液浓度 0.20mol/L，过氧类引发剂浓度 $4.0\times10^{-3}\text{mol}/L$，在 60℃下聚合，如引发剂半衰期 44h，引发剂效率 $f=0.80$，$k_p=145\text{L}/(\text{mol}\cdot\text{s})$，$k_t=7.0\times10^7\text{L}/(\text{mol}\cdot\text{s})$，欲达到 50% 的转化率，需多长时间?

35. 过氧化二苯甲酰引发某单体聚合的动力学方程为：$R_p=k_p[M](fk_d/k_t)^{1/2}[I]^{1/2}$，假定各基元反应的速率常数和 f 都与转化率无关，$[M]_0=2\text{mol}/L$，$[I]_0=0.01\text{mol}/L$，欲将最终转化率从 10% 提高到 20%，试求：

(1) $[M]_0$ 增加或降低多少倍?

(2) $[I]_0$ 增加或降低多少倍? $[I]_0$ 改变后，聚合速率和聚合度有何变化?

(3) 如果热引发或光引发聚合，应该增加还是降低聚合温度? E_d、E_p、E_t 分别为 124kJ/mol、32kJ/mol 和 8kJ/mol。

36. 对于双基终止的自由基聚合，每一大分子含有 1.30 个引发剂残基，假定无链转移反应，试计算歧化终止和偶合终止的相对量。

37. 在四氢呋喃溶液中于 25℃ 用 3.2×10^{-3} mol/L 的萘钠，使浓度为 1.5mol/L 的苯乙烯聚合。

(1) 试写出聚合反应的方程式（从萘钠制备开始）；

(2) 计算聚合物的聚合度。

38. 异丁烯阳离子聚合时，以向单体转移为主要终止方式，聚合物末端为不饱和端基，现有 4.0g 聚异丁烯恰好使 6.0mL 的 0.01mol/L 溴-四氯化碳溶液褪色，试计算聚合物的相对分子质量。

39. 在 2L 的 2.0mol/L 苯乙烯四氢呋喃溶液中加入 2.5×10^{-3} mol/L 的 C_4H_9Li 溶液 500mL，当苯乙烯完全聚合后，加入 340g 异戊二烯，完全聚合后加水终止反应，求最后聚合物的相对分子质量。(已知苯乙烯相对分子质量为 104，异戊二烯相对分子质量为 68)

40. 以四氢呋喃为溶剂，正丁基锂为引发剂，使 500kg 苯乙烯聚合，要求生成聚合物的相对分子质量为 104000，问要加入多少质量的正丁基锂？

41. 将 1.0×10^{-3} mol 的萘钠溶于四氢呋喃中，然后迅速加入 2.0mol 的苯乙烯，溶液的总体积为 1.0L。假如单体立即均匀混合，发现 2000s 内已有一半单体聚合。计算聚合 2000s 和 4000s 时的聚合度。

42. 对一正在进行聚合反应的苯乙烯聚合体系，请用最直观、方便的实验方法判断该体系是自由基、阳离子还是阴离子聚合类型。

43. 试从单体、引发剂、聚合方法及反应的特点等方面对自由基、阴离子和阳离子聚合反应进行比较。

44. 在离子聚合反应过程中，能否出现自动加速效应？为什么？

45. 为什么进行离子聚合和配位聚合反应时需预先将原料和聚合容器净化、干燥、除去空气并在密封条件下聚合？

46. 何谓 Ziegler-Natta 催化剂？何谓定向聚合？两者有什么关系？有哪些方法可生成立构规整性聚合物？

47. 聚乙烯有几种分类方法？这几种聚乙烯在结构和性能上有何不同？它们分别是由何种方法生产的？

48. 试讨论丙烯进行自由基、离子和配位聚合时，能否形成高分子量聚合物及其原因。

49. 在离子聚合中，活性种离子和反离子之间的结合可能有几种形式？其存在形式受哪些因素的影响？不同形式对单体的聚合机理、活性和定向能力有何影响？

50. 进行阴、阳离子聚合时，分别叙述控制聚合速率和聚合物分子量的主要方法。离子聚合中有无自动加速现象？离子聚合物的主要微观构型是头-尾连接还是头-头连接？聚合温度对立构规整性有何影响？

51. 甲基苯烯酸甲酯分别在苯、四氢呋喃、硝基苯中用萘钠引发聚合。试问在哪一种溶剂中的聚合速率最大？

52. 由阳离子聚合来合成丁基橡胶，如何选择共单体、引发剂、溶剂和温度条件？为什么？

53. 阳离子聚合和自由基聚合的终止机理有何不同？采用哪种简单方法可以鉴别属于哪种聚合机理？

54. 比较阴离子聚合、阳离子聚合、自由基聚合的主要差别，哪一种聚合的副反应最少？说明溶剂种类的影响，讨论原因和本质。

55. 为什么离子聚合的单体对数远比自由基聚合的少？能否合成异丁烯和丙烯酸酯类的

共聚物？

56. 试解释下列高分子的概念。

（1）活性聚合物；（2）配位聚合和定向聚合；（3）立构规整性聚合物；

（4）Ziegler-Natta 引发剂；（5）遥爪聚合物；（6）计量聚合。

57. 简要回答下列问题。

（1）在离子型聚合反应中，活性中心有哪几种存在形态？决定活性中心离子形态的主要因素是什么？

（2）离子型聚合反应中是否也会出现自动加速过程？为什么？

（3）如何鉴别正在进行的自由基、阴离子和阳离子型聚合反应？所依据的原理是什么？你准备按什么步骤、添什么试剂进行鉴别？

（4）反离子对阴离子聚合反应有何影响？试以 Li、Na、K 等为例予以说明。

（5）试对自由基、阴离子和配位聚合反应的最突出的特点进行总结和比较。

（6）试简要说明阴离子聚合、阳离子聚合和配位聚合反应的最突出的特点。

（7）试从单体及其活性中心在自由基聚合和阴离子聚合反应中所表现的不同活性，解释在利用活性阴离子聚合合成嵌段共聚物时必须遵守"碱性强的单体生成的活性聚合物引发碱性弱的单体"这一原则。

（8）丁二烯的聚合物有多少种异构体？试写出它们的结构式。

58. 用正丁基锂引发 100g 苯乙烯聚合，丁基锂加入量恰好是 500 分子，如无终止，苯乙烯和丁基锂都耗尽，计算活性聚苯乙烯链的数均分子量。

59. 将苯乙烯加到萘钠的四氢呋喃中，苯乙烯和萘钠的浓度分别为 $0.2 mol/L$ 和 $1 \times 10^{-3} mol/L$。在 25℃下聚合 5s，测得苯乙烯的浓度为 $1.73 \times 10^{-3} mol/L$。试计算：（1）增长速率常数；（2）引发速率；（3）10s 的聚合速率；（4）10s 的聚合度。

60. 异丁烯阳离子聚合时的单体浓度为 $2 mol/L$，链转移剂浓度为 $0.2 mol/L$、$0.4 mol/L$、$0.6 mol/L$、$0.8 mol/L$，所得聚合物的聚合度依次是 25.34、16.01、11.70、9.20。向单体和向链转移剂的转移是主要终止方式，试用作图法求转移常数 C_M 和 C_S。

61. 无规、交联、嵌段、接枝共聚物的结构有何差异？试用共聚动力学方法来推导二元共聚物组成微分方程，推导时有哪些基本假定？

62. 说明竞聚率 r_1、r_2 的定义，指明理想共聚、交替共聚、恒比共聚时竞聚率的数值的特征。

63. 丙烯进行自由基聚合、离子聚合及配位阴离子聚合，能否形成高分子量聚合物？分析其原因。

64. 简述丙烯配位聚合中增长、转移、终止等基元反应的特点。如何控制分子量？

65. 简述丙烯配位聚合时的双金属机理和单金属机理模型的基本论点。

66. 简要回答下列问题。

（1）推导二元共聚物组成微分方程的基本假设及含义有哪些？它与推导自由基动力学方程时的基本假设有何异同？

（2）在自由基聚合反应中，决定单体及自由基活性的决定性因素是什么？试比较苯乙烯和乙酸乙烯酯及其自由基的活性。

（3）在自由基聚合链增长反应中，单体的活性对反应速率的影响大还是自由基活性的影响大？

（4）在自由基的均聚合反应中，是活性单体的速率常数大还是不活泼单体的速率常数大？为什么？

(5) 对合成聚合物进行改性的方法有哪几种？

67. 示意画出下列各对竞聚率的共聚物组成曲线，并说明其特征。$f_1=0.5$ 时，低转化阶段的 F_1 约多少？

情况	1	2	3	4	5	6	7	8	9
r_1	0.1	0.1	0.1	0.5	0.8	0.2	0.2	0.2	0.2
r_2	0.1	1	10	0.5	0.2	0.8	0.8	5	10

68. 氯乙烯-醋酸乙烯酯、甲基丙烯酸甲酯-苯乙烯两对单体共聚，若两体系中醋酸乙烯酯和苯乙烯的浓度均为 15%（质量分数），根据文献报道的竞聚率，试求共聚物起始组成。

69. 甲基丙烯酸甲酯（M_1）浓度＝5mol/L，5-乙基-2-乙烯基吡啶浓度＝1mol/L，竞聚率：$r_1=0.40$，$r_2=0.69$。

(1) 计算聚合共聚物起始组成（以摩尔分数计）；(2) 求共聚物组成与单体组成相同时两单体摩尔比。

70. 氯乙烯（$r_1=1.67$）与醋酸乙烯酯（$r_2=0.23$）共聚，希望获得初始共聚物瞬时组成和 85% 转化率时共聚物平均组成为 5%（摩尔分数）醋酸乙烯酯，分别求两单体的初始配比。

71. 试列出绘制二元共聚物组成曲线的基本步骤，并按此步骤绘制下列六种二共聚物的组成曲线，同时说明其所属的共聚类型。

(1) $r_1=1$，$r_2=1$；(2) $r_1=0$，$r_2=0$；(3) $r_1=0.40$，$r_2=0.55$；

(4) $r_1=2.60$，$r_2=0.11$；(5) $r_1=0.10$，$r_2=0$；(6) $r_1=0$，$r_2=2.0$。

72. 试说明控制共聚物组成的主要方法。如果两种单体进行共聚的竞聚率为 $r_1=0.40$，$r_2=0.60$，要求所得共聚物中两种结构单元之比为 $F_1=0.50$，试设计两种单体的合理投料配比，并说明如何控制共聚物组成以达到要求。

第 4 章
连锁聚合实施方法

4.1 概述

连锁聚合的实施方法，按体系组成来划分，有本体聚合、溶液聚合、悬浮聚合和乳液聚合四种。从聚合物的合成看，第一步是化学合成路线的研究，主要是聚合反应机理、反应条件（如引发剂、溶剂、温度、压力、反应时间等）的研究；第二步是聚合工艺条件的研究，主要是聚合方法、原料精制、产物分离及后处理等研究。实施方法的选择与聚合反应工程密切相关，与聚合反应机理亦有很大联系。

实施方法是为完成聚合反应而确立的，聚合机理不同，所采用的实施方法也不同。自由基相对稳定，因而自由基聚合可采用上述四种聚合方法；离子聚合则由于活性中心对杂质的敏感而多采用溶液聚合或本体聚合。

相同的反应机理在不同的实施方法中有不同的表现，因此，单体和聚合反应机理相同但采用不同实施方法所得产物的分子结构、分子量及其分布等往往会有很大差别。为满足不同的制品性能要求，工业上一种单体采用多种聚合方法十分常见。如同样是苯乙烯的自由基聚合，用于挤塑或注塑成型的通用型聚苯乙烯（GPS）多采用本体聚合，可发型聚苯乙烯（EPS）主要采用悬浮聚合，而高抗冲聚苯乙烯（HIPS）则是溶液聚合-本体聚合的联用。

4.2 本体聚合

4.2.1 体系组成

本体聚合是不加其他介质，只有单体本身在引发剂、热、光、辐射的作用下进行的聚合。体系主要由单体和引发剂或催化剂组成。对于热引发、光引发或高能辐射引发，则体系仅由单体组成。有些情况下，可能加少量颜料、增塑剂、润滑剂、分子量调节剂等助剂。

按聚合物能否溶解于单体，本体聚合可以分为两大类：①均相聚合，如苯乙烯、甲基丙烯酸甲酯、乙酸乙烯酯等生成的聚合物能溶于各自的单体中，形成均相；②非均相聚合，又叫沉淀聚合，如氯乙烯、丙烯腈等生成的聚合物不溶于它们的单体，在聚合过程中会不断析出。

4.2.2 聚合工艺

工业上本体聚合可用间隙法和连续法生产，生产中关键问题是反应热的排除。

烯类单体聚合热约为 $55\sim95kJ/mol$。聚合初期，转化率不高、体系黏度不大时，散热无困难。但转化率提高（如 20％～30％），体系黏度增大后，散热不易。加上自动加速效应，放热速率加快，如散热不良，轻则造成局部过热，使分子量分布变宽，最后影响到聚合物的机械强度，严重的则温度失控，引起爆聚。

由于这一缺点，本体聚合的工业应用受到一定的限制，不如悬浮聚合和乳液聚合应用广泛。

改进的方法是采用两段聚合：①预聚合，在较低的温度下预聚合，转化率控制在10％～40％，体系黏度较低，散热较容易，聚合可以在较大的聚合釜中进行；②后聚合，更换聚合设备，分步提高聚合温度，使单体转化率＞90％。

不同单体的本体聚合工艺可以差别很大，现列举如表 4-1 所示。

表 4-1　本体聚合工业生产举例

聚合物	过程要点
PMMA	第一阶段预聚至转化率为 10％左右的黏稠浆液，然后浇模分段升温聚合，最后脱模成板材
PS	第一阶段于 80～85℃预聚至转化率为 33％～35％，然后流入聚合塔，温度从 100℃递增至 220℃聚合，最后熔体挤塑造粒
PVC	第一阶段预聚至转化率为 7％～11％，形成颗粒骨架，第二段继续沉淀聚合，最后以粉状出料
PE(高压)	选用管式或釜式反应器，连续聚合，控制单程转化率为 15％～30％，最后熔体挤塑造粒

4.2.3　优缺点

本体聚合的优点是产品纯度高，有利于制备透明和电性能好的产品，聚合设备也较简单，生产成本低，反应产物可直接加工成型或挤出造粒，不需要产物与介质分离及介质回收等后续处理工艺操作。另外，由于单体浓度高，聚合反应速率较快、产率高。缺点是聚合体系由于无溶剂存在而黏度大，自加速现象显著，聚合热不易导出，体系温度难以控制。因此会引起局部过热甚至暴聚而影响最终产物的质量，如变色、产生气泡、分子量分布宽等。控制聚合热和及时地散热是本体聚合中一个重要的、必须解决的工艺问题，生产上多采用分段聚合法。

4.2.4　应用

各种连锁聚合反应几乎都可以采用本体聚合，如自由基聚合、离子聚合、配位聚合等，在条件允许时本体聚合是工业上首选的聚合方法。为解决散热问题，在装置上需强化散热，如加大冷却面积、强化搅拌、薄层聚合、注模聚合等。广泛应用于聚甲基丙烯酸甲酯、聚苯乙烯、聚氯乙烯、高压聚乙烯、聚丙乙烯、聚对苯二甲酸乙二酯等的生产。

本体聚合也十分适合实验室进行理论研究，如单体聚合能力的初步鉴定、少量聚合物试剂的合成、动力学研究、单体竞聚率的测定等。

4.3　溶液聚合

4.3.1　体系组成

溶液聚合是将单体和引发剂溶于适量的溶剂中进行的聚合反应。体系主要由单体、溶剂和引发剂或催化剂组成。

生成的聚合物溶于溶剂中的叫均相溶液聚合，如丙烯腈在二甲基甲酰胺中的聚合。聚合产物不溶于溶剂的叫非均相溶液聚合，如丙烯腈在水中的聚合。

溶液聚合中溶剂的选择十分重要。主要需注意以下方面的问题。

(1) 溶剂的活性 链自由基对溶剂有链转移反应，从而影响聚合速率和分子量。

(2) 溶剂对聚合物的溶解性能 选用良溶剂时，为均相聚合，如果单体浓度不高，则有可能消除自动加速效应，遵循正常的自由基聚合动力学规律；选用沉淀剂时，则成为沉淀聚合，自动加速显著。

不良溶剂的影响介于两者之间，影响深度则视溶剂优劣程度和浓度而定。有自动加速效应时，反应自动加速，分子量增大，分子量分布也变宽。

(3) 其他 如易于回收、便于再精制、无毒、易得、价廉、便于运输和储藏等。

近年来，溶液聚合的一个主要研究方向是利用超临界 CO_2 作聚合溶剂，因为 CO_2 具有无毒、便宜、易从聚合产物中除去和循环使用等优点。

4.3.2 聚合工艺

溶液聚合由于溶剂的存在，往往需要对溶剂进行回收及对产物与溶剂进行分离等操作。典型的溶液聚合工艺流程见图 4-1。

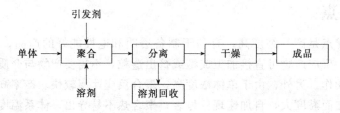

图 4-1 典型的溶液聚合工艺流程

4.3.3 优缺点

(1) 与本体聚合相比，溶液聚合的优点有以下几个方面。

① 聚合热易扩散，聚合反应温度易控制。

② 体系黏度低，自动加速作用不明显，反应物料易输送。

③ 体系中聚合物浓度低，向高分子的链转移生成支化或交联产物较少，因而产物分子量易控制，分子量分布较窄。

④ 可以以溶液方式直接形成成品。

(2) 另一方面，溶液聚合也有若干缺点。

① 由于单体浓度较低，溶液聚合速率较慢，设备生产能力和利用率较低。

② 单体浓度低和向溶剂链转移的结果，使聚合物分子量较低。

③ 溶剂分离回收费用高，除尽聚合物中残留溶剂困难，在聚合釜除尽溶剂后，固体聚合物出料困难，溶剂的使用导致环境污染问题等。

4.3.4 应用

离子聚合、配位聚合多采用溶液聚合。对于涂料、胶黏剂、合成纤维纺丝液、继续进行化学反应等直接使用聚合物溶液的场合，采用溶液聚合十分有利。

4.4 悬浮聚合

4.4.1 体系组成

悬浮聚合是通过强力搅拌并在分散剂的作用下，把单体分散成无数的小液滴悬浮于水中，由油溶性引发剂引发而进行的聚合反应。

悬浮聚合体系一般由单体、引发剂、水、分散剂四个基本组分组成。

悬浮聚合机理和动力学规律与本体聚合相似，可看作是小粒子的本体聚合，因此，也存在着自动加速现象。同样，根据聚合物在单体中的溶解情况，也有均相聚合和沉淀聚合之分。

苯乙烯和甲基丙烯酸甲酯的悬浮聚合属于均相聚合，氯乙烯则属于沉淀聚合。均相聚合产品可制得透明珠体，沉淀聚合产品则呈不透明粉状。

4.4.2 聚合过程

在悬浮聚合体系中，单体和引发剂为一相，分散介质水为另一相。在搅拌和悬浮剂的作用下，单体和引发剂以小液滴的形式分散于水中，形成单体液滴。当到达反应温度后，引发剂分解，聚合开始。从相态上可以判断出聚合反应发生于单体液滴内。这时，对于每一个单体小液滴来说，相当于一个小的本体聚合体系，保持有本体聚合的基本优点。由于单体小液滴外部是大量的水，因此液滴内的反应热可以迅速地导出，进而克服了本体聚合反应热不易排出的缺点。

在悬浮聚合过程中不溶于水的单体依靠强力搅拌的剪切力作用形成小液滴分散于水中，单体液滴和水之间的界面张力使液滴呈圆珠状，但它们相互碰撞又可以重新凝聚，即分散和凝聚是一个可逆过程。如图4-2所示。

为了阻止单体液珠在碰撞时不再凝聚，必须加入分散剂，分散剂在单体液珠周围形成一层保护膜或吸附在单体液珠表面，在单体液珠碰撞时，起隔离作用，从而阻止或延缓单体液珠的凝聚。

悬浮聚合分散剂主要有两大类。

(1) 水溶性有机高分子物质　属于该类的有部分水解的 PVA、PAA 和聚甲基丙烯酸的盐类、马来酸酐-苯乙烯共聚物等合成高分子；甲基纤维素、羧甲基纤维素、羟丙基纤维素等纤维素衍生物；明胶、蛋白质、淀粉、海藻酸钠等天然高分子。目前多采用质量稳定的合成高分子。

(2) 不溶于水的无机粉末　如 $MgCO_3$、$CaCO_3$、$BaCO_3$、$CaSO_4$、$Ca(PO_4)_2$、滑石粉、高岭土、白垩等。

悬浮聚合产物的颗粒尺寸大小及分布取决于搅拌速度、分散剂的种类及其浓度、油水比（单体和水的体积比）等因素。颗粒大小与搅拌速度、分散剂的用量及油水比成反比。悬浮聚合产物的粒径在 0.01～5mm 之间，一般约 0.05～2mm。

由于悬浮聚合过程中存在分散-凝聚的动态平衡，随着反应的进行，一般当单体转化率达 25% 左右时，由于液珠的黏性开始显著增加，使液珠相互黏结凝聚的倾向增强，易凝聚成块，在工业上常称这一时期为"危险期"，这时要特别注意保持良好搅拌。由于悬浮聚合

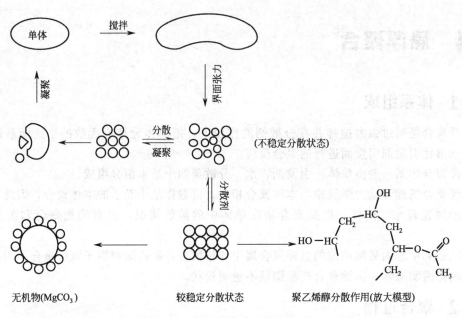

图 4-2 悬浮体系分散、凝聚示意

在液珠黏性增大后易凝聚成块而导致反应失败,因此,该反应不适于制备黏性较大的高分子,如橡胶等。

4.4.3 优缺点

(1) 悬浮聚合有以下几个优点。

① 体系黏度低,聚合热容易从粒子经水介质通过釜壁由夹套冷却水带走,散热和温度控制比本体聚合、溶液聚合容易得多,产品分子量及其分布比较稳定。

② 产品分子量比溶液聚合高,杂质含量比乳液聚合产品中少。

③ 后处理工序比溶液聚合、乳液聚合简单,生产成本较低,粒状树脂可以直接加工。

(2) 悬浮聚合的主要缺点是:必须使用分散剂,且在聚合完成后,很难从聚合产物中除去,会影响聚合产物的性能(如外观、电性能、老化性能等)。

4.4.4 应用

综合平衡优缺点的结果,悬浮聚合兼有本体聚合和溶液聚合的优点,而缺点较少。因此悬浮聚合在工业上得到广泛的应用。80%~85%的PVC,全部PS型离子交换树脂母体,很大一部分PS、PMMA等都采用悬浮法生产。悬浮聚合一般采用间隙分批进行。由于用水作分散介质,目前只有自由基聚合采用悬浮聚合。

4.5 乳液聚合

4.5.1 体系组成

乳液聚合是在乳化剂的作用下并借助于机械搅拌,使单体在水中分散成乳状液,由水溶性引发剂引发而进行的聚合反应。乳液聚合主要由单体、水、水溶性引发剂、乳化剂四组分组成。

乳化剂通常是一些兼有亲水的极性基团和疏水（亲油）的非极性基团的表面活性剂，按其结构可分三大类（按其亲水基类型）：阴离子型、阳离子型和非离子型。

乳化剂在乳液聚合中起着特殊的作用。

(1) 当有乳化剂存在时，体系的界面张力降低，有利于单体分散成细小液滴。

(2) 乳化剂分子会吸附在单体液滴表面形成保护层，使乳液稳定。

(3) 当乳化剂浓度大于临界胶束浓度（CMC）时，乳化剂分子便形成胶束。胶束可呈球形或棒状，一般由 50～100 个乳化剂分子组成，乳化剂分子的极性基指向水相，亲油基指向油相（见图 4-3），部分单体分子可溶解在胶束内，因此乳化剂起了增溶作用。

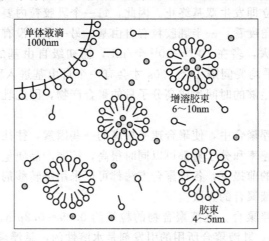

图 4-3 乳液聚合体系示意
—○ 乳化剂分子；● 单体分子

烯类单体在水中的溶解度一般很小，只有千分之几到万分之几。如苯乙烯在 20℃ 水中的溶解度只有 0.02%。搅拌后，单体分散成液滴，表面吸附了乳化剂保护层，液滴较稳定。

由于胶束的增溶作用，在常用的乳化剂浓度下，可溶解苯乙烯 1%～2%。胶束中增溶单体后，体积增大，其直径由 4～5nm，增大到 6～10nm。增溶后的胶束在热力学上是稳定的，在乳化剂的作用下，单体和水转换成难以分层的乳液，这种作用称为乳化作用。

聚合发生前，单体和乳化剂分别以下列三种状态存在于体系中。

(1) 极少量单体和少量乳化剂以分子分散状态溶解于水中。

(2) 大部分乳化剂形成胶束，直径约为 4～5nm，胶束内增溶有一定量的单体，胶束的数目为 10^{17}～10^{18} 个/m³。

(3) 大部分单体分散成液滴，直径约 1000nm，表面吸附着乳化剂，形成稳定的乳液，液滴数约为 10^{10}～10^{12} 个/cm³。

4.5.2 聚合过程

典型的乳液聚合可分为三个阶段。

(1) M（单体）/P（聚合物）乳胶粒的形成 当聚合反应开始时，溶于水相的引发剂分解产生的初级自由基由水相扩散到增溶胶束内，引发增溶胶束内的单体进行聚合，从而形成含有聚合物的增溶胶束，称 M/P 乳胶粒，随着胶束中的单体的消耗，胶束外的单体分子逐渐扩散进胶束内，使聚合反应持续进行。

在此阶段，单体增溶胶束与 M/P 乳胶粒并存，M/P 乳胶粒逐渐增加，聚合速率加快，直到单体转化率达到 10％转入第二阶段。

(2) 单体液滴与 M/P 乳胶粒并存　单体转化率 10％～50％，随着单体增溶胶束的消耗，MIP 乳胶粒数量不再增加，聚合速率保持恒定，而单体逐渐消耗，单体液滴不断缩小，单体液滴数量不断减少。

(3) 单体液滴消失、M/P 乳胶粒内单体聚合阶段　M/P 乳胶粒内单体得不到补充，聚合速率逐渐下降，直至反应结束。

在乳液聚合中，初级自由基进入增溶胶束引发单体聚合后，当另一个自由基进入时，由于自由基浓度高，两者立即发生双基终止。因此，每一个乳胶粒内要么只有一个自由基，要么没有自由基，从统计角度看，一半乳胶粒有自由基，另一半则没有。

由于乳胶粒浓度很大，多在 10^{10}～10^{15} 个/mL，而初级自由基的生成速率较小，约为 10^{13} 个/（s·mL），即平均要间隔 10～100s 才会有一个自由基进入乳胶粒，因此在第二个自由基进入胶束前，有足够的时间生成高分子量的聚合产物，因此乳液聚合常能得到高分子量的聚合产物。

在本体、溶液和悬浮聚合中，使聚合速率提高的一些因素，往往使分子量降低。

但在乳液聚合中，速率和分子量都可以同时很高，控制产品质量的因素也有所不同。

在不改变聚合速率的前提下，各种聚合方法都可以采用链转移剂来降低分子量，而欲提高分子量则只有采用乳液聚合的方法。

乳液聚合不同于悬浮聚合。乳液聚合物的粒径约 0.05～0.2μm，比悬浮聚合常见粒径（50～200μm）要小得多。乳液聚合所用的引发剂是水溶性的，悬浮聚合则为油溶性的。

这些都与聚合机理有关。乳液聚合时，链自由基处于孤立隔离状态，长链自由基很难彼此相遇，以致自由基寿命较长，终止速率较小，因此聚合速率较高，且可获得高的分子量。

4.5.3　优缺点

(1) 乳液聚合有许多优点。

① 以水作分散介质，价廉安全。乳液的黏度与聚合物分子量及聚合物含量无关，这有利于搅拌、传热和管道输送，便于连续操作。

② 聚合速率快，同时产物分子量高，可以在较低温度下聚合。

③ 直接应用胶乳的场合，如水乳漆、黏合剂、纸张、皮革、织物处理剂，以及乳液泡沫橡胶，更宜采用乳液聚合。

(2) 乳液聚合同时也有若干缺点。

① 需要固体聚合物时，乳液需经凝聚（破乳）、洗涤、脱水、干燥等工序，生产成本较悬浮法高。

② 产品中留有乳化剂等，难以完全除尽，有损电性能。

4.5.4　应用

乳液聚合在工业上应用广泛，主要表现在以下三个方面。

(1) 聚合后分离成胶状或粉状固体产品，如丁苯、丁腈、氯丁等橡胶，ABS、MBS 等工程塑料和抗冲改性剂，糊状聚氯乙烯树脂，聚四氟乙烯等特种塑料。

（2）乳状涂料和胶黏剂，所用的胶乳有丁苯、丙烯酸酯类共聚物、聚醋酸乙烯等。可用作纸张涂层、外墙涂料、地毯和无纺布黏结剂、木材黏合剂等。此外，偏氯乙烯共聚物胶乳可用作阻透涂料。聚丙烯酰胺胶乳可用作造纸、采油、污水处理等场合的絮凝剂。

（3）微粒用作颜料、粒子标样、免疫试剂的载体等。

许多应用背景促使乳液聚合技术向纵深方向发展。除了常规乳液聚合外，近年来还发展了种子乳液聚合、核壳乳液聚合、反相乳液聚合、微乳液聚合等许多技术。

4.6 连锁聚合实施方法的比较

烯类单体采用上述四种方法进行自由基聚合的体系组成、聚合场所、聚合特征、生产特征、产物特征等比较如表4-2所示。

表 4-2　四种自由基聚合实施方法的比较

聚合方法	本体聚合	溶液聚合	悬浮聚合	乳液聚合
体系组成	单体、引发剂	单体、引发剂、溶剂	单体、引发剂、水分散剂	单体、水溶性引发剂、水乳化剂
聚合场所	本体内	溶液内	液滴内	胶束和乳胶粒内
聚合特征	遵循自由基聚合一般机理，提高速率往往使分子量降低	伴有向溶剂的链转移反应，一般分子量较低，速率也较低	与本体聚合相同	能同时提高聚合速率和分子量
生产特征	热不易散出，主要是间歇生产，设备简单，适宜制板材和型材，分子量调节难	散热容易，可连续生产，不宜制成干燥粉状或粒状树脂，分子量调节容易	散热容易，间歇生产，须经分离、洗涤、干燥等工序，分子量调节难	散热容易，可连续生产，制成固体树脂时须经凝聚、洗涤、干燥等工序，分子量易调节
产物特征	聚合物纯净，易于生成透明、浅色制品，分子量分布宽	一般聚合液直接使用，分子量分布窄，分子量较低	比较纯净，可能留有少量分散剂，直接得到粒状产物，利于成型，分子量分布宽	聚合物留有少量乳化剂及其他助剂，用于对电性能要求不高的场合，乳液也可直接使用，分子量分布窄

4.7 重要加聚物

本节选取几种重要的加聚物，介绍其合成方法、结构、性能和用途等。

4.7.1 聚乙烯（PE）

4.7.1.1 合成

聚乙烯是由乙烯直接聚合所得到的聚合物。聚乙烯有三大类，即低密度聚乙烯（又称LDPE或高压聚乙烯）、高密度聚乙烯（又称HDPE或低压聚乙烯）和线形低密度聚乙烯（又称LLDPE）。

(1) LDPE 的合成 1939 年英国帝国化学工业（ICI）最先用高压法生产聚乙烯。

高压聚合是以乙烯为原料，在压力为 100～350MPa 的高压和 160～270℃ 的较高温度下，以氧气或有机过氧化物等为引发剂，按自由基机理进行的聚合反应。

$$n H_2C\!=\!\!=\!\!CH_2 \xrightarrow[100\sim350MPa]{160\sim270℃} \left[CH_2-CH_2\right]_n$$

(2) HDPE 的合成 HDPE 是用低压法合成的。

以乙烯为原料，采用 Ziegler-Natta 催化剂〔组成：主催化剂 $TiCl_4$、助催化剂 $Al(C_2H_5)_3$、载体 $MgCl_2$〕，用 H_2 为分子量调节剂，在汽油溶剂中于 60～70℃ 进行阴离子型配位聚合反应。这种聚合实施方式又称淤浆法，反应中催化剂保持悬浮状态，聚合物以沉淀形式析出，形成浆状物。

如果不加 H_2 调节分子量，即可合成超高分子量的聚乙烯（UHMWPE）。

(3) LLDPE 的合成 LLDPE 是 1977 年才出现的，被称为第三代聚乙烯。

乙烯和少量（约 8%～12%）$C_4～C_8$ α-烯烃（如 1-丁烯）在载于硅胶的铬和钛氟化物催化剂的引发下，以 H_2 为分子量调节剂，于压力 0.7～12.1MPa 和温度 85～95℃ 下进行共聚制得 LLDPE。这种方法称低压气相本体法。反应方程式如下：

$$xH_2C\!=\!CH_2 + yH_2C\!=\!\underset{\underset{CH_2-CH_3}{|}}{CH} \longrightarrow \left[CH_2-CH_2\right]_x\left[CH_2-\underset{\underset{CH_2-CH_3}{|}}{CH}\right]_y$$

4.7.1.2 结构、性能与主要用途

三种不同合成方法得到的聚乙烯的结构有很大的差异。

高压法是按自由基机理聚合，是在高温高压条件下，以氧作为引发剂的本体聚合反应。之所以采用如此高的温度压力条件，原因在于乙烯是没有取代基、分子完全对称、反应活性极低的单体，一般情况下无法聚合。另一方面乙烯的沸点很低（-104℃），常温条件下分子间距离很大而不利于聚合反应。当施以高压时，乙烯的密度可达 $0.5g/cm^3$，而其临界密度为 $0.22g/cm^3$，即聚合一经开始，液态乙烯就成为聚乙烯的溶剂。反应结束，减压至 25～35MPa，脱除乙烯，循环使用，聚乙烯熔体则经挤出造粒成树脂商品。

高温聚合，易发生链转移反应。经分子间转移，形成长支链；经分子内转移，则形成短支链。

众多支链阻碍了聚乙烯分子的紧密堆砌，致使其结晶度低（50%～65%），熔点低（105～110℃），密度也低（$0.91～0.93g/cm^3$），因此，现多称作低密度聚乙烯，主要用来加工薄膜。

低压法是采用 Ziegler-Natta 催化剂，在温度（60～90℃）和压力（0.2～1.5MPa）都比较温和的条件下，乙烯按配位机理聚合成聚乙烯，旧称低压聚乙烯。由于聚合温度较低，链转移反应较少，所得产物支链少，线规整，大分子容易紧密堆砌，结晶度可高达 90%～95%，密度也较高（$0.95～0.96g/mL^3$），现改称高密度聚乙烯。

HDPE 用来制吹塑和注塑制品。

LLDPE 是选用 Ziegler-Natta 催化剂，在比较温和的条件下，乙烯与 α-丁烯共聚，引入少量侧基。这类共聚物基本保持线形结构，类似梳形，密度也较低（$0.91～0.94g/cm^3$），故称作线形低密度聚乙烯（LLDPE），其性能与高压法低密度聚乙烯相当，用来生产薄膜。但聚合条件比较温和，基建投资和生产成本均较低，因此 LLDPE 发展迅速，其生产能力近于聚乙烯的 1/3。

LLDPE 具有规整的非常短小的支链结构，虽然结晶度和密度与 LDPE 相似，但由于分

子间力较大，使其力学性能与耐热性介于 LDPE 和 HDPE 之间。而某些性能如抗撕裂强度、耐环境应力开裂性、耐穿刺性等甚至优于 LDPE 和 HDPE。

三种聚乙烯的分子形态比较如图 4-4 所示。

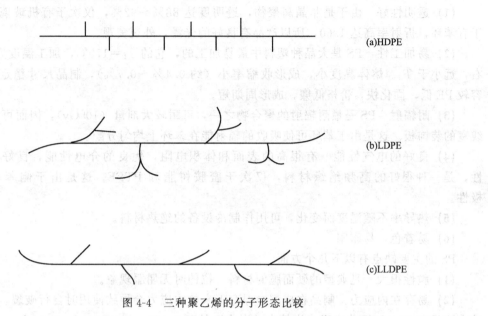

图 4-4　三种聚乙烯的分子形态比较

影响力学性能还有一个结构因素是分子量，分子量增大，分子间作用力增大，所以力学性能（包括韧性）都提高，因而 UHMWPE 的冲击强度和拉伸强度都成倍增加，是一种兼有高强度和高韧性的材料，并且具有低蠕变和自润滑性。耐磨性在已知塑料中名列第一。

聚乙烯无毒无臭，其电绝缘性能优良，是重要的电气绝缘材料之一。

4.7.2　聚苯乙烯 (PS)

聚苯乙烯是最早成为商品的热塑性塑料，1930 年由德国 BASF 公司首先工业化，目前的世界产量占通用塑料的第四位。

4.7.2.1　合成

单体苯乙烯是由苯和乙烯为原料，在 $AlCl_3$ 为催化剂，95～140℃下反应生成乙苯，然后乙苯再以 Fe、Zn、Mg 的氧化物为催化剂，在 630℃下脱氢，生成苯乙烯。苯乙烯极易聚合，没有引发剂也能热聚合，故单体储存时应加阻聚剂（如对苯二酚）。

聚合机理可以是自由基聚合也可以是离子型聚合，聚合方法可以是本体聚合、悬浮聚合或乳液聚合等。

以本体聚合为例，聚合分两步：第一步在 100℃预聚至转化率 30％；第二步在 220℃聚合至转化率 97％；最后排出熔体造粒。

4.7.2.2　结构与性能

由于苯环的空间位阻，链内旋转受限制，使 PS 呈刚性和脆性。由于链规整性差，基团相互作用小，它不能结晶。聚苯乙烯制品敲打或落地时有清脆的金属声，是鉴别的一个简便方法。

PS 的主要优点有以下几个方面。

(1) 透明性好　由于是非晶高聚物，透明度达 88%～92%，仅次于有机玻璃，同时由于有苯环，折射率高达 1.60，所以产品有良好的光泽，外观美观。

(2) 易加工性　PS 是大品种塑料中最易加工的，它的 T_f＝170℃，加工温度为 200℃ 左右，远小于 T_d。熔体黏度小，成形收缩率小（约 0.4%～0.7%），制品尺寸稳定性好。热容较 PE 低，固化快，价格低廉，成形周期短。

(3) 耐辐射　PS 是最耐辐射的聚合物之一，可耐较大剂量（10^6 Gy），因而可用于 X 射线室的装饰板。这是由于苯环可使吸收的辐射能在苯环上均匀分配。

(4) 良好的电气性能　有很高的表面和体积电阻，优良的介电性能，良好的耐电弧性，是一种很好的高频绝缘材料，仅次于蜜胺树脂和 PTFE。这是由于侧苯基无明显极性。

(5) 热导率不随温度而变化，可用作制冷设备的绝热材料。

(6) 易着色，易印刷。

PS 的主要缺点有以下几个方面。

(1) 脆性很大　是典型的硬而脆的材料，拉伸时无屈服现象。

(2) 易存在内应力　制品在成型中保存下来的内应力会导致使用时自行破裂。消除应力的方法是在 60～80℃ 热水浴或烘箱中"退火"处理 1～3h。

(3) 耐化学性较差　由于非晶聚合物，加上有适中的溶度参数值，所以它很易溶于许多溶剂中，是溶剂最多的聚合物之一。而且苯基能进行的氯化、加氢、硝化、磺化等反应，PS 都可以进行。

(4) 耐热性不好　PS 的最高连续使用温度为 60～80℃。

4.7.2.3　应用

聚苯乙烯是一种重要的通用塑料，在很多领域都有应用。

(1) 利用其光学性质，装饰照明制品、仪器仪表外壳、汽车灯罩、光导纤维、透明模型等。

(2) 利用其电性能，用于高频绝缘材料、零件。

(3) 利用其绝热保温性能，冷冻冷藏装置绝热层、建筑用绝热构件等。

(4) 日用品、玩具、杂品、一次性餐具等。

(5) 泡沫塑料。主要用作包装和隔热防震材料。

4.7.3　聚甲基丙烯酸甲酯（PMMA）

甲基丙烯酸甲酯是甲基丙烯酸酯类的代表，多采用自由基本体聚合，根据产品的不同要求，也可以选用溶液、悬浮、乳液聚合。本体聚合主要用来生产透明板、棒、型材。通常在工程上用的丙烯酸类塑料主要是指聚甲基丙烯酸甲酯，它是硬质的透明塑料，极似玻璃而不碎裂，称为有机玻璃。它是丙烯酸塑料中产量最大、用途最广的品种。本体聚合放热快，黏度大，凝胶效应显著，控制困难。因此，多采用预聚、多段聚合技术。

4.7.3.1　合成

采用常规本体聚合生产有机玻璃常常遇到散热困难、体积收缩、易产生气泡等诸多问题。为此将整个生产工艺分成预聚、聚合和高温后处理三个阶段。

(1) 预聚 预聚在普通聚合釜中进行。

将单体、引发剂、适量增塑剂、脱模剂加入聚合釜，在 $90\sim95℃$ 聚合至 $10\%\sim20\%$ 转化率，制成黏度适当的聚合物-单体溶液，用冰水冷却使聚合反应停止。

由于在这个阶段体系黏度不高，自动加速过程并不严重，散热并无困难，而且已经完成了部分体积缩聚，所以对以后的聚合反应非常有利。

此外，常常将加工边角有机玻璃废料加入预聚反应的单体之中，提高体系黏度，从而使自动加速过程提前，这样既充分利用了资源，又可以缩短聚合时间。

(2) 浇模聚合与高温后处理 将黏稠的预聚物浇灌入无机玻璃平板模具，并移入空气或水浴中，缓慢升温至 $40\sim50℃$ 聚合。在此温度条件下聚合若干天（如 5cm 厚板材需要 7d），使转化率达到 90% 左右。

采用低温聚合的目的在于使聚合热的产生速率与散热速率平衡。甲基丙烯酸甲酯的沸点为 $100.5℃$，如果聚合温度过高，极易产生气泡而直接影响产品质量。聚合过快也会造成散热困难，从而影响分子量分布和产品强度。

在模具之间嵌以橡皮条压紧以保证聚合过程中有足够的收缩余地。当达到 90% 以上转化率以后将温度升高到有机玻璃的玻璃化温度（$105℃$）以上（如 $120℃$），再进行一定时间的聚合，使单体充分转化聚合。

经冷却脱模，即成为有机玻璃板材。其相对分子质量可达 10^6。

4.7.3.2　结构与性能

PMMA 的结构式为：

$$\left[\!\!\begin{array}{c} CH_3 \\ | \\ CH_2\!-\!C \\ | \\ COOCH_3 \end{array}\!\!\right]_n$$

由于有大的侧基妨碍结晶，PMMA 是非晶高分子。其最大特性是优越的光学透明性，透光率高达 92%，比无机玻璃高 $1\%\sim2\%$，且能透过紫外线（透过率 73.5%）；耐老化性能好，即使在室外放置 10 年，透光率仍能保持 89%；PMMA 解聚时单体回收率超过 90%，所以废料易于回收利用。

主要缺点是表面硬度较低，易被擦伤划痕；易溶于有机溶剂，如氯仿、二氯乙烷、丙酮、酯类等；热变形温度为 $93℃$，耐热性比 PC 差。

4.7.3.3　应用

有机玻璃在工业和国防上有重要用途，主要用于宇航、航空、汽车、船舶的窗玻璃、防弹玻璃和座舱盖；以及光导纤维、光学仪器、灯罩、透明模型标本、医药机械、义齿、装饰品、仪器仪表、文教用品等。

用悬浮聚合法制备的 PMMA 适用于注射、挤出成型以及用作制假牙的牙托粉；溶液法聚合制备的 PMMA 溶液多用作油漆和黏合剂；乳液聚合制备的胶乳主要作涂料或皮革和织物的处理剂。

4.7.4　聚异丁烯和丁基橡胶 (IIR)

阳离子聚合实际应用的例子很少，这一方面是因为适合于阳离子聚合的单体种类少，另一方面是其聚合条件苛刻，如需在低温、高纯有机溶剂中进行，这限制了它在工业上的应用。由异丁烯合成丁基橡胶是阳离子聚合的重要工业应用。

异丁烯的主要来源是石油加工产物裂化气体中提出的 C_4 馏分。Lewis 酸是异丁烯阳离子聚合的常用引发剂，不同 Lewis 酸，引发活性不同。在 $-80℃$ 下用 BF_3/H_2O 引发聚合时，异丁烯瞬间（几秒钟）聚合完全，转化率近 100%。引发体系中水的来源一般是单体异丁烯本身所含的极微量杂质水，有时需有意识地吹入湿空气或湿氮气。

温度是影响异丁烯阳离子聚合产物分子量的主要因素。在 $-40\sim0℃$ 下聚合，得到的是低分子量（$M_n<5$ 万）的油状或半固体状低聚物，可用作润滑剂、胶黏剂、增塑剂等；在 $-100℃$ 以下聚合时，则得到高分子量聚异丁烯（$M_n=5\times10^4\sim10^6$），它是橡胶固体，可用作黏合剂、管道衬里及塑料改性剂等。

聚异丁烯虽然有一定的弹性，但由于其分子中没有可供硫化而交联的双键，以致不能直接作弹性体（橡胶）使用。如将异丁烯与少量异戊二烯（异丁烯的 $1.5\%\sim4.5\%$）共聚，便可得到较易硫化加工的丁基橡胶。

工业上以 CH_3Cl 为溶剂，同时也作碳正离子源引发剂，$AlCl_3$ 作共引发剂，在 $-100℃$ 下聚合，聚合几乎瞬间完成，产物丁基橡胶以细粒状从 CH_3Cl 中沉淀下来。丁基橡胶的主要特点是气密性好，比天然橡胶强 $4\sim10$ 倍，所以主要用途是作内胎、探空气球及其他气密性材料。由于大量侧甲基的存在，影响了高分子链的柔顺性，故其弹性较其他类橡胶低，而不宜制造外胎。

4.7.5 SBS 热塑性弹性体

1965 年，第一个成功合成同时具有橡胶和塑料性能的嵌段共聚物就是 SBS 树脂，又称 SBS 热塑性弹性体。在室温条件下它的性能与硫化橡胶并无区别，用途极为广泛。

SBS 的合成方法有三步法和二步法。

(1) 三步法 首先在纯净的己烷中一次加入丁基锂和苯乙烯，聚合一定时间，然后再加入丁二烯，继续聚合一定时间，而后再次加入苯乙烯，聚合反应完成后加入甲醇进行链终止。

在整个聚合反应过程中，从体系的颜色变化能够直观反映聚合反应进行。开始阶段己烷中的丁基锂是无色的，加入苯乙烯后体系立刻转变成鲜艳的红色——苯乙烯负离子的特征颜色；加入丁二烯后红色立刻消失——丁二烯负离子是无色的；再加入苯乙烯时溶液又重新变为红色。当加入甲醇终止聚合反应时，红色立刻消失，同时白色的共聚物 SBS 沉淀出来——甲醇既是阴离子聚合反应的链终止剂，又是聚苯乙烯的沉淀剂。

一般情况下，三阶段单体的比例大约为 $15:70:15$，最后生成的三嵌段共聚物中苯乙烯-丁二烯-苯乙烯链段相对分子质量的分配大约是 $(1\sim1.5)$ 万＋ $(5\sim10)$ 万＋ $(1\sim1.5)$ 万＝7 万～13 万。

(2) 二步法 在纯净的己烷中依次加入能产生双阴离子的引发剂和丁二烯，聚合一定时间，再加入苯乙烯继续进行聚合反应，最后用甲醇进行链终止。由于萘钠仅适用于极性溶剂，而极性溶剂不利于丁二烯的 $1,4$-加成聚合，所以不能选择它作为合成 SBS 的引发剂。

SBS 由于其具有独特的物理和机械性能，被誉为"第三代合成橡胶"，在制鞋业、塑料改性、沥青改性、黏合剂、防水涂料、密封材料、电线、电缆、汽车部件、医疗器械部件、家用电器以及办公自动化等方面具有广泛的应用。

乳胶漆

乳胶漆（emulsion paint），又称为合成树脂乳液涂料，是乳胶涂料的俗称。

乳胶漆是一种新型的装修材料，具有高雅、清新的装饰效果，安全环保，施工方便，容易清洗等特点，深受用户的青睐，是目前流行的内外墙建筑涂料。综览墙面装饰市场，乳胶漆已成为家庭内墙装饰的首选材料。

乳胶漆是以合成树脂乳液为基料，加入颜料、填料及各种助剂配制而成的一类水性涂料。乳胶漆的性能主要取决于合成树脂乳液的性能，树脂乳液的制备是由单体分子在引发剂的作用下，通过自由基乳液聚合而得到的乳胶液。根据生产原料的不同，乳胶漆主要有聚醋酸乙烯乳胶漆、乙丙乳胶漆、纯丙烯酸乳胶漆、苯丙乳胶漆等品种；根据产品适用环境的不同，分为内墙乳胶漆和外墙乳胶漆两种；根据装饰的光泽效果，又可分为无光、亚光、半光、丝光和有光等类型。

与传统的墙面装修材料相比，乳胶漆有很多优点。成膜性好，耐擦洗，耐候性、流平性等性能均优于传统的水性涂料。由于乳胶漆以水为分散介质，所以它不污染环境，安全、无毒、无火灾危险。同时，乳胶漆的涂膜是开放的，透气性好，墙面内水分可以从细小的微孔中挥发出来，成膜干燥快，对底层的操作程度也不像油漆要求得那样严格，可以在湿度较高的基层上涂饰。

有机玻璃

有机玻璃是高分子聚甲基丙烯酸甲酯（PMMA）的通俗名称，又称作亚克力（Acrylic），人们常说的亚克力板就是聚甲基丙烯甲酯板材，它是由甲基丙烯酸甲酯单体经本体聚合而成，具有高透明度、高机械强度、重量轻、价格低和易于加工等优点，是平常经常使用的玻璃替代材料。

1927年，德国罗姆-哈斯公司的化学家在两块玻璃板之间将丙烯酸酯加热，丙烯酸酯发生聚合反应，生成了黏性的橡胶状夹层，可用作防破碎的安全玻璃。当他们用同样的方法使甲基丙烯酸甲酯聚合时，得到了透明度好、其他性能也良好的有机玻璃板，它就是聚甲基丙烯酸甲酯。

1931年，罗姆-哈斯公司建厂生产聚甲基丙烯酸甲酯，首先在飞机工业得到应用，取代了赛璐珞塑料，用作飞机座舱罩和挡风玻璃。

如果在生产有机玻璃时加入各种染色剂，就可以聚合成为彩色有机玻璃；如果加入荧光剂（如硫化锌），就可聚合成荧光有机玻璃；如果加入人造珍珠粉（如碱式碳酸铅），则可制得珠光有机玻璃。

有机玻璃具有以上优良性能，使它的用途极为广泛。除了在飞机上用作座舱盖、风挡和弦窗外，也用作吉普车的风挡和车窗、大型建筑的天窗（可以防破碎）、电视和雷达的屏幕、仪器和设备的防护罩、电信仪表的外壳、望远镜和照相机上的光学镜片。

用有机玻璃制造的日用品琳琅满目，如用珠光有机玻璃制成的纽扣，各种玩具、灯具也都因为有了彩色有机玻璃的装饰作用，而显得格外的美观。有机玻璃在医学上还有一个绝妙的用处，那就是制造人工角膜。

反应注射成型

反应注射成型，简称RIM，是成型过程中有化学反应的一种注射成型方法。这种方法所用原料不是聚合物，而是将两种或两种以上液态单体或预聚物，以一定比例分别加到混合头中，在加压下混合均匀，立即注射到闭合模具中，在模具内聚合固化，定型成制品（图4-5）。由于所用原料是液体，用较小压力即能快速充满模腔，所以降低了合模力和模具造价，特别适用于生产大面积制件。

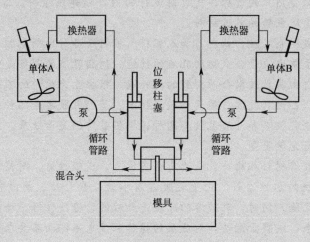

图 4-5　反应注射成型

反应注射成型是20世纪70年代后期发展起来的。美国采用反应注射成型方法，以异氰酸酯和聚醚制成聚氨酯半硬质塑料的汽车保险杠、翼子板、仪表板等。此法具有设备投资及操作费用低、制件外表美观、耐冲击性好、设计灵活性大等优点，20世纪80年代发展很快。反应注射成型还可制得表层坚硬的聚氨酯结构的泡沫塑料。为了进一步提高制品刚性和强度，在原料中混入各种增强材料时称为增强反应注射成型，产品可作汽车车身外板、发动机罩。新近开发的品种有环氧树脂、双环戊二烯聚合物、有机硅树脂和互穿聚合物网络等。

反应注射成型要求各组分一经混合，立即快速反应，并且物料能固化到可以脱模程度。因此，要采用专用原料和配方，有时制品还需进行热处理以改善其性能。成型设备的关键是混合头（图4-6）的结构设计、各组分准确计量和输送。此外，原料储罐及模具温度控制也十分重要。

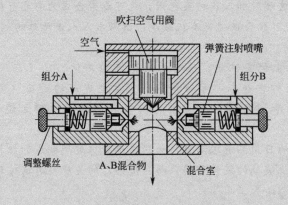

图 4-6　混合头结构

1. 连锁聚合反应的实施方法。(1) 自由基聚合：本体、溶液、悬浮、乳液四种；(2) 离子和配位聚合：溶液、淤浆、气相。

2. 本体聚合的体系组成、聚合过程、优缺点和应用。

3. 溶液聚合的体系组成、聚合过程、优缺点和应用。

4. 悬浮聚合的体系组成、聚合过程、优缺点和应用。

5. 乳液聚合的体系组成、聚合过程、优缺点和应用。

6. 重要加聚物的合成、结构与性能、应用与用途：聚乙烯 (LDPE、HDPE、LLDPE)、聚苯乙烯 (PS)、聚甲基丙烯酸甲酯 (PMMA)、聚异丁烯与丁基橡胶、SBS 热塑性弹性体。

习题与思考题

1. 简要解释下列名词，并指出它们之间的异同点。

(1) 本体聚合、悬浮聚合、乳液聚合；

(2) 溶液聚合、淤浆聚合、均相聚合、沉淀聚合。

2. 溶液聚合多用于离子聚合和配位聚合，而较少用于自由基聚合，为什么？

3. 简述传统乳液聚合中单体、乳化剂和引发剂所在场所，引发、增长和终止的场所和特征，胶束、乳胶粒、单体液滴和速率的变化规律。

4. 简述胶束成核、液滴成核、水相成核的机理和区别。

5. 溶液聚合的一般规律是：初期聚合速率随聚合时间的延长而逐渐增加，进入恒速聚合。而后，聚合速率逐渐下降。试从乳液聚合机理分析发生上述现象的原因。

6. 典型乳液聚合的特点是持续反应速率快，反应产物分子量高。在大多数本体聚合中又常会出现反应速率变快分子量增大的现象。试分析造成上述现象的原因并比较其异同。

7. 本体法制备有机玻璃和通用级聚苯乙烯，比较过程特征，如何解决传热问题，保证产品品质。

8. 经典乳液聚合配方如下：苯乙烯 100g、水 200g、过硫酸钾 0.3g、硬脂酸钠 5g。试计算：

(1) 溶于水中的苯乙烯分子数 (mL^{-1})。(20℃溶解度＝0.02g/100g 水，阿佛伽德罗常数 $N_A = 6.023 \times 10^{23} mol^{-1}$)。

(2) 单体液滴数 (mL^{-1})。条件：液滴直径 1000nm，苯乙烯溶解和增溶量共 2g，苯乙烯密度为 0.9g/cm³。

(3) 溶于水的钠皂分子数 (mL^{-1})。条件：硬脂酸钠的 CMC 为 0.13g/L，相对分子质量 306.5。

(4) 水中胶束粒 (mL^{-1})。条件：每胶束由 100 个肥皂分子组成。

(5) 水中过硫酸钾分子数 (mL^{-1})。条件：相对分子质量＝270。

(6) 初级自由基形成速率 ρ [分子/$(mL \cdot s)$]。条件：50℃ $k_d = 9.5 \times 10^{-7} s^{-1}$。

(7) 乳胶粒数 (mL^{-1})。条件：粒径 100nm，无单体液滴。苯乙烯密度 0.9g/cm³，聚苯乙烯密度 1.05g/cm³，转化率 50%。

9. 在 60℃下乳液聚合制备聚丙烯酸酯类胶乳，配方如表 4-3 所示，聚合时间 8h，转化率 100%。

表 4-3　制备聚丙烯酸酯类胶乳配方

配方	份	配方	份
丙烯酸乙酯＋共单体	100	十二烷基硫酸钠	3
水	133	焦磷酸钠(pH 值缓冲剂)	0.7
过硫酸钾	1		

下列各组分变动时，第二阶段的聚合速率有何变化？

(1) 用 6 份十二烷基硫酸钠；

(2) 用 2 份过硫酸钾；

(3) 用 6 份十二烷基硫酸钠和 2 份过硫酸钾；

(4) 添加 0.1 份十二硫醇（链转移剂）。

第 **5** 章

开环聚合反应

5.1 概述

目前，工业生产中大多数的高分子化合物是通过逐步聚合和连锁聚合而制得的，但由开环聚合合成的高分子化合物也为数不少，所以开环聚合同样是很重要的一种聚合反应。所谓开环聚合是指具有环状结构的单体经引发聚合将环打开形成高分子化合物的一类聚合反应。开环聚合的反应简式可表示为：

$$n \ \widehat{R \quad Z} \longrightarrow \left[R{-}Z \right]_n$$

在环状单体中，R 为烷基，Z 为杂质原子 O、S、N、P、Si 或基团—CH ══CH—、—CONH—、—COO—等。通过开环聚合可在聚合物主链中引入杂原子，许多具有优异性能的工程塑料，如聚醚、聚甲醛、尼龙-6、硅橡胶等都是通过开环聚合获得的。

到目前为止，绝大多数环状单体的开环聚合是按离子型聚合机理进行的，但也有少数环状单体的开环聚合是按水解聚合机理进行的。

开环聚合既不同于逐步聚合，也不同于连锁聚合，具有以下特征。

(1) 环状化合物的开环聚合活性与环的大小有关，一般来说，五、六元环较难聚合，三、四、七、八元环聚合活性较高，九元环以上由于环的稳定性增大，聚合活性降低，所以能开环聚合的单体大多集中在三、四、七、八元环。此外，环上取代基和引发剂的性质也都能影响环状化合物的聚合活性。

(2) 开环聚合除环状结构被打开外，多数聚合物的化学组成和链结构与单体完全相同，这一点与连锁聚合相同；但开环聚合的推动力是单体的环张力，不是化学键键形的改变，这一点又与连锁聚合不同。

(3) 与逐步聚合反应相比较，开环聚合的推动力是单体的环张力，聚合条件比较温和，而逐步聚合的推动力是官能团性质的改变，聚合条件比较苛刻，所以用缩聚难以合成的聚合物，用开环聚合较易合成，且聚合过程中并无小分子缩出。除此之外，开环聚合可自动地保持着等物质的量，容易制得高分子量的聚合物，而缩聚反应则只有在两种单体的官能团浓度相等时，才能制得高分子量的聚合物。

(4) 多数环状单体需用离子型引发剂引发开环聚合。从表面上看，离子型开环聚合似乎是连锁聚合过程，但其产物分子量却是随时间逐步增大，这正是连锁聚合与逐步聚合的重要区别之所在。所以多数开环聚合反应是按逐步聚合反应机理进行的，同时它们又往往兼具连锁聚合反应的某些特点。

5.2 环醚的开环聚合

环醚开环聚合是研究最早且是最多的一类，聚合反应可用下列通式表示：

$$n \ (CH_2)_x \quad O \longrightarrow -\left[(CH_2)_x - O \right]_n-$$

其单体为：

$$H_2C \overset{\displaystyle}{\underset{O}{\diagdown}} CH_2 \ , \quad \overset{\displaystyle H_2C - CH_2}{\underset{H_2C - O}{}} \ , \quad \overset{\displaystyle H_2C - CH_2}{\underset{H_2C \diagdown O \diagup CH_2}{}}$$

$$\overset{\displaystyle H_2C - CH_2 - CH_2}{\underset{H_2C \diagdown O \diagup}{}} \ , \quad \overset{\displaystyle CH_2 - CH_2 - CH_2}{\underset{CH_2 - CH_2 - CH_2}{\diagup O \diagdown}} \quad 等。$$

环醚按引发剂的不同可发生阴离子、阳离子及配位聚合。用配位聚合可得到结晶的高分子量聚合物。三元环由于张力很大，三种聚合方式均可发生，四元环、五元环、七元环、八元环的环醚只发生阳离子聚合。

5.2.1 环氧化合物的开环聚合

环氧化合物是指环氧乙烷（EO）、环氧丙烷（PO）和环氧氯丙烷（ECH）。

三元环醚张力大，热力学上很有开环倾向。加上 C—O 键是极性键，富电子的氧原子易受阳离子进攻，缺电子的碳原子易受阴离子进攻，因此，酸（阳离子）、碱（阴离子）甚至中性水均可使 C—O 键断裂开环。在动力学上，三元环醚也极易聚合。

由于环氧化合物的阳离子开环聚合仅生成低分子量的产物，且副反应很多，所以不用阳离子聚合来制备高聚物产品。环氧化合物可以用醇盐、氢氧化物和碳负离子来引发聚合，用碱引发聚合可制得具有端羟基的聚醚，这是目前工业上所采用的方法。

环氧乙烷开环聚合的产物是线形聚醚，反应如下：

$$H_2C \overset{\displaystyle}{\underset{O}{\diagdown}} CH_2 \longrightarrow -O - CH_2 - CH_2-$$

聚环氧乙烷相对分子质量可达 3 万～4 万，经碱土金属氧化物引发或配位聚合甚至可达百万。但聚环氧乙烷柔性大、强度低，多合成聚醚低聚物，用作聚氨酯的预聚体和非离子型表面活性剂。

5.2.1.1 阴离子聚合机理

环氧化合物的阴离子开环聚合是在二元醇或三元醇存在下用醇盐和氢氧化物作引发剂来进行的。醇通常用来溶解引发剂形成均相聚合体系，同时能明显地提高聚合反应的速率，这可能是因为均相体系增加了自由离子的浓度以及使紧密离子对转变为松对的缘故。

链引发：

$$H_2C \overset{\displaystyle}{\underset{O}{\diagdown}} CH_2 \ + \ NaOH \longrightarrow HOCH_2CH_2O^- {}^+Na$$

链增长：

$$HOCH_2CH_2O^- {}^+Na + H_2C \overset{\displaystyle O}{\underset{}{\frown}} CH_2 \longrightarrow HOCH_2CH_2OCH_2CH_2O^- {}^+Na$$

或

$$HOCH_2CH_2O^- {}^+Na + n\,H_2C \overset{\displaystyle O}{\underset{}{\frown}} CH_2 \longrightarrow H\!\!-\!\!\left[OCH_2CH_2\right]_n\!\!-\!\!OCH_2CH_2O^- {}^+Na$$

链终止：

$$H\!\!-\!\!\left[OCH_2CH_2\right]_n\!\!-\!\!OCH_2CH_2O^- {}^+Na + H_2O \longrightarrow H\!\!-\!\!\left[OCH_2CH_2\right]_n\!\!-\!\!OCH_2CH_2OH + NaOH$$

不对称的环氧化合物如环氧丙烷，在进行阴离子聚合时有两种可能的增长方式：

$$\sim\!\!O^- {}^+Na \;+\; H_3C\!-\!\underset{1}{HC}\overset{\displaystyle O}{\underset{2\quad3}{\frown}}CH_2 \longrightarrow \begin{cases} \sim\!\!CH_2\!-\!\overset{\displaystyle CH_3}{\underset{}{CH}}\!-\!O^- {}^+Na \\[2mm] \sim\!\!\overset{\displaystyle CH_3}{\underset{}{CH}}\!-\!CH_2\!-\!O^- {}^+Na \end{cases}$$

但实际情况，阴离子活性中心总是优先进攻空间位阻较小的 C3 位。

用醇盐和氢氧化物引发环氧化合物聚合时，是在醇的存在下进行的。醇和活性增长链之间可能发生下列交换反应：

$$R\!\!-\!\!\left[OCH_2CH_2\right]_n\!\!-\!\!O^- {}^+Na + ROH \Longleftrightarrow R(OCH_2CH_2)_nOH + RO^- {}^+Na$$

类似的交换反应还可能发生在新生成的聚合醇和其他的活性增长链之间：

$$R(OCH_2CH_2)_nOH + R(OCH_2CH_2)_mO^- {}^+Na \Longleftrightarrow R(OCH_2CH_2)_xO^- {}^+Na + R(OCH_2CH_2)_yOH$$

式中，$n+m=x+y$。这些交换反应相当于链转移反应。

用碱引发的阴离子开环聚合，除用 EO 可制得相对分子质量为 4000～5000 的聚合物外，用其他单体所制得的聚合物的分子量都很低，其原因主要是由于环氧化合物对阴离子活性增长链反应活性较低以及活性增长链向单体发生链转移的结果，尤其是 PO 聚合时更易发生链转移。

5.2.1.2　阴离子聚合动力学

环氧化合物的阴离子开环聚合一般为逐步的活性聚合。以环氧乙烷为例，环氧乙烷开环聚合属于二级亲核取代反应（S_N2），聚合速率与单体浓度（$[M]$）、引发剂浓度（$[I]_0$）成正比，与烯烃阴离子聚合相似。

$$R_p = \frac{d[M]}{-dt} = k_p[I]_0[M]$$

$$\overline{X}_n = \frac{[M]_0 - [M]}{[I]_0}$$

以乙二醇为起始剂，环氧乙烷开环聚合物为聚乙二醇或聚醚二醇，相对分子质量不等（200～5000），主要用做聚氨酯的预聚体。也可制作环氧乙烷和环氧丙烷无规共聚物的聚醚二醇预聚体。以甘油作起始剂，由环氧丙烷（PO）开环聚合，可制得三官能团的聚醚预聚体，例如，$C_3H_5[O(PO)_nH]_3$，$n=17$，相对分子质量为 3000 ± 200。

通过分子设计，就可以由环氧烷烃（共）聚合，合成多种聚醚产品。

5.2.2　其他环醚的开环聚合

除三元环醚外，能开环聚合的环醚还有丁氧环、四氢呋喃、二氧五环等。七、八元环醚也能开环聚合，但研究得较少。

四、五元环醚的张力较小，阴离子不足以进攻极性较弱的碳原子，多采用阳离子进攻极性较强的氧原子来开环聚合。在较高温度下，环醚的线形聚合物易解聚成环状单体或环状齐聚物，构成环-线平衡。这是开环聚合中的普遍现象。

5.2.2.1　四元环醚

四元环醚丁氧环具有较大的聚合能力，但是仅能进行阳离子开环聚合。

$$n \begin{array}{c} H_2C-O \\ | \quad | \\ H_2C-CH_2 \end{array} \longrightarrow \left[O(CH_2)_3 \right]_n$$

强质子酸如浓硫酸、三氟乙酸、氟磺酸以及 Lewis 酸如 BF_3、PF_5、$SnCl_4$、$SbCl_5$ 等，都可以用来引发环醚开环聚合。

Lewis 酸与微量共引发剂（如水、醇等）形成络合物，而后转变成离子对，提供质子或阳离子。以 BF_3-H_2O 为例。

(1) 链引发

$$BF_3 + H_2O \longrightarrow [BF_3 \cdot H_2O] \longrightarrow H^+ [BF_3OH]^-$$

$$O\langle\rangle + H^+[BF_3OH]^- \longrightarrow H-O^+\langle\rangle \quad [BF_3OH]^-$$

(2) 链增长

$$H\left[O(CH_2)_3\right]_n O^+\langle\rangle + O\langle\rangle \longrightarrow H\left[O(CH_2)_3\right]_{n+1} O^+\langle\rangle$$

$$[BF_3OH]^- \qquad\qquad\qquad\qquad [BF_3OH]^-$$

(3) 链转移

$$H\left[O(CH_2)_3\right]_n O^+\langle\rangle + H_2O \longrightarrow H\left[O(CH_2)_3\right]_{n+1} OH + H^+[BF_3OH]^-$$

$$[BF_3OH]^-$$

(4) 链终止

$$H\left[O(CH_2)_3\right]_{n+3} O^+\langle\rangle \longrightarrow H\left[O(CH_2)_3\right]_n O^+\begin{array}{l}(CH_2)_3O(CH_2)_3\\ \\ (CH_2)_3O(CH_2)_3\end{array}$$

$$[BF_3OH]^- \qquad\qquad\qquad\qquad [BF_3OH]^-$$

由于形成无环张力的四聚体氧正离子，活性降低，聚合终止。四聚体氧正离子还可通过与丁氧环的交换，形成新的活性中心，同时有环状四聚体形成：

$$\sim\sim\sim O(CH_2)_3 - O^+\begin{array}{l}(CH_2)_3O(CH_2)_3\\ \\ (CH_2)_3O(CH_2)_3\end{array} O + O\langle\rangle \longrightarrow$$

$$[BF_3OH]^-$$

$$\sim\sim\sim O(CH_2)_3 - O^+\langle\rangle + O\begin{array}{l}(CH_2)_3O(CH_2)_3\\ \\ (CH_2)_3O(CH_2)_3\end{array} O$$

$$[BF_3OH]^-$$

环状四聚体的生成量与聚合温度有关，温度低则生成量少。一般在 $-10 \sim 50$℃时四聚体的生成量最少。

类似地，$3,3'$-二（氯亚甲基）丁氧环，也可通过阳离子聚合，得到如下的聚合物：

$$n\ \underset{\substack{\diagup \\ O}}{\overset{\substack{CH_2Cl \\ |}}{\diagdown}}\underset{\substack{| \\ CH_2Cl}}{\overset{}{}} \longrightarrow \left[CH_2-\underset{\substack{| \\ CH_2Cl}}{\overset{\substack{CH_2Cl \\ |}}{C}}-CH_2-O\right]_n$$

该聚合物俗称氯化聚醚，是结晶性成膜材料，熔点为 177℃，机械强度比氟树脂好，吸水性低，耐化学药品，尺寸稳定性好，电性能优良，用作工程塑料，有较大的应用价值。

5.2.2.2 五元环醚

五元环醚也只能进行阳离子开环聚合。如四氢呋喃（THF）可以通过多种阳离子聚合的引发剂引发，进行开环聚合反应。在所有的温度下，四氢呋喃的聚合都是平衡反应。聚合是通过氧正离子进行的。以质子酸如 $HClO_4$、FSO_3H 为例，其聚合过程如下：

$$O\diagdown \ +HX \longrightarrow H-O^+\diagdown \quad X^-$$

$$H-O^+\diagdown\ X^- + O\diagdown \longrightarrow HOCH_2CH_2CH_2CH_2-O^+\diagdown\ X^-$$

$$\sim\!\!\!O^+\diagdown\ X^- + O\diagdown \longrightarrow \sim\!\!\!OCH_2CH_2CH_2CH_2-O^+\diagdown\ X^-$$

工业上通过四氢呋喃的阳离子开环聚合，制备端羟基聚醚。端羟基聚四氢呋喃具有很好的柔顺性，多用于制备聚氨酯材料如聚氨酯泡沫塑料、黏合剂、涂料及氨纶等。

5.3 环缩醛的开环聚合

环缩醛的开环聚合可用下列通式表示：

$$n\ \underset{\substack{| \\ R}}{O}\underset{}{\overset{\substack{CH_2 \\ \diagup\quad\diagdown}}{}}O \longrightarrow \left[OCH_2OR\right]_n$$

环缩醛一般只能发生阳离子的开环聚合，聚合机理与单体、引发剂的种类以及聚合条件有关。

甲醛的三聚体三聚甲醛或三氧六环能够进行阳、阴离子聚合得到聚甲醛：

$$\frac{n}{3}\ \underset{\substack{CH_2-O \\ }}{\overset{\substack{CH_2-O \\ }}{O}}\overset{\substack{CH_2 \\ }}{} \longrightarrow \left[CH_2O\right]_n$$

三聚甲醛以三氟化硼为引发剂的阳离子聚合已工业化。水的存在是必需的，如无水存在，三聚甲醛即使与三氟化硼混合两天也无聚合发生。三氟化硼-水体系引发的聚合如下。

(1) 链引发

$$O\underset{\substack{CH_2-O \\ CH_2-O}}{\overset{}{}}CH_2 \xrightarrow{BF_3\cdot H_2O} \underset{\substack{| \\ [BF_3OH]^-}}{\overset{\substack{H\quad CH_2-O \\ }}{O^+}}CH_2 \longrightarrow HOCH_2OCH_2OCH_2[BF_3OH]^-$$

活性种被认为是氧𬌗离子。在链引发及链增长过程中，形成氧𬌗离子有利于活性种的稳定：

$$\sim\!\!\!OCH_2 \longleftrightarrow \sim\!\!\!O^+\!\!=\!\!CH_2$$

（2）链增长

$$\sim\sim OCH_2OCH_2OCH_2-\overset{+}{\underset{\underset{[BF_3OH]^-}{\overset{|}{CH_2-O}}}{O}}\overset{CH_2-O}{\underset{CH_2}{\diagdown}}CH_2 \longrightarrow \sim\sim(OCH_2)_3OCH_2OCH_2O\overset{+}{C}H_2[BF_3OH]^- \longrightarrow$$

$$\sim\sim(OCH_2)_3OCH_2OCH_2OCH_2-\overset{+}{\underset{\underset{[BF_3OH]^-}{\overset{|}{CH_2-O}}}{O}}\overset{CH_2-O}{\underset{CH_2-O}{\diagdown}}CH_2$$

链增长反应反复进行。如果外加链转移剂或链终止剂，则可以发生链转移或链终止。链转移剂有 H_2O、CH_3OH、$ROCH_2OR$ 等。

三聚甲醛在聚合过程中，存在着聚合-解聚的平衡：

$$\sim\sim OCH_2OCH_2O\overset{+}{C}H_2 \Longrightarrow \sim\sim OCH_2O\overset{+}{C}H_2 + CH_2O$$

为了避免聚甲醛在加工过程中分解，工业上通常采用酯化或共聚的方法，来提高聚甲醛的稳定性。经酯化如乙酯化后，得到如下的结构：

$$\underset{O}{\overset{H_3CCOCH_2O}{\underset{\|}{}}}\sim\sim OCH_2O\underset{O}{\overset{CCH_3}{\underset{\|}{}}}$$

酯化将链端的半缩醛结构转变为不活泼的酯基，酯基的热稳定性大于半缩醛基团。常用酸酐作为封锁剂。三聚甲醛还可通过与 1,3-二氧环五烷或环氧乙烷共聚，引入热稳定性较好的—OCH_2CH_2O—结构，阻止聚合物链的连续降解：

$$n\ \overset{O}{\underset{O}{\bigcirc}} + \triangle \longrightarrow \sim\sim(OCH_2OCH_2OCH_2)_nOCH_2CH_2OH$$

在聚甲醛中含有百分之几的—OCH_2CH_2O—单元即可提高其热稳定性。另一方面，—OCH_2CH_2O—单元在共聚体中的分布还可以改善成型加工性能。

环缩醛中的 1,3-二氧环五烷、1,3-二氧环庚烷、1,3-二氧环辛烷等，同样可以进行阳离子开环聚合，得到的产物为—OCH_2—和—$O(CH_2)_m$—1:1 的交替共聚物。

$$n\ \underset{O}{\overset{O}{CH_2\diagup\diagdown(CH_2)_m}} \longrightarrow \ \!\!-\!\!\left[CH_2O(CH_2)\right]_n\!\!-$$

由二氧五环聚合所得的聚合物，相当于甲醛和环氧乙烷的交替共聚物。

$$n\ \underset{CH_2}{\overset{H_2C-CH_2}{\underset{O}{\diagdown\diagup}}} \longrightarrow \ \!\!-\!\!\left[OCH_2OCH_2CH_2\right]_n\!\!-$$

而七元环如 1,3-二氧环庚烷聚合，可以得到甲醛和四氢呋喃 1:1 的交替共聚物。

$$n\ (CH_2)_4\underset{O}{\overset{O}{\bigcirc}}CH_2 \Longrightarrow \ \!\!-\!\!\left[CH_2O(CH_2)_4O\right]_n\!\!-$$

5.4 环酰胺的开环聚合

许多环酰胺（或称内酰胺），从四元环（环丙酰胺）到十二元环以上，包括五、六元环，都能开环聚合，其聚合活性与环的大小有关，次序大致为：4＞5＞7＞6、8。

环酰胺可通过水、碱及酸来引发聚合，分别按逐步、阴离子和阳离子机理进行聚合。

$$n \ \boxed{\text{—CO—NH—(CH}_2)_m—} \longrightarrow \ \text{—[NH—(CH}_2)_m—\text{CO]}_n$$

工业上多采用水为引发剂，也应用了阴离子型引发反应。阳离子型开环聚合，因为转化率和所得聚合物的分子量不够高，没有太大的实用价值。在环酰胺中，尼龙-6、尼龙-12 的开环聚合具有重要的工业意义。

5.4.1 水解聚合

在工业上，制纤维用聚酰胺-6（锦纶）时，己内酰胺的水解聚合采用间歇法或连续法进行。通常在 $5\% \sim 10\%$ 的水存在下，以水引发的内酰胺聚合，按逐步机理开环，伴有以下三种反应。

(1) 己内酰胺水解成氨基酸

$$\overset{O}{\underset{(H_2C)_5 \quad NH}{\underset{\diagdown \quad \diagup}{C}}} + H_2O \longrightarrow HO_2C(CH_2)_5NH_2$$

(2) 氨基酸自缩聚

$$\sim\sim\sim COOH + H_2N\sim\sim\sim \ \rightleftharpoons \ \sim\sim\sim CO—NH\sim\sim\sim + H_2O$$

(3) 氨基对己内酰胺的亲核进攻，引发开环聚合

① 链引发

$$HO_2C(CH_2)_5NH_2 + \ \overset{O}{\underset{(H_2C)_5 \quad NH}{\underset{\diagdown \quad \diagup}{C}}} \longrightarrow HO_2C(CH_2)_5NHCO(CH_2)_5NH_2$$

② 链增长

$$\sim\sim\sim NH_2 + \ \overset{O}{\underset{(H_2C)_5 \quad NH}{\underset{\diagdown \quad \diagup}{C}}} \longrightarrow \sim\sim\sim NHCO(CH_2)_5NH_2$$

己内酰胺开环聚合的速率比氨基酸自缩聚的速率至少要大一个数量级，可以预见到上述三种反应中氨基酸自缩聚只占很少的百分比，而以开环聚合为主。

在机理上可以考虑氨基酸以双离子 $[^+NH_3(CH_2)_5COO^-]$ 形式存在，先使己内酰胺质子化，而后开环聚合，质子化的己内酰胺虽然浓度很低，但活性很大。

$$\sim\sim^+NH_3 + \ \overset{O}{\underset{(H_2C)_5 \quad NH}{\underset{\diagdown \quad \diagup}{C}}} \ \rightleftharpoons \ \sim\sim NH_2 + \ \overset{O}{\underset{(H_2C)_5 \quad NH^+}{\underset{\diagdown \quad \diagup}{C}}} \longrightarrow \sim\sim NHCO(CH_2)_5 \overset{+}{N}H_3$$

无水时，聚合速率较低；有水存在时，聚合加速，但速率随转化率的提高而降低。

己内酰胺水催化聚合过程大致如下：将含有 $0.2\% \sim 0.5\%$ 醋酸和乙二胺的 $90\% \sim 95\%$ 己内酰胺水溶液在 $250 \sim 280℃$ 聚合 $12 \sim 24h$。醋酸用作端基封锁剂，控制聚合度。乙二胺参与共聚，可增加缩聚物中的氨基含量，便于纤维染色。最终产物的聚合度与水量有关。转化率达 $80\% \sim 90\%$ 时，脱除大部分水。己内酰胺开环聚合的最终产物中残留有 $8\% \sim 9\%$ 单体和约 3% 低聚物，这是七元环单体聚合时环-线平衡的结果。聚合结束后，切片可用热水浸取，除去平衡单体和低聚物，然后在 $100 \sim 200℃$ 和 $130Pa$ 下真空干燥，将水分降至 0.1% 以下，即成商品。

5.4.2 阴离子聚合

以己内酰胺为例，己内酰胺阴离子开环聚合具有活性聚合的性质，但引发和增长都有其特殊性。

5.4.2.1 单独使用强碱

强碱如碱金属（Me）、金属氢化物、氨基金属和金属有机化合物（Me^+B^-），可以通过生成内酰胺阴离子，来引发内酰胺的开环聚合。

(1) 链引发

$$(H_2C)_5{-}NH{-}\overset{O}{\underset{}{C}} \quad +Me \longrightarrow \quad (H_2C)_5{-}N^-Me^+{-}\overset{O}{\underset{}{C}} \quad +\tfrac{1}{2}H_2$$

$$(H_2C)_5{-}NH{-}\overset{O}{\underset{}{C}} \quad +Me^+B^- \longrightarrow \quad (H_2C)_5{-}N^-Me^+{-}\overset{O}{\underset{}{C}} \quad +BH$$

采用较弱的碱如氢氧化物和醇盐不够令人满意，因为只有把产物 BH 除去，使平衡右移，才能使阴离子具有较高的浓度。

引发的第二步是内酰胺阴离子与单体反应，发生开环生成伯胺阴离子。

$$(H_2C)_5{-}N^-Me^+{-}\overset{O}{\underset{}{C}} \;+\; (H_2C)_5{-}NH{-}\overset{O}{\underset{}{C}} \;\rightleftharpoons\; (H_2C)_5{-}N{-}CO(CH_2)_5\overset{H}{N^-}Me^+{-}\overset{O}{\underset{}{C}}$$

己内酰胺阴离子与环上羰基双键共轭，活性较低；而单体中酰胺键的碳原子缺电子性又不足，活性也较低。在两者活性都较低的情况下，上述反应缓慢，有诱导期。伯胺阴离子与内酰胺阴离子不同，不能通过与羰基的共轭来稳定化，它是高反应性的，能很快地从单体夺取一个质子，生成酰亚胺二聚体 N-(ε-氨基己酰基)己内酰胺，并再生出内酰胺阴离子。

$$(H_2C)_5{-}N{-}CO(CH_2)_5\overset{H}{N^-}Me^+{-}\overset{O}{\underset{}{C}} \;+\; (H_2C)_5{-}NH{-}\overset{O}{\underset{}{C}} \;\rightleftharpoons\;$$

$$(H_2C)_5{-}N{-}CO(CH_2)_5NH_2{-}\overset{O}{\underset{}{C}} \;+\; (H_2C)_5{-}N^-Me^+{-}\overset{O}{\underset{}{C}}$$

(2) 链增长 在酰亚胺二聚体中，由于 N-酰基的存在，使得环内酰胺中的酰胺键反应性增强，进而能够发生增长反应。

$$(H_2C)_5{-}N{-}CO(CH_2)_5NH_2{-}\overset{O}{\underset{}{C}} \;+\; (H_2C)_5{-}N^-Me^+{-}\overset{O}{\underset{}{C}} \longrightarrow \;(H_2C)_5{-}N{-}CO(CH_2)_5\overset{\;-}{N}{-}CO(CH_2)_5NH_2\overset{O}{\underset{}{C}}$$
$$Me^+$$

$$\overset{单体}{\longrightarrow} (H_2C)_5{-}N{-}\overset{O}{C}{-}(CH_2)_5NHCO(CH_2)_5NH_2 \;+\; (H_2C)_5{-}N^-Me^+{-}\overset{O}{\underset{}{C}}$$

$$\longrightarrow \cdots\cdots \longrightarrow (H_2C)_5{-}N{-}\overset{O}{C}{-}[(CH_2)_5NH_2]_n$$

链增长过程中，内酰胺阴离子与聚合物链的端内酰胺基作用，聚合物链增长，并形成位于链上的酰胺阴离子；经交换反应，形成新的内酰胺阴离子，进一步与聚合物的端内酰胺基作用，使聚合物链不断增长。

5.4.2.2 添加酰化剂

单用强碱来引发内酰胺聚合，有一定的局限性。

单独采用强碱作为引发剂，仅能引发反应活性较大的内酰胺如己内酰胺、庚内酰胺等的开环聚合，且聚合存在诱导期；对于反应活性小的内酰胺如六元环的哌啶酮等，不能引发聚合，因为这些反应活性小的单体不能形成所需的酰亚胺二聚体。

采用单体加酰化剂如酰氯、酸酐、异氰酸酯、无机酸酐等，经反应生成 N-酰基取代酰胺，可以克服上述缺点。例如 ε-己内酰胺与酰氯反应即可迅速转变为 N-酰基己内酰胺。

$$(H_2C)_5 \overset{\overset{O}{\overset{\parallel}{C}}}{\underset{}{\quad}}NH \xrightarrow{RCOCl} (H_2C)_5 \overset{\overset{O}{\overset{\parallel}{C}}}{\underset{}{\quad}}N-CO-R$$

N-酰基己内酰胺既可以原位合成，也可以预先合成后再加入到反应体系中去。

引发反应包括 N-酰基己内酰胺与活化单体（内酰胺阴离子）反应，然后再同单体进行快速的质子交换：

$$(H_2C)_5 \overset{\overset{O}{\parallel}{C}}{N}-CO-R \ + \ (H_2C)_5 \overset{\overset{O}{\parallel}{C}}{N^-} \ Me^+ \longrightarrow$$

$$(H_2C)_5 \overset{\overset{O}{\parallel}{C}}{N}-CO(CH_2)_5-\underset{Me^+}{N^-}-CO-R \xrightarrow{\;单体\;}$$

$$(H_2C)_5 \overset{\overset{O}{\parallel}{C}}{N}-CO(CH_2)_5-NH-CO-R \ + \ (H_2C)_5 \overset{\overset{O}{\parallel}{C}}{N^-} \ Me^+$$

酰化剂使引发反应成为快反应，因而使更多的内酰胺能够聚合。对于活泼的内酰胺，应用酰化剂可以消除诱导期，使聚合速率增加，聚合周期缩短，聚合可在较低的温度下进行。

链增长反应方式与己内酰胺单独以强碱引发的聚合相同：

$$(H_2C)_5 \overset{\overset{O}{\parallel}{C}}{N}-CO(CH_2)_5NH\!\sim\!\sim\!\sim\!CO-R \ + \ (H_2C)_5 \overset{\overset{O}{\parallel}{C}}{N^-} \ Me^+ \longrightarrow$$

$$(H_2C)_5 \overset{\overset{O}{\parallel}{C}}{N}-CO(CH_2)_5-\underset{Me^+}{N^-}-CO(CH_2)_5NH\!\sim\!\sim\!\sim\!CO-R \xrightarrow{\;单体\;}$$

$$(H_2C)_5 \overset{\overset{O}{\parallel}{C}}{N}-[CO(CH_2)_5NH]_2\!\sim\!\sim\!COR \longrightarrow\cdots\cdots\longrightarrow (H_2C)_5 \overset{\overset{O}{\parallel}{C}}{N}-[CO(CH_2)_5NH]_n\!\sim\!\sim\!COR$$

目前工业生产浇铸尼龙的配方中都加有酰化剂。

5.5 环硅氧烷的开环聚合

聚硅氧烷（俗称有机硅），尤其是线形聚硅氧烷（俗称硅酮），可由环硅氧烷进行阴离子或阳离子聚合来合成。常用的单体为八甲基环四硅氧烷（D_4），其聚合反应如下：

$$\frac{n}{4} \quad \text{（环硅氧烷结构）} \longrightarrow \left[\begin{array}{c} CH_3 \\ Si-O \\ CH_3 \end{array} \right]_n$$

八甲基环四硅氧烷是由二甲基二氯硅烷水解，预缩聚而成。

$$Cl-\underset{\underset{CH_3}{|}}{\overset{\overset{CH_3}{|}}{Si}}-Cl \xrightarrow[-HCl]{H_2O} \left[HO-\underset{\underset{CH_3}{|}}{\overset{\overset{CH_3}{|}}{Si}}-OH \right] \xrightarrow{-H_2O} D_4$$

氯硅烷中的 Si—Cl 键不稳定，易水解成硅醇，硅醇可直接缩聚成聚硅氧烷，但分子量不高。而 D4 开环聚合成线形聚硅氧烷，相对分子质量可高达 2×10^6。

KOH 或 ROK 是环状硅氧烷开环聚合常用的阴离子引发剂，聚合产物称聚二甲基硅氧烷。

(1) 链引发

$$K^+{}^-OH + \overset{\delta^+}{\underset{}{Si}}(CH_3)_2[OSi(CH_3)_2]_3 \longrightarrow HO \left[\underset{CH_3}{\overset{CH_3}{Si}}-O \right]_3 \underset{CH_3}{\overset{CH_3}{Si}}-O^-{}^+K$$

(2) 链增长

$$HO \left[\underset{CH_3}{\overset{CH_3}{Si}}-O \right]_3 \underset{CH_3}{\overset{CH_3}{Si}}-O^-{}^+K + n Si(CH_3)_2[OSi(CH_3)_2]_3 \longrightarrow HO \left[\underset{CH_3}{\overset{CH_3}{Si}}-O \right]_{4n+3} \underset{CH_3}{\overset{CH_3}{Si}}-O^-{}^+K$$

(3) 链终止

$$HO \left[\underset{CH_3}{\overset{CH_3}{Si}}-O \right]_{4n+3} \underset{CH_3}{\overset{CH_3}{Si}}-O^-{}^+K \xrightarrow{H_2O} HO \left[\underset{CH_3}{\overset{CH_3}{Si}}-O \right]_{4n+3} \underset{CH_3}{\overset{CH_3}{Si}}-OH$$

八元或六元环硅氧烷的开环聚合，热力学上有两个特征：①环张力小，ΔH 接近于零，ΔS 却是正值，熵增就成为聚合的推动力，因为柔性线形聚硅氧烷比环状单体可以有更多的构象；②存在环-线平衡，聚合时线形聚合物与少量环状单体共存，在较高的温度（250℃以上），将解聚成环状低聚物，六至十二元环不等。

碱引发可合成高分子量聚硅氧烷，需另加封端基，如 $[(CH_3)_3Si—O—Si(CH_3)_3]$，控制分子量。封端终止是链转移反应：

$$\sim\sim\sim Si(CH_3)_2—O^-{}^+K + (CH_3)_3Si—O—Si(CH_3)_3 \longrightarrow$$

$$\sim\sim\sim Si(CH_3)_2—O—Si(CH_3)_3 + Si(CH_3)_3—O^-{}^+K$$

（CH₃）₃SiCl 水解后只有 1 个羟基，可用来封锁端基。CH₃SiCl₃ 水解后则有 3 个羟基，可起交联作用。四氯化硅将水解成四羟基的硅酸，会引起深度交联。乙烯基氯硅烷参与共聚，可引入双键侧基，供交联之需。苯基硅氧烷的苯环可以提高聚硅氧烷的耐热性。

强质子酸或 Lewis 酸可使环硅氧烷阳离子开环聚合，但聚硅氧烷的分子量较低，常用于硅油的合成。

聚二甲基硅氧烷的结构特征是 Si、O 原子相间，Si 原子有 2 个侧基，O 的键角较大（140°），侧基间相互作用较小，容易绕 Si—O 单键内旋，$T_g = -130℃$，可以在很宽的温度范围内（$-130 \sim +250℃$）保持柔性和高弹性，是高分子中最柔顺的一员。此外，还有耐高温、耐化学品、耐氧化、疏水、电绝缘等优点，可以在许多重要领域中应用。

聚硅氧烷的工业产品主要有硅油、硅橡胶和硅树脂三大类。低分子线形聚二甲基硅氧烷和环状低聚物的混合物可用作硅油；高分子量线形聚硅氧烷进一步交联，就成为硅橡胶；有三官能度存在的聚硅氧烷，俗称硅树脂，可以交联固化，用作涂料。

硅橡胶的交联方法有多种：①加多官能度氯硅烷或其他交联剂，如四氯硅烷，用辛酸锡催化，可室温固化；②过氧化二氯代苯甲酰在 110~150℃ 下分解成自由基，夺取侧甲基上的氢，成亚甲基桥交联；③加少量（0.1%）乙烯基硅氧烷作共单体，引入乙烯基侧基交联点。

硅橡胶是用途很广的有机硅材料。硅橡胶在医疗方面用途最广，其制品柔软，光滑，物理性能稳定，对人体无毒性反应，抗凝血，可以做人工心脏瓣膜、人工胆管及整复外科材料。硅橡胶医用制品可以多次长时间承受高压蒸汽消毒，在福尔马林中长期浸泡仍能保持原有性状。它有良好的加工性能，能制成各种形状和规格的制品，如多口径导管、静脉插管、人造关节等。硅橡胶也常用作防水涂层，特殊密封材料和飞机、火箭发动机喷口处的烧蚀材料。

知识窗

硅橡胶人造器官

随着医疗事业的发展，人体医用材料越来越多。早期人体医用材料主要是金属和陶瓷，然而这些材料坚硬有余而缺乏弹性和挠性。高分子材料的涌现为人体医用材料开辟了新的来源，但由于人体内部存在着特殊、复杂的环境，所以作为医用高分子材料从原料到成品都必须进行精密细致和严格的控制，并必须满足：化学惰性，作为组织液不改变其性能；与周围组织相适应，不发炎症，不与生物体反应，异物反应尽可能地少；不致癌、不引起过敏反应，不会表面凝血；植入体内，长期不丧失其拉伸强度、弹性等机械性能，不会变形；易于加工复杂的形态。

由于硅橡胶生物材料反应性小，血凝性低，性能稳定，耐寒，耐高温，无毒，无腐蚀，耐生物老化；植入体内不易引起异物反应和变态反应；还能根据需要加工成软硬不同的各种形式的医疗橡胶制品；而且硅橡胶材料容易形成各种皮肤的颜色，且对有机溶剂稳定，用它制成的外表整容部件可以用溶剂擦洗。因此它成为目前应用最广、价值最大的一种理想医用高分子材料。

硅橡胶材料在医疗方面最重要的应用是制作人造器官。它可长期留置于人体内，作为器官或组织的代用品。如人工肺、人工心脏瓣膜、人工脑膜、视网膜植入物、人工手指、手掌关节、喉头、人造骨膜、牙齿印模及托牙组织面软衬垫、脑积水引流装置等。

1. 开环聚合反应的特征：

(1) 活性与环的大小有关；(2) 推动力为环的张力；(3) 条件较温和，高的分子量；(4) 逐步机理兼具连锁特点。

2. 环醚开环聚合的单体、引发剂、聚合机理和动力学。

(1) 三元环醚（环氧化合物）：醇钠作引发剂，阴离子聚合，二级亲核取代；

(2) 四元环醚（丁氧环）：BF_3/H_2O 作引发剂，阳离子聚合；

(3) 五元环醚（四氢呋喃）：质子酸作引发剂，阳离子聚合。

3. 环缩醛开环聚合的单体、引发剂、聚合机理。

三氧环六烷（三聚甲醛）：$BF_3 \cdot H_2O$ 作引发剂，阳离子聚合；聚甲醛稳定性的提高：酯化、共聚。

4. 环酰胺开环聚合的单体、引发剂、聚合机理、工艺过程。

己内酰胺：(1) 水引发，逐步机理；(2) 强碱或加酰化剂引发，阴离子聚合。

5. 环硅氧烷开环聚合的单体、引发剂、聚合机理。

八甲基环硅氧烷（D_4）：KOH 或 ROK 引发，阴离子聚合。重要聚硅氧烷产品：硅油、硅橡胶、硅树脂。

1. 环烷烃开环倾向大致为：三、四元环＞八元环＞七、五元环，分析其主要原因。

2. 什么叫环醚？重要的环醚有几种？什么叫环氧化合物？重要的环氧化合物有几种？

3. 简述三聚甲醛阳离子开环聚合的特点，并说明提高聚甲醛热稳定性的途径？

4. 环氧化合物阴离子聚合时为什么要加少量醇？

5. 写出以 NaOH 为引发剂，在少量甲醇存在下，环氧丙烷阴离子开环聚合时的基元反应方程式。

6. 环氧丙烷阴离子开环聚合时，为什么会出现聚合物末端含有少量烯丙基醚的情况？对聚合物质量有何影响？如何提高端羟基聚环氧丙烷的产量？

7. 以甲醇钾为引发剂聚合得的聚环氧乙烷分子量可以高达 30000～40000，但在同样条件下，聚环氧丙烷的分子量却只有 3000～4000，为什么？说明两者聚合机理有何不同？

8. 丁氧环、四氢呋喃开环聚合时需选用阳离子引发剂，环氧乙烷、环氧丙烷聚合时却多用阴离子引发剂，而丁硫环则可阳离子聚合，也可阴离子聚合，为什么？

9. 己内酰胺可以由中性水和阴、阳离子引发聚合，为什么工业上很少采用阳离子聚合？阴离子开环聚合的机理特征是什么？如何提高单体活性？什么叫乙酰化剂，有何作用？

10. 合成聚硅氧烷时，为什么选用八甲基环硅氧烷作单体，碱作引发剂？如何控制聚硅氧烷的分子量？如何进行交联？如何提高热稳定性？

第 6 章

聚合物的化学反应

6.1 概述

顾名思义，所谓聚合物的化学反应是指以聚合物为反应物的化学反应。参加反应的低分子化合物可以是无机化合物，也可以是有机化合物，是有机化学反应在高分子化学领域中的应用和发展。

大分子参加化学反应的部位可以是分子主链，也可以是连接在主链上的侧基。

按聚合度，聚合物的化学反应可以分为以下三类：

① 聚合度不变的反应，如侧基反应等；

② 聚合度增加的反应，如接枝、扩链、嵌段和交联等；

③ 聚合度减小的反应，如降解、解聚、分解和老化等。

早在 19 世纪中叶，就开始了天然高分子的化学改性，如纤维素经改性先后制得了乙酸纤维素及硝酸纤维素（赛璐珞）等。合成聚合物出现后，聚合物的化学反应作为制备新性能聚合物的重要手段得到了广泛的应用。近年来，随着功能高分子的发展，越来越显示出其在高分子学科中的重要地位。通过对聚合物化学反应的研究，不仅可制备所需要的物质（包括带功能基的聚合物和不能直接通过单体聚合而得到的聚合物），而且还有助于了解和验证聚合物的结构，进一步弄清结构与性能的关系。

研究聚合物化学反应的目的主要包括下述三个方面。

① 对天然或合成的高分子化合物进行化学改性，赋予其更优异和更特殊的性能，从而开辟其新的用途。

② 合成某些不能直接通过单体聚合而得到的聚合物，例如聚乙烯醇和维纶等的合成。

③ 研究聚合物结构的需要，了解聚合物在使用过程中造成破坏的原因及规律。

聚合物化学反应的研究在理论和实际应用方面都具有重要意义，因此已成为高分子学科的一个重要组成部分。

6.2 聚合物化学反应的特点及影响因素

6.2.1 聚合物化学反应的特点

同低分子化合物相比较，由于聚合物分子量高，大分子主链主要以共价键连接，参加化学反应的主体是大分子的某个部分（如侧基或端基等）而不是整个分子，这样便使得聚合物化学反应具有与一般低分子化学反应有所不同。聚合物化学反应具有与一般低分子化学反应有所不同。聚合物化学反应的突出特点是复杂性、产物的多样性和不均匀性。以聚乙烯醇的缩醛化反应（维纶）为例：

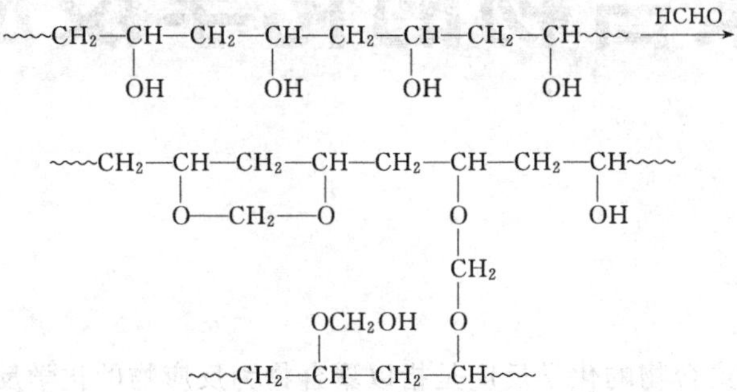

上式表明，聚乙烯醇大分子链上参加缩醛化反应的具体部位是羟基而不是整个大分子。缩醛化反应可以在大分子链内部进行，也可能在两个大分子链之间进行。在大分子链内进行的缩醛化反应也不一定在完全相邻的两个羟基之间进行，还可能存在少数"孤立"的羟基或羟甲基由于周围空间没有能够与之协同缩醛化的羟基存在而不能进一步进行反应。如果再加上未彻底水解的原—OCOCH₃基团，维纶分子链上就可能含有多达四、五种分布完全无规的官能团，这显然比低分子有机物的同类反应复杂得多。

6.2.2 聚合物化学反应的影响因素

影响聚合物化学反应的因素多种多样，通常情况下影响低分子化学反应的因素如温度、压力、酸碱性等反应条件同样对聚合物化学反应产生影响。但仅对聚合物化学反应产生特殊影响的是以下一些物理因素和化学因素。

6.2.2.1 物理因素

(1) 结晶性　对于部分结晶的聚合物而言，由于在其结晶区域（晶区）分子链排列规整，分子链间相互作用强，链与链之间结合紧密，小分子不易扩散进晶区，因此反应只能发生在非晶区。

(2) 溶解性　聚合物的溶解性随化学反应的进行可能不断发生变化，一般溶解性好对反应有利，但假若沉淀的聚合物对反应试剂有吸附作用，由于使聚合物上的反应试剂浓度增大，反而使反应速率增大。

(3) 温度　一般温度提高有利于反应速率的提高，但温度太高可能导致不期望发生的氧化、裂解等副反应。

6.2.2.2 化学因素

聚合物本身的结构对其化学反应性能的影响，称为高分子效应，这种效应是由高分子链节之间的不可忽略的相互作用引起的。高分子效应主要有以下几种。

(1) 位阻效应　由于官能团的立体阻碍，导致其邻近官能团难以参与反应称位阻效应。例如，聚乙烯醇的三苯乙酰化反应，由于新引入的庞大的三苯乙酰基的位阻效应，使其邻近的—OH难以再与三苯乙酰氯反应：

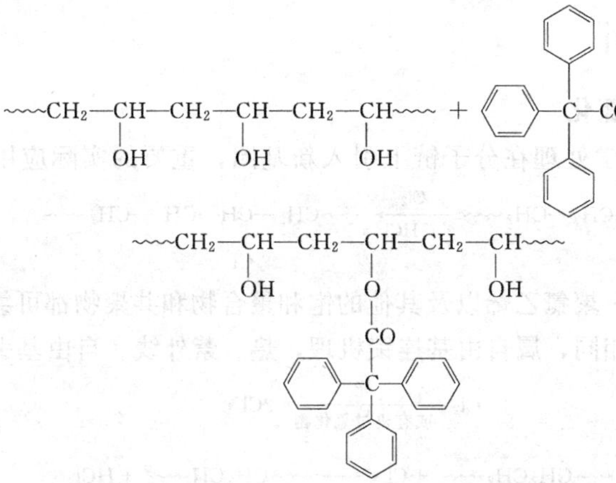

（顶部为化学结构式）

~CH₂-CH-CH₂-CH-CH₂-CH~ + （三苯基甲酰氯结构）—COCl ⟶

（反应产物结构式）

（2）静电效应　邻近基团的静电效应可降低或提高官能团的反应活性。例如，聚丙烯酰胺的水解反应速率随反应的进行而增大，其原因是水解生成的羧基与邻近的未水解的酰胺基会形成酸酐环状过渡态，从而促使了酰胺基中—NH₂ 的离去加速水解。

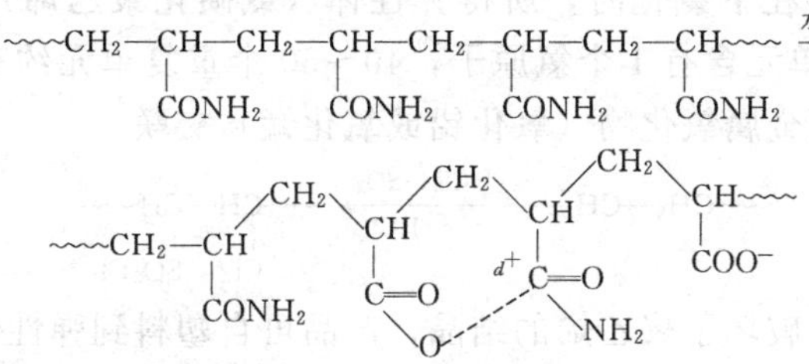

（化学结构式：聚丙烯酰胺水解）

如果反应中反应试剂与聚合物反应后的基团所带电荷相同，则会由于静电相斥作用，阻碍反应试剂与聚合物分子的接触，使反应难以充分进行。

（3）官能团的孤立化效应（概率效应）　当高分子链上的相邻功能基成对参与反应时，由于成对基团反应存在概率效应，即反应过程中有可能出现某个官能团周围没有能够与之协同反应的另外的官能团，这个官能团就好像被"孤立"或"隔离"起来而无法继续进行反应，因而不能 100% 转化，只能达到有限的反应程度。如聚氯乙烯与锌粉共热脱氯，按概率计算，环化程度只有 86.5%，与实验结果很相符。

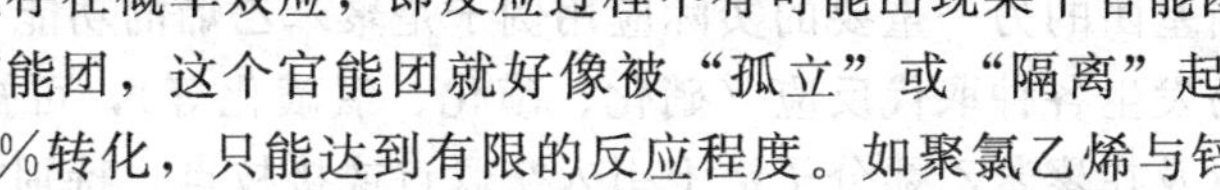

（化学结构式：聚氯乙烯脱氯环化反应）

又如前面提及的聚乙烯醇的缩醛化反应，通常只能有大约 $90\%\sim94\%$ 的—OH 能缩醛化，因而大约有 $6\%\sim10\%$ 的—OH 被孤立化。

6.3　聚合物侧基的反应

聚合物侧基反应是大分子链上除端基以外的原子或原子团所参与的化学反应。侧基反应是在聚合物分子链上引入特殊官能团或者将原有官能团转化成别的官能团的有效方法，是对聚合物进行化学改性的重要手段，同时也是制备那些无法由单体直接聚合得到或者对应单体无法稳定存在的聚合物的唯一方法。

聚合物的侧基反应在工业上应用很多，可以在聚合物中引入新的基团，实现基团的转化等。

6.3.1 引入新基团

6.3.1.1 聚乙烯的氯化

聚合物经过适当的化学处理在分子链上引入新基团，重要的实际应用如聚乙烯的氯化：

$$\sim\!\!CH_2\!\!-\!\!CH_2\!\!\sim \xrightarrow[-HCl]{Cl_2} \sim\!\!CH_2\!\!-\!\!CH\!\!-\!\!CH_2\!\!-\!\!CH_2\!\!\sim$$
$$\qquad\qquad\qquad\qquad\qquad\qquad |$$
$$\qquad\qquad\qquad\qquad\qquad\quad Cl$$

除聚乙烯外，聚丙烯、聚氯乙烯以及其他的饱和聚合物和共聚物都可氯化。其反应历程跟小分子饱和烃的氯化反应相同，属自由基连锁机理，热、紫外线、自由基引发剂均可引发。

$$Cl_2 \xrightarrow[\text{或有机过氧化物}]{\text{光}} 2Cl\cdot$$

$$\sim\!\!CH_2CH_2\!\!\sim + Cl\cdot \longrightarrow \sim\!\!CH_2\overset{\cdot}{C}H\!\!\sim + HCl$$

$$\sim\!\!CH_2\overset{\cdot}{C}H\!\!\sim + Cl_2 \longrightarrow \sim\!\!CH_2CH\!\!\sim + Cl\cdot$$
$$\qquad\qquad\qquad\qquad\qquad\qquad\qquad |$$
$$\qquad\qquad\qquad\qquad\qquad\qquad Cl$$

聚乙烯在二氧化硫存在下氯化时，所得弹性体（氯磺化聚乙烯）中含有氯和磺酰氯基团。产物中每 3~4 重复单元含有 1 个氯原子，40~50 个重复单元约有一个磺酰氯基团。少数磺酰氯基团存在便于用金属氧化物（氧化铅或氧化锰）交联。

$$\sim\!\!CH_2\!\!-\!\!CH_2\!\!\sim \xrightarrow[-HCl]{Cl_2,\ SO_2} \sim\!\!CH\!\!-\!\!CH\!\!\sim$$
$$\qquad\qquad\qquad\qquad\qquad\qquad | \qquad |$$
$$\qquad\qquad\qquad\qquad\qquad\quad Cl \quad SO_2Cl$$

氯的取代范围很广，破坏了聚乙烯的结晶，产品可自塑料到弹性体。氯化聚乙烯是改进 PVC 抗冲强度的重要添加剂。氯化聚氯乙烯的玻璃化温度比聚氯乙烯高，可用作热水硬管；溶解性能改善，可作涂料。

6.3.1.2 聚苯乙烯的功能化

在分子链上引入新基团的另一重要的实际应用例子是聚苯乙烯的功能化。

聚苯乙烯芳环上易发生各种取代反应（硝化、磺化、氯磺化等），可被用来合成功能高分子、离子交换树脂以及在聚苯乙烯分子链上引入交联点或接枝点。特别重要的是聚苯乙烯的氯甲基化，生成的苄基氯易进行亲核取代反应而转化为许多其他的功能基。

对母体树脂进行磺化反应，制成强酸型阳离子交换树脂。对母体树脂经氯甲基化反应后再用三甲胺进行胺化反应以及碱处理，可制成阴离子交换树脂。

离子交换反应是非均相反应，目前常用来除去溶液中的阴离子、阳离子。含盐水通过阳离子交换树脂，水中的阳离子 Ca^+、K^+、Na^+、Mg^{2+} 等被树脂吸收，流出的水只含阴离子，呈酸性，再通过阴离子交换树脂，水中的阴离子 Cl^-、F^-、SO_4^{2-} 等也被树脂吸收，流出的水不含电解质，成为无离子水。

阳离子交换反应：

$$—SO_3^- \cdot H + Na^+ \longrightarrow —SO_3^- \cdot Na + H^+$$

阴离子交换反应：

$$—CH_2—\underset{R_3}{N^+}\cdot OH + Cl^- \longrightarrow —CH_2—\underset{R_3}{N^+}\cdot Cl + {}^-OH$$

离子交换树脂的应用极其广泛，除了用于水的软化（如净化）外，还用于贵重金属的回收，铀的提取，抗生素、氨基酸、稀有金属与稀土金属的提取和分离。在有机合成中用于催化剂的载体，还可用于医药等行业。

6.3.1.3 离子型聚丙烯酰胺

丙烯酰胺是一种水溶性单体，采用自由基聚合可以得到相对分子质量高达百万以上，广泛用于使浊水很快澄清的絮凝剂——非离子型聚丙烯酰胺。将非离子型聚丙烯酰胺部分水解即可得到阴离子型聚丙烯酰胺，将其与甲醛和三甲胺等反应，则生成阳离子型聚丙烯酰胺。

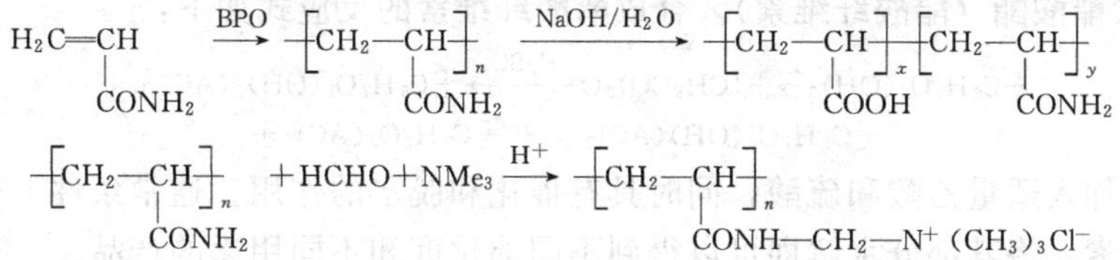

实践证明，阳离子型聚丙烯酰胺对水中带负电荷的黏土等悬浮杂质具有特别高效的絮凝作用，用量仅数十毫克每升以下即可达到快速絮凝目的，目前广泛应用于自来水生产、工业及城市污水处理等。另一方面，离子型聚丙烯酰胺又是一种性能特殊的高分子电解质，经过适度交联就得到具有高度吸水能力的树脂，这种树脂目前被广泛用于卫生材料的吸水剂和土壤保水抗旱剂等。

6.3.2 基团的转化

通过适当的化学反应将聚合物分子链上的基团转化为其他基团，常用来对聚合物进行改性，典型的有以下三种。

6.3.2.1 纤维素的化学改性

纤维素是由植物光合作用合成、在自然界中广泛存在的一种高分子化合物，也是大多数动物的主要食物和人类衣着材料的重要来源。然而，许多天然纤维素并不能直接被用来作为纺织纤维利用，如木浆纤维、草浆纤维和棉短绒等。更有效地利用纤维素一直是高分子科学工作者追求的目标。困难的是到目前为止，几乎找不到任何一种溶剂能够直接溶解天然纤维而对其直接进行再纺丝加工。因此，近百年来人们都围绕着如何将纤维素通过化学转化以后再进行溶液加工，生产出需要的产品。纤维素事实上是葡萄糖的缩聚物，其大分子可表示为：

纤维素由葡萄糖单元组成，每一环上有三个羟基，都有可能参加反应。纤维素与许多化学物质作用，可以形成许多重要衍生物，如硝化纤维和醋酸纤维等酯类，甲基纤维素和羟乙

基纤维素等醚类。

(1) 纤维素酯

① 纤维素硝酸酯（硝化纤维）。比较纯净的纤维素如棉短绒等可以在混酸的作用下进行硝化反应，生成不同含氮量的硝化纤维素。

$$\fbox{C_6H_7O_2(OH)_3}_n + HNO_3 \xrightarrow{H_2SO_4} \fbox{C_6H_7O_2(OH)_2(ONO_2)}_n +$$
$$\fbox{C_6H_7O_2(OH)(ONO_2)_2}_n + \fbox{C_6H_7O_2(ONO_2)_3}_n$$

根据硝化条件的不同，可以得到不同硝化度即不同含氮量的产品。通常硝化度高（含氮量约为 13%）的产品作为炸药使用（俗称无烟炸药），现在的无烟炸药是用硝酸纤维素（火棉）与酒精、乙醚及二苯胺混合调成糊状，经压条机压制成条，再切成粒状，其中的二苯胺是稳定剂，防止在储存期间爆炸；含氮量 10%～12% 的硝化纤维素能够溶解于丙酮、环己酮等有机溶剂中，常作为涂料和被称之为"赛璐珞"塑料的原料。由于硝化纤维素极易燃烧甚至爆炸，所以在储存和使用过程中应该特别小心。

② 纤维素醋酸酯（醋酸纤维素）。合成醋酸纤维素的反应式如下：

$$\fbox{C_6H_7O_2(OH)_3}_n + (CH_3CO)_2O \xrightarrow{H_2SO_4} \fbox{C_6H_7O_2(OH)_2(AC)}_n +$$
$$\fbox{C_6H_7O_2(OH)(AC)_2}_n + \fbox{C_6H_7O_2(AC)_3}_n$$

反应中常加入适量乙酸和硫酸，同时具有催化和脱水的作用。通常条件下得到彻底乙酰化三醋酸纤维素，将其部分水解即可以得到不同酯化度和不同用途的产品。

醋酸纤维素可以溶解在许多常见的有机溶剂中，进而可以很方便地进行加工，同时其性能相当稳定，即使燃烧也不产生有毒气体。所以广泛用于纺制纤维（俗称醋酸纤维、人造丝等）、作为香烟过滤嘴材料、透明胶片、录音录像带、眼镜架、电器部件等。

纤维素与 NaOH 和二硫化碳反应可制得纤维素磺酸钠，它也是一种纤维素的酯类。将此液体喷丝到酸性凝固液中得到的纤维称再生纤维素，其外观像蚕丝，俗称黏胶法人造丝或黏胶纤维。1m³ 碎木可制 160kg 人造丝，可织 1500m 长的衣料。若在酸性凝固液中再生成薄膜状，称为玻璃纸，可用于包装糖果等。

$$\fbox{C_6H_7O_2(OH)_3}_n + NaOH + CS_2 \longrightarrow \fbox{C_6H_7O_2(OH)_2O-\overset{\overset{S}{\|}}{C}-SNa}_n + H_2O$$

$$\fbox{C_6H_7O_2(OH)_2O-\overset{\overset{S}{\|}}{C}-SNa}_n + \frac{1}{2}H_2SO_4 \longrightarrow \fbox{C_6H_7O_2(OH)_3}_n + CS_2 + \frac{1}{2}Na_2SO_4$$

另外，纤维素也可用铜氨溶液溶解，再生凝固成丝，称铜氨纤维。

$$CuO + 2NH_4OH \longrightarrow [Cu(NH_3)_4][OH]_2 \xrightarrow{纤维素}$$
$$[(C_6H_7O_2(OH)_2O)_2][Cu(NH_3)_4] \longrightarrow 2C_6H_7O_2(OH)_3$$

含纤维素的浆粕，经浓碱液浸渍，生成碱纤维素，后者再与 CS₂ 反应得纤维素黄原酸钠，它是黏胶纤维的中间产物，呈黏胶状。若将它纺丝，可经硫酸浴使黄原酸盐水解成黄原酸，黄原酸不稳定，发生分解，再生出纤维素，就可制得黏胶纤维。若将黏胶液通过窄缝后在酸液中凝固，则成为玻璃纸。如图 6-1 所示。

(2) 纤维素醚 纤维素能与醚化试剂反应而生成纤维素醚。最常见的有甲基纤维素、乙基纤维素、羧甲基纤维素、羟乙基纤维素等。

甲基纤维素：

$$\fbox{C_6H_7O_2(OH)_3}_n + (CH_3O)_2SO_3 \xrightarrow{NaOH} \fbox{C_6H_7O_2(OH)_2(OCH_3)}_n + \underset{CH_3O}{\overset{NaO}{}}SO_3 + H_2O$$

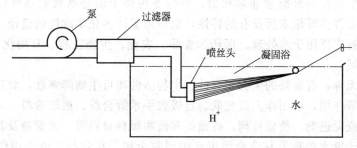

图 6-1　黏胶纤维的湿法纺丝

乙基纤维素：

$$\underset{}{\left[C_6H_7O_2(OH)_3\right]_n} + CH_3CH_2Cl \xrightarrow{\text{NaOH}} \left[C_6H_7O_2(OH)_2OCH_2CH_3\right]_n + NaCl + H_2O$$

羧甲基纤维素：

$$\left[C_6H_7O_2(OH)_3\right]_n + ClCH_2COOH \xrightarrow{\text{NaOH}} \left[C_6H_7O_2(OH)_2OCH_2COONa\right]_n + NaCl + H_2O$$

羟乙基纤维素：

$$\left[C_6H_7O_2(OH)_3\right]_n + H_2C\overset{O}{\diagup\!\!\diagdown}CH_2 \xrightarrow{H^+} \left[C_6H_7O_2(OH)_2-OC_2H_4\right]_n$$

纤维素醚类品种很多，其中乙基纤维素为油溶性，可用作织物浆料、涂料和注塑料，其他为水溶性。纤维素醚的用途十分广泛，可用作织物上胶剂、乳化剂、食品增稠剂等。甲基纤维素可用作食品增稠剂，以及黏结剂、墨水、织物处理剂的组分。羧甲基纤维素取代度为0.5～0.8的品种主要用作织物处理剂和洗涤剂，高取代度品种则用作增稠剂和钻井泥浆添加剂。羟乙基纤维素可用作水溶性整理剂和锅炉水的去垢剂。羧甲基纤维素、羟乙基纤维素、羟丙基纤维素可用作粘接剂和乳化剂。

6.3.2.2　甲壳素的化学改性

甲壳素（chitin），又名几丁质、甲壳质，化学名称是（1,4)-2-乙酰胺基-2-脱氧-β-D-葡萄聚糖。

甲壳素广泛存在于虾蟹等节足类动物的外壳、昆虫的甲壳、软体动物的壳和骨骼及菌类、藻类等中，是自然界含量仅次于纤维素的第二大天然高分子，其年生物合成量达100亿吨。甲壳素又是唯一大量存在的天然碱性多糖，也是除蛋白质外数量最大的含氮生物高分子。由于存在大量氢键，甲壳素分子间作用力极强，不溶于水和一般有机溶剂。

人们用碱可脱去2-位碳上的乙酰基得到壳聚糖（又称甲壳胺，chitosan）。壳聚糖的胺基能被酸质子化而形成铵盐，所以壳聚糖能溶于多种酸性介质，如稀的无机或有机酸溶液（pH≤6)，这就使壳聚糖得到了比甲壳素多得多的用途。

制备甲壳素和壳聚糖的方法如下：

净虾蟹壳 → （3%～10%HCl，浸泡30min～2,3d）→ 除碳酸钙 → （3%～5%NaOH，70～100℃，30min～6h）→ 除蛋白质

→ （KMnO₄ 脱色）→ （NaHSO₃ 漂白）→ 甲壳素

甲壳素 $\xrightarrow[\text{40\%-50\%NaOH}]{\text{80～120℃}}$ 壳聚糖

甲壳素　　　　　　　　　　　壳聚糖

壳聚糖的化学结构与纤维素非常相似，只是 2-位碳上的羟基被氨基所代替。正是由于这个氨基使其具有许多纤维素所没有的特性，也增加了许多化学改性的途径。

壳聚糖已经被广泛用于水处理、医药、食品、农业、生物工程、日用化工、纺织印染、造纸和烟草等领域。

由于壳聚糖无毒，有很好的生物相容性、生物活性和可生物降解性，而且具有抗菌、消炎、止血、免疫等作用，可用作人造皮肤、自吸收手术缝合线、医用敷料、人工骨、组织工程支架材料、免疫促进剂、抗血栓剂、抗菌剂和药物缓释材料等。壳聚糖及其衍生物是很好的絮凝剂，可用于废水处理及从含金属废水中回收金属。在食品工业中用作保鲜剂、赋形剂、吸附剂和保健食品等。在农业方面用作生长促进剂、生物农药等。在纺织印染业用作媒染剂、保健织物等。在烟草工业中用作烟草薄片胶黏剂、低焦油过滤嘴等。此外，壳聚糖及其衍生物还用于固定化酶、色谱担体、渗透膜、电镀和胶卷生产等。

有报道壳低聚糖（聚合度小于 20）在一些应用领域里比壳聚糖的生物活性更强。

6.3.2.3　聚乙烯醇的合成及其缩醛化

由于乙烯醇极不稳定，极易异构化成乙醛，因此聚乙烯醇并不能直接由乙烯醇单体聚合而成，而是由聚醋酸乙烯酯在酸或碱的作用下水解间接而成。通常多使用碱催化在甲醇中进行醇解反应而得到，因为碱催化不仅反应速率快，且无副反应。

$$\sim\!CH_2\!-\!CH\!\sim \xrightarrow[\triangle]{NaOH/CH_3OH} \sim\!CH_2\!-\!CH\!\sim + H_3C\!-\!C\!-\!OCH_3$$

纤维用聚乙烯醇要求醇解度在 98％ 以上，不溶于冷水和甲醇；如用作氯乙烯等单体悬浮聚合分散剂时，则要求醇解度在 80％ 左右，并可溶于水者。聚乙烯醇的水溶液还可作为黏合剂，用于印刷及办公用品等，将其适度缩甲醛以后又是很好的水性涂料和黏合剂（市售 107、801 胶水）。

聚乙烯醇分子中含有大量的羟基，可进行醚化、酯化及缩醛化等化学反应，特别是缩醛化反应在工业上具有重要的意义，如将聚乙烯醇溶于热水溶液，经纺丝抽伸，再进行高度的缩甲醛化，即制成一种重要的合成纤维——维纶。

$$\sim\!CH_2\!-\!CH\!\sim \xrightarrow[H^+]{HCHO} \sim\!CH_2\!-\!CH\!-\!CH_2\!-\!CH\!-\!CH_2\!-\!CH\!-\!CH_2\!\sim$$

缩醛反应常用酸作催化剂。缩甲醛化反应既可以在分子链内进行，也可以在分子链之间进行，所以会产生一定程度的交联，从而使维纶不再具有水溶性。

聚乙烯醇与丁醛缩合可以得到具有高度韧性的，用于加工防弹、防脆裂钢化玻璃的夹层材料——聚乙烯醇缩丁醛。

6.4　聚合物主链的反应

以大分子主链为反应主体，同时使聚合度改变的化学反应属于主链反应，包括交联、扩链、接枝和降解、解聚等。

6.4.1 聚合度增大

聚合度增大的化学转变包括交联、扩链、接枝等。

6.4.1.1 交联

线形或支链形聚合物在交联剂或光、热和辐射的作用下，分子链间形成共价键，成为体形聚合物，这种反应称为聚合物的交联反应。交联反应为高聚物提供了许多优异性能，使制品的机械强度、耐热性、耐溶剂性、耐老化性等得到了很大的提高。因此，高聚物的交联反应应用广泛，例如不饱和聚酯、酚醛、脲醛、环氧树脂等在成型中的交联固化反应，天然橡胶、顺丁橡胶等橡胶类高聚物在成型时的硫化反应都是交联反应。一些高聚物在长期使用过程中，由于受到光、热、力、氧的综合作用，也会发生交联作用使制品变脆，冲击强度降低，而失去使用性能。因此，研究高聚物交联反应，可以利用有利方面，抑制不利反应，达到合理使用高聚物的目的。

(1) 橡胶的硫化

① 不饱和橡胶的硫化。未曾交联的天然橡胶或合成橡胶称作生胶，硬度和强度低，大分子间容易相互滑移，弹性差，难以应用。1839 年，天然橡胶和单质硫共热交联，才制得有应用价值的橡胶制品。硫化也就成了交联的同义词。

天然橡胶、顺丁橡胶、异戊橡胶、氯丁橡胶、丁腈橡胶、丁苯橡胶等主链上都留有双键，经硫化交联，才能发挥其高弹性。

橡胶的硫化反应和其产物结构十分复杂，从天然橡胶的硫化算起已有百余年历史。曾认为硫化反应属自由基反应机理，但顺磁共振未发现自由基，并发现自由基引发剂和自由基捕捉剂不影响硫化反应。相反，有机酸和碱以及介电常数大的溶剂却可以加速硫化反应。因此目前推测硫化属于离子型连锁反应机理。

硫化过程实质上是大分子链上和大分子链之间的双键通过"硫桥"实现相互交联的过程。这种交联反应发生地部位、方式以及硫桥的长度都是多种多样的，下面仅给出一种最具代表性的硫化反应方式：

$$
\begin{array}{c}
\sim\!\!\!\sim\!\!CH\!=\!CH\!\sim\!\!CH\!=\!CH\sim \\
+n S_8 \longrightarrow \\
\sim\!\!\!\sim\!\!CH\!=\!CH\!\sim\!\!CH\!=\!CH\sim
\end{array}
\qquad
\begin{array}{c}
\sim\!\!\!\sim\!\!CH\!-\!CH\!\sim\!\!CH\!-\!CH\sim \\
\quad | \qquad\qquad\quad | \\
\quad S \qquad\qquad\quad S_m \\
\quad | \qquad\qquad\quad | \\
\sim\!\!\!\sim\!\!CH\!-\!CH\!\sim\!\!CH\!-\!CH\sim
\end{array}
$$

硫黄硫化时，在高聚物双键处形成单硫键（—S—）和多硫键而交联。

单质硫单独硫化时，硫化速度慢，硫的利用率低。其原因有：易形成较长的多硫键（$m=40\sim100$）；形成相邻相交联，却只起单交联的作用；成硫环结构等。

为了提高硫化速度和硫的利用率，工业上硫化常加有机硫化物如四甲基秋兰姆二硫化物作促进剂。单质硫和促进剂共用，硫化速度和效率还不够理想，如再添加氧化锌和硬脂酸等活化剂，速度和效率均显著提高，硫化时间可缩短到几分钟，而且大多数交联较短，只有 $1\sim2$ 个硫原子，很少相邻双交联和硫环。硬脂酸的作用是与氧化锌成盐，提高其溶解度。锌提高硫化效率可能是锌与促进剂的螯合作用，类似形成锌的硫化物。使用促进剂和活化剂可大大提高硫化胶的机械强度和耐老化性能。

② 饱和橡胶的硫化。聚乙烯、乙丙二元胶、聚硅氧烷橡胶等大分子中无双键，无法用

硫来交联，可以与过氧化异丙苯、过氧化二叔丁基等过氧化物共热而交联。聚乙烯交联以后，可以增加强度，并提高使用上限温度。乙丙胶和聚硅氧烷交联后，则成有用的弹性体。

过氧化物受热分解成自由基，夺取大分子中的氢，形成大分子自由基，而后偶合交联。

$$ROOR \longrightarrow 2RO\cdot$$

$$RO\cdot + \sim\sim CH_2-CH_2\sim\sim \longrightarrow \sim\sim \overset{\cdot}{C}H-CH_2\sim\sim + ROH$$

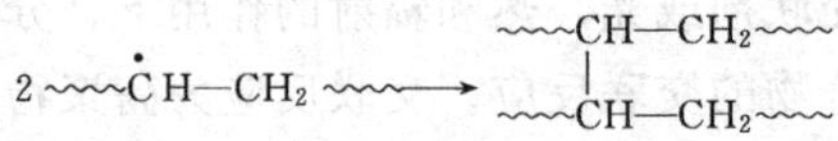

$$2\sim\sim\overset{\cdot}{C}H-CH_2\sim\sim \longrightarrow \begin{array}{c} \sim\sim CH-CH_2\sim\sim \\ | \\ \sim\sim CH-CH_2\sim\sim \end{array}$$

此外，聚合物还可通过高能辐射、形成离子键等方式交联。

(2) 不饱和聚酯的固化　顾名思义，含有不饱和键的聚酯称为不饱和聚酯，最重要的不饱和聚酯品种是顺丁烯二酸酐与丙二醇等缩聚生成的低聚物（或其他在聚合物链上有不饱和键的低分子聚合物），它需要由低分子线形聚合物转化成体形聚合物才有使用价值。这一转化过程即所谓固化，其实质是烯类单体与不饱和聚酯共聚打开双键，在分子链间产生交联。烯类单体可用苯乙烯、甲基丙烯酸甲酯、丙烯腈、醋酸乙烯酯等。

不饱和聚酯的固化反应可用下式表示：

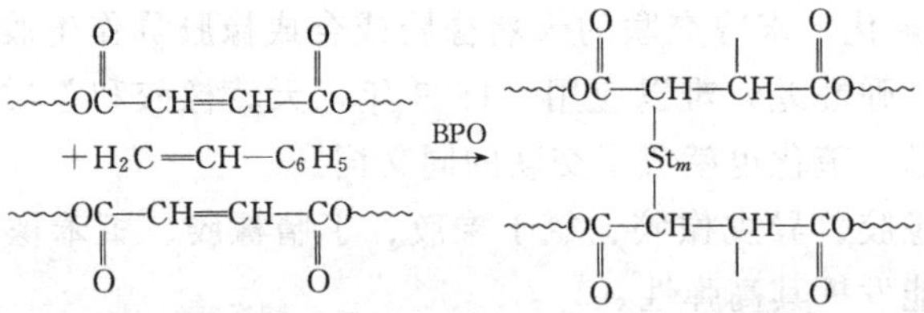

其固化后的力学性能与交联键的长度和数目有关，而交联点的数目和交联键的长短又与共聚单体的性质有关。例如由反丁烯二酸制成的聚酯，若分别用苯乙烯和甲基丙烯酸甲酯交联固化，前者所得的聚合物比后者的性能强韧得多。这主要是由于甲基丙烯酸甲酯的自聚能力较强，交联点少而交联链长，即 m 值较大，而苯乙烯的共聚能力强，与不饱和聚酯交替共聚的倾向大，因而交联点多，交联链短。因此，在进行交联时，选择合适的共聚单体是很必要的。

将不饱和聚酯交联固化并同时加工成型，则可制成各种用途很广的制品，这种制品以玻璃纤维增强，便制成俗称"玻璃钢"的材料，它可制作大型耐腐蚀容器、化工设备、轻便屋顶防水瓦等；加入填料等添加剂则可制作俗称"仿大理石"等制品。

6.4.1.2　扩链

相对分子质量不高（如几千）的预聚物，通过适当的方法，使两大分子端基键接在一起，分子量成倍或几十倍地增加，这一过程称为扩链。一般是先在相对分子质量为几千的低聚物两端引入活性基团，活性基团犹如两只爪子，位于链的两端，随时可以"抓住"其他分子起反应，所以这类低聚物又称遥爪预聚物。由于分子量较低，呈液体状态，故加工方便，易于成型，可采用浇铸或注模工艺，一般是在浇注成型过程中，通过端基间反应，扩链成高聚物。若扩链剂为三官能团分子，则可发生交联反应，形成网状高分子。

活性端基有羟基、羧基、氨基、环氧基等，端基预聚体可按许多聚合原理如缩聚、自由基聚合和阴离子聚合等合成。

典型的端基预聚体及其扩链反应有：异氰酸酯类预聚物与二元醇、二元胺、二元酸、氨基醇、硫化氢和水等带有活泼氢的化合物反应而扩链。例如：

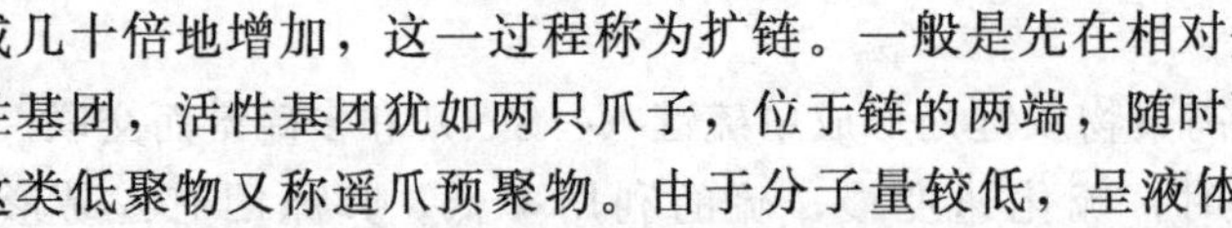

环氧树脂类预聚物与多元胺、酸酐类反应而扩链。例如：

$$2\ \mathrm{CH_2-CH-CH_2} \sim +\mathrm{H_2N-R-NH_2} \longrightarrow$$

$$\sim\mathrm{CH_2-CH-CH_2-NH-R-NH-CH_2-CH-CH_2}\sim$$

6.4.1.3 接枝

通过化学反应，可以在某聚合物主链上，接上结构、组成不同的支链，这一过程称作接枝，所形成的产物称作接枝共聚物。

接枝共聚物的性能决定于主链和支链的组成、结构和长度，以及支链数。长支链的接枝物类似共混物，支链短而多的接枝物则类似无规共聚物。通过共聚，可将两种性质不同的聚合物接在一起，形成性能特殊的接枝物。例如可将酸性和碱性的、亲水的和亲油的、非染色性的和能染色的，以及两不互容的聚合物接在一起。

接枝共聚反应首先要形成活性接枝点。各种聚合机理都可能形成接枝点，但大部分接枝法中接枝点和支链产生的方式可分为下列三类。

(1) 活性侧基引发的自由基型或离子型聚合　主链聚合物的某些侧基在引发剂、光、热或高能辐射条件下可以被活化而产生自由基或离子型活性中心，从而引发加入的其他单体进行聚合，最终使直链聚合物转化为接枝共聚物。

① 自由基型接枝　例如，侧基为卤素或酮基的聚烯烃，在光照条件下被激发生成多种类型的活性自由基：

$$\sim\mathrm{CH_2-CH}\sim \xrightarrow{h\nu} \sim\mathrm{CH_2-CH}\sim +\sim\mathrm{CH_2-\overset{\cdot}{C}}\sim +\mathrm{CH_3}\overset{\cdot}{\mathrm{CO}}$$

大分子主链上的叔碳原子被激发独电子以后，可以引发后续加入的单体按照自由基历程进行聚合，最后生成接枝共聚物。

$$+\ \mathrm{H_2C=CH} \longrightarrow \cdots\mathrm{(CH_2-CH)}_n\cdots$$

聚苯乙烯的接枝聚合反应通常需要首先在苯环上进行异丙基化，然后再进行异丙基的过氧化反应，最后通过过氧基团的分解产生自由基，反应历程如下：

$$\sim\mathrm{CH_2-CH}\sim +\mathrm{H_3C-CH-CH_3} \xrightarrow{\mathrm{AlCl_3}} \sim\mathrm{CH_2-CH}\sim \xrightarrow[\mathrm{O_2}]{\mathrm{BPO}}$$

$$\sim\mathrm{CH_2-CH}\sim \xrightarrow{+\mathrm{MMA}} \sim\mathrm{CH_2-CH}\sim$$

② 阳离子型接枝。例如，聚氯乙烯可以用路易斯酸作引发剂进行接枝苯乙烯侧链的阳离子型聚合反应。

$$\sim\!CH_2-CH \xrightarrow{AlCl_3} \sim\!CH_2-\overset{+}{CH}\sim \xrightarrow{St} \sim\!CH_2-CH\sim$$
$$\quad\quad\ \ |\qquad\qquad\qquad\quad |\quad\qquad\qquad\qquad\ |$$
$$\quad\quad\ \ Cl\qquad\qquad\qquad AlCl_4^-\qquad\qquad\qquad (CH_2-CH)_n$$
$$\qquad\qquad\qquad\qquad\qquad\qquad\qquad\qquad\qquad\qquad\qquad | $$
$$\qquad\qquad\qquad\qquad\qquad\qquad\qquad\qquad\qquad\qquad\quad \bigcirc$$

（2）**链转移法** 在聚合物存在时，引发剂引发单体聚合同时，还可能向大分子链转移，形成接枝物，这是工业上最常用的方法，可用来合成高抗冲聚苯乙烯（HIPS）、ABS、MBS 等。

现以合成 HIPS 为例说明其接枝机理。将聚丁二烯和过氧化物引发剂溶于苯乙烯中，引发剂受热后分解成初级自由基，一部分引发苯乙烯单体聚合成均聚苯乙烯，另一部分向聚丁二烯大分子转移，进行接枝反应。一般有两种情况。一是初级自由基与聚丁二烯主链中双键加成，形成接枝点引发单体聚合，形成支链：

$$R\cdot + \sim\!CH_2-CH=CH-CH_2\sim \longrightarrow \sim\!CH_2-\overset{\cdot}{CH}-CH-CH_2\sim$$
$$\qquad\qquad\qquad\qquad\qquad\qquad\qquad\qquad\qquad\qquad\quad\ |$$
$$\qquad\qquad\qquad\qquad\qquad\qquad\qquad\qquad\qquad\qquad\quad\ R$$

$$\xrightarrow[\ ]{H_2C=CH-\bigcirc} \sim\!CH_2-CH-CH-CH_2\sim$$
$$\qquad\qquad\qquad\qquad\qquad\quad |\qquad\ |$$
$$\qquad\qquad\qquad\qquad\qquad\quad R\quad (CH_2-CH)_n$$
$$\qquad\qquad\qquad\qquad\qquad\qquad\qquad\qquad\quad |$$
$$\qquad\qquad\qquad\qquad\qquad\qquad\qquad\qquad\ \ \bigcirc$$

二是初级自由基夺取烯丙基氢而链转移，形成接枝点：

$$R\cdot + \sim\!CH_2-CH=CH-CH_2\sim \longrightarrow RH + \sim\!\overset{\cdot}{C}H-CH=CH-CH_2\sim$$

$$\xrightarrow[\ ]{H_2C=CH-\bigcirc} \sim\!CH-CH=CH-CH_2\sim$$
$$\qquad\qquad\qquad\qquad\quad |$$
$$\qquad\qquad\qquad\qquad\ (CH_2-CH)_n$$
$$\qquad\qquad\qquad\qquad\qquad\qquad\ |$$
$$\qquad\qquad\qquad\qquad\qquad\quad \bigcirc$$

上述方法合成得的接枝产物实际上是接枝共聚物 P（B-*g*-S）和均聚物 PB、PS 的混合物，接枝物含量虽然较低，但已达到提高抗冲性能的目的。

在接枝共聚中，采用氧化还原体系可以有选择性地产生自由基接枝点，从而减少均聚物的形成。

纤维素及其衍生物、淀粉、聚乙烯醇等均含有羟基，可与 Ce^{4+}、Co^{2+}、Mn^{3+}、V^{5+}、Fe^{3+} 等高价金属化合物形成氧化还原引发体系。淀粉-Ce^{4+}-丙烯腈体系通过接枝反应，可用来合成吸水性树脂。

$$\sim\!\sim\!CH_2-CH\!\sim\!\sim + Ce^{4+} \longrightarrow \sim\!\sim\!CH_2-\overset{\cdot}{C}\!\sim\!\sim + Ce^{3+} + H^+$$
$$\qquad\qquad\quad |\qquad\qquad\qquad\qquad\qquad\qquad |$$
$$\qquad\qquad\quad OH\qquad\qquad\qquad\qquad\qquad\quad OH$$
$$\qquad\qquad\qquad\qquad\qquad\qquad\qquad\qquad\qquad\quad \downarrow AN$$

$$\qquad\qquad\qquad\qquad\qquad\qquad\qquad\qquad\qquad\quad CN$$
$$\qquad\qquad\qquad\qquad\qquad\qquad\qquad\qquad\qquad\quad |$$
$$\qquad\qquad\qquad\qquad\qquad\qquad\qquad\qquad CH_2CH\!\sim\!\sim$$
$$\qquad\qquad\qquad\qquad\qquad\qquad\ \sim\!\sim\!CH_2-C\!\sim\!\sim$$
$$\qquad\qquad\qquad\qquad\qquad\qquad\qquad\qquad\qquad |$$
$$\qquad\qquad\qquad\qquad\qquad\qquad\qquad\qquad\quad OH$$

阴离子和阳离子接枝方法也有选择性地产生接枝点的优点。

(3) 功能基反应法 含有侧基功能基的聚合物，可加入端基聚（化）合物与之反应形成接枝共聚物。

例如，聚乙烯醇与二异氰酸酯反应即可以在侧基上引入高活性的异氰酸酯侧基，然后就可以与带有活泼氢端基的缩聚物或通过活性阴离子聚合而制得的所谓"遥爪聚合物"，进行缩合反应，生成具有加聚物主链同时带有缩聚物支链的共聚物。

$$\sim\sim\sim CH_2-CH\sim\sim\sim \ +OCN-R-NCO \longrightarrow \sim\sim\sim CH_2-CH\sim\sim\sim$$
$$| \qquad\qquad\qquad\qquad\qquad\qquad\qquad\qquad | $$
$$OH \qquad\qquad\qquad\qquad\qquad\qquad\qquad O-C-NH-R-NCO$$
$$\qquad\qquad\qquad\qquad\qquad\qquad\qquad\qquad\qquad\qquad O$$

$$\xrightarrow{HOR'OH} \sim\sim\sim CH_2-CH\sim\sim\sim$$
$$| $$
$$O-C-NH-R-NH-C-OR'OH$$
$$O \qquad\qquad\qquad\qquad\qquad O$$

6.4.2 聚合度变小

聚合物的降解反应使聚合物的聚合度变小。聚合物在光、热、辐射线、机械作用和化学物质的作用下都可能发生降解反应，使聚合度变小。由于降解的因素很多，因此降解反应是多种多样的，且十分复杂。根据聚合物降解的原因不同，可以将其分为热降解、化学降解、机械降解和聚合物的老化。

6.4.2.1 热降解

对于一般聚合物而言，其使用温度的最高极限为 $150℃$，如超过 $150℃$，则可能发生降解反应。聚合物在热的作用下的降解反应称为热降解。热降解有三种方式，其与聚合物的结构有关。

(1) 无规降解 聚合物在热的作用下，大分子链发生任意断裂，使聚合度降低，形成低聚体，但单体收率很低（一般小于 3%）。

凡是含有易转移的氢原子的聚合物，容易发生无规降解，如聚乙烯、聚丙烯、聚丁二烯、聚丙烯酸甲酯等。聚乙烯的无规降解可表示为：

$$\sim\sim\sim CH_2-CH_2-CH_2-CH-CH_2-CH_2 \xrightarrow{300\sim450℃}$$

$$\sim\sim\sim CH_2-CH_2-\overset{\bullet}{C}H_2 \ + \ H_2\overset{\bullet}{C}-CH_2-CH_2\sim\sim\sim$$

$$\downarrow$$

$$\sim\sim\sim CH_2-CH_2-CH_3 \ + \ H_2C=CH-CH_2\sim\sim\sim$$

聚乙烯无规降解的结果变为 $C_9\sim C_{13}$ 烃类，可做柴油、煤油、汽油等。利用聚合物的热降解可制备低聚体，如用废聚乙烯、聚丙烯塑料薄膜制备柴油、煤油和汽油等。

(2) 解聚 聚合物在热的作用下发生热降解，但降解反应是从链的末端开始，降解结果变为单体，单体收率可达 90%～100%，这种热降解叫解聚。

凡是含有季碳原子且季碳原子上的取代基在加热时不易发生化学反应的聚合物，受热时将发生解聚，如聚甲基丙烯酸甲酯、聚 α-甲基苯乙烯、聚四氟乙烯等。聚甲基丙烯酸甲酯（PMMA，有机玻璃）的解聚反应可表示为：

$$PMMA \xrightarrow[\triangle]{164\sim270℃} MMA（约为 100\%）$$

降解机理为：

$$\sim\sim CH_2-\underset{\underset{COOCH_3}{|}}{\overset{\overset{CH_3}{|}}{C}}-CH_2-\underset{\underset{COOCH_3}{|}}{\overset{\overset{CH_3}{|}}{C}}\cdot \xrightarrow{\triangle} \sim\sim CH_2-\underset{\underset{COOCH_3}{|}}{\overset{\overset{CH_3}{|}}{C}}\cdot + H_2C=\underset{\underset{COOCH_3}{|}}{\overset{\overset{CH_3}{|}}{C}}$$

在热的作用下聚合物大分子链断裂形成自由基，并按链式机理迅速逐一脱除单体而降解。聚甲基丙烯酸甲酯在 164～270℃ 下，可全部解聚成单体。因此，这类聚合物可利用此机理，将它们的废弃物通过真空加热来回收单体。

聚甲醛是另一类易热解聚的聚合物，但并非是自由基机理，解聚往往从羟端基开始。

$$\sim\sim CH_2OCH_2OCH_2OH + \longrightarrow \sim\sim CH_2OCH_2OH + HCHO$$

因此，只要使羟端基酯化或醚化，将端基封锁，就可起到稳定作用。这是生产聚甲醛时经常采用的措施。

(3) 侧链断裂　聚氯乙烯和聚偏二氯乙烯等加热时会脱出氯化氢，聚合物颜色变深，强度下降。此外，聚乙烯醇、聚醋酸乙烯酯等高聚物的热降解反应，都易发生侧基脱除反应，使大分子主链出现不饱和键。

$$\sim\sim\overset{|}{\underset{\underset{H}{|}}{C}}H-\overset{|}{\underset{\underset{Cl}{|}}{C}}H-\overset{|}{\underset{\underset{H}{|}}{C}}H-\overset{|}{\underset{\underset{Cl}{|}}{C}}H-\overset{|}{\underset{\underset{H}{|}}{C}}H-\overset{|}{\underset{\underset{Cl}{|}}{C}}H \xrightarrow[\text{脱 HCl}]{>150℃}$$

$$\sim\sim CH=CH-CH=CH-CH=CH\sim\sim$$

聚合物的侧链断裂不涉及大分子的长度，但习惯上归于聚合物热降解一类。

以上讨论说明，高聚物碳链结构不同，其相对强度与热稳定性有如下次序：

$$\sim\sim\overset{|}{C}-\overset{|}{C}-\overset{|}{C}\sim\sim \; > \; \sim\sim\overset{|}{C}-\overset{|}{\underset{\underset{}{|}}{C}}-\overset{|}{C}\sim\sim \; > \; \sim\sim\overset{|}{C}-\overset{\overset{C}{|}}{\underset{\underset{C}{|}}{C}}-\overset{|}{C}\sim\sim$$

6.4.2.2　化学与生物降解

聚醚、聚酰胺和聚酯类等主链含 C—O、C—N 等键的杂链高分子化合物在水、酸、碱、醇、胺的作用下，分子链可能断裂，聚合度降低。

利用缩聚物容易进行化学降解的特点，可以将废旧聚合物转化成单体进行回收。例如，废旧涤纶在过量乙二醇存在条件下进行高温醇解，生成的对苯二甲酸乙二酯单体可以重新利用。

$$\sim\sim OOC-\langle\bigcirc\rangle-COO(CH_2)_2O\sim\sim \xrightarrow[\triangle]{乙二醇} HO(CH_2)_2OOC-\langle\bigcirc\rangle-COO(CH_2)_2OH$$

聚乳酸可作外科缝合线，由于它能在生物体内水解为乳酸被生物体吸收，对生物体无害，并参与生物体内的新陈代谢而排出体外，所以伤口愈合后不必拆线。

$$H-\left[O-\underset{\underset{CH_3}{|}}{\overset{\overset{CH_3}{|}}{C}}H-\overset{\overset{O}{\|}}{C}\right]_n OH + (n-1)H_2O \longrightarrow nHO-\underset{\underset{CH_3}{|}}{\overset{\overset{CH_3}{|}}{C}}H-COOH$$
（生物体内）

淀粉在生物酶作用下降解为麦芽糖和葡萄糖。

$$(C_6H_{10}O_5)_n \xrightarrow[\frac{n}{2}H_2O]{生物酶} \frac{n}{2}C_{12}H_{22}O_{11} \xrightarrow[H^+]{nH_2O} nC_6H_{12}O_6$$

研究发现，类似聚乳酸之类的所谓"缩氨酸"或葡萄糖结构容易受多种细菌或酶的作用而发生生物降解，所以如果将这类结构引入聚合物主链，则可以赋予其易于发生生物降解的特性。因此，在合成有利于环境保护的所谓"绿色环保型"农用薄膜和一次性餐具时，往往采用聚合物化学反应在聚烯烃分子中引入容易降解的链段。

6.4.2.3 机械降解

聚合物在机械力作用下，如粉碎、强力拉伸、塑炼、熔融挤出、强力搅拌等，会使大分子链断裂，聚合度降低。

机械拉力过大时，大分子链会断裂，形成一对自由基；有氧存在时，则形成过氧自由基，该自由基可由电子顺磁共振检出。这类反应具有力化学性质。

聚合物机械降解时，相对分子质量随时间的延长而降低，但降低到某一数值，便不再降低。聚苯乙烯这一数值为 0.7 万，聚氯乙烯为 0.4 万，聚甲基丙烯酸甲酯约为 0.9 万，聚乙酸乙烯酯为 1.1 万。天然橡胶相对分子质量高达几百万，经塑炼后，可使相对分子质量降低，便于成型加工。超声波降解时，也有类似的情况。

6.4.2.4 聚合物的老化

聚合物在使用或储存过程中，由于环境的影响，性能变坏，强度和弹性降低、颜色变暗、发脆或者发黏等现象，叫聚合物的老化。

聚合物老化的原因不外是受热、潮、外力、辐射、氧、微生物或化学介质等的侵蚀等因素的综合作用。许多因素的综合作用所引起的聚合物性能的变化是多种多样的，且十分复杂，我们仅从化学反应的角度作一简单的说明。聚合物的老化可分为光氧老化和热氧老化。

(1) 光氧老化　在聚合物的使用过程中，光的作用几乎是不可避免的。所谓光氧是指聚合物在空气中的光、氧和水的作用下进行光化学裂解的过程。光化学裂解是聚合物吸收了光量子的能量 $h\nu$ 以后被光激发而被破坏的过程。例如，聚烯烃经光照后吸收光量子的能量 $h\nu$，碳氢键 C—H 被激发，然后与氧作用生成氢过氧化物，后者分解，发生主链断裂。

$$\sim\sim CH_2-CH_2-CH_2-CH_2\sim\sim \xrightarrow[O_2]{h\nu} \sim\sim CH_2-\underset{\underset{\underset{\underset{H}{O}}{O}}{|}}{CH}-CH_2-CH_2\sim\sim \longrightarrow$$

$$\sim\sim CH_2-\overset{O}{\overset{\|}{C}}-H \ + \ \sim\sim CH_2-\overset{O}{\overset{\|}{C}}-CH_3 + HOCH_2CH_2\sim\sim \ + \ HOCH_2\sim\sim$$

这种氧化过程可以自动进行下去，而水或酸则加速了这种自动氧化过程，最后使聚合物破坏，这就是光氧老化。

为了防止聚合物光氧老化需加入光稳定剂，如紫外线吸收剂邻羟基二苯甲酮。邻羟基二苯甲酮可吸收光量子的能量 $h\nu$，避免光量子对聚合物的作用。

$$2\left[\begin{array}{c}\text{OH O}\\ \bigcirc\!\!-\!\!\overset{\|}{C}\!\!-\!\!\bigcirc\end{array}\right] \xrightarrow[1/2O_2]{h\nu} 2\left[\begin{array}{c}\text{O O}\\ \bigcirc\!\!-\!\!\overset{\|}{C}\!\!-\!\!\bigcirc\end{array}\right] +H_2O$$

(2) 热氧老化　聚合物的热氧老化是指聚合物在热和氧的作用下，机械性能下降的现象。一般认为由于受热加速了聚合物的氧化过程，而氢过氧化物的分解又导致了主链断裂的自动氧化过程。热氧老化和光氧老化的机理是相同的，它们的区别仅在于能量来源不同，光氧老化的能量是光量子，而热氧老化的能量是热。

如果在聚合时，引入抗氧剂，便可终止自动氧化过程，大大降低聚合物热氧老化的速度，从而提高聚合物的寿命。抗氧剂就是自由基聚合的阻聚剂，如芳仲胺、芳叔胺、苯酚、2,6-二叔丁基对甲酚等。

抗氧剂防老化的机理可表示为：

$$\sim CH_2-CH-CH_2-CH_2\sim + \quad \underset{R}{\overset{\cdots}{N}} \quad \longrightarrow$$
$$\qquad\qquad |$$
$$\qquad O\cdot$$

$$\sim CH_2-CH-CH_2-CH_2\sim + \quad \underset{R}{\overset{+}{N}}$$
$$\qquad\qquad |$$
$$\qquad O^-$$

在高分子材料的选用上，除了根据聚合物的结构性能特点，合理应用于特定场合，或适当改变聚合物结构使之适应某种环境外，重要的措施即是添加多种助剂的防老措施。防老剂种类很多，如热稳定剂、抗氧剂和助抗氧剂、紫外线吸收剂和屏蔽剂、防雾剂和杀菌剂等，可根据需要选用。研究聚合物老化的原因和防止聚合物老化是高分子工作者的重要课题。

各种因素对不同种类聚合物的影响差别很大，相对情况见表6-1。

表6-1 聚合物对各因素使性能变坏的相对抵抗力

高聚物	热降解	氧化降解	光氧化降解	臭氧降解	水解	吸水率
聚乙烯	高	低	低,变脆	高	高	$<0.01\%$
聚丙烯	中	低	低,变脆	高	高	$<0.01\%$
聚苯乙烯	中	中	低,变色	高	高	$0.03\%\sim0.1\%$
聚异戊二烯	高	低	低,软化	低	高	低
聚异丁烯	中	中	中,软化	中	高	低
聚氯丁二烯	中	低	中	中	高	中
聚甲醛	低	低	低,变脆	中	低	0.25%
聚甲基丙烯酸甲酯	中	高	高	高	中	$0.1\%\sim0.4\%$
涤纶	中	高	中,变色	高	中	0.02%
聚碳酸酯	中	高	中,变色	高	中	$0.15\%\sim0.18\%$
尼龙-66	中	低	低,变脆	高	中	1.5%
聚酰亚胺	高	高	低,变脆	高	中	0.3%
聚氯乙烯	低	低	低,变色	高	高	0.04%
聚偏二氯乙烯	低	中	中,变色	高	高	0.10%
聚四氟乙烯	高	高	高	高	高	$<0.01\%$
聚二甲基硅氧烷	高	高	中	高	高	0.12%
ABS树脂	中	低	低,变色	高	高	$0.20\%\sim0.45\%$

知识窗

丝网印刷

丝网印刷是用敷料器强迫油墨或涂料通过丝网的网孔印于制品的表面上。丝网印刷的关键在于感光制版，其原理是将丝网上的水溶性感光高分子液体涂层，经光通过有图像的底片或掩膜曝光以后，感光部分交联固化，未感光部分仍具有水溶性，可用水溶解冲洗显影，留下漏空的网孔，在印刷时油墨可顺利通过而黏附于被印物体上。但感光固化部分则成为交联的高分子膜层，不溶于水而留在网孔上，油墨不能通过。

丝网印刷感光制版用的感光胶早先是由一些天然高分子（如明胶、动物蛋白胶等）添加重铬酸盐光敏剂组成。因对外界环境适应性差，其中的亲水胶已被合成聚合物如聚乙烯醇（PVA）等代替。这种PVA/重铬酸盐感光体系成本低廉，但仍然存在着储存寿命短、感度低的缺点，加上铬的公害问题，近年来逐渐被PVA/重氮盐感光体系所代替。

丝网印刷既适用平、曲面塑料制品，也可用于服装、装饰材料、电路板等，并可以套印。

高分子吸水树脂

高分子吸水树脂（super absorbent polymer，SAP）是一种新型功能高分子材料，是高分子材料领域迅速发展的一类新材料。它具有吸收比自身重几百到几千倍的高吸水功能，并且保水性能优良，一旦吸水膨胀成为水凝胶时，即使加压也很难把水分离出来，SAP吸收水后形成一定强度的凝胶，对生物组织无机械刺激作用。

高分子吸水树脂是一类含有强亲水基团和适度交联的大分子。最早由Fanta等采用淀粉接枝聚丙烯腈再经皂化制得。按原料划分，有淀粉系（接枝物、羧甲基化等）、纤维素系（羧甲基化、接枝物等）、合成聚合物系（聚丙烯酸系、聚乙烯醇系、聚氧乙烯系等）几大类。其中聚丙烯酸系高吸水树脂与淀粉及纤维素系相比，具有生产成本低、工艺简单、生产效率高、吸水能力强、产品保质期长等一系列优点。

高分子吸水树脂之所以具有如此的特点是因为它具有奇特的结构，从化学结构上看，其主链或接枝侧链上含有羧基、羟基等强亲水性官能团，是含有亲水基团和交联结构的高分子电解质。吸水前，高分子链相互靠拢缠在一起，彼此交联成网状结构，从而达到整体上的紧固。与水接触时，水分子通过毛细作用及扩散作用渗透到树脂中，链上的电离基团在水中电离。由于链上同离子之间的静电斥力，高分子链伸展溶胀。为保持电中性，反离子不能迁移到树脂外部，则树脂内外部溶液间的离子浓度差形成反渗透压，水在反渗透压的作用下进一步进入树脂中，形成水凝胶。从物理结构看，高分子吸水树脂具有合适交联度，形成了三维网络，可以保持吸收的水分。

高分子吸水树脂因其具有吸水量大、保水能力强和兼具聚合物的许多性能，如力学性能、可塑性、易加工和便于使用等，应用十分广泛，一直是人们研究的热点。近二十年来发展速度，广泛应用于一次性卫生用品、农用领域（土壤保水剂）、光电缆业和防水行业等。

本 章 要 点

1. 聚合物化学反应的分类与意义

（1）分类　按聚合度：不变（侧基）；增加（接枝、扩链、嵌段、交联）；变小（降解、解聚、分解、老化）。

（2）意义　改性、合成、理论研究。

2. 聚合物化学反应的特点及影响因素

（1）特点　复杂性、产物多样性、不均匀性。

（2）影响因素　物理因素（结晶度、溶解性、温度）；化学因素（邻近基团、概率效应）。

3. 聚合物侧基的反应

（1）引入新基团　聚乙烯氯化、聚苯乙烯功能化、离子型聚丙烯酰胺。

（2）基团的转化　纤维素化学改性（硝化纤维、醋酸纤维、黏胶纤维、甲基纤维素等）。甲壳素化学改性（壳聚糖）；聚乙烯醇合成及其缩醛化。

4. 聚合物主链的反应

（1）聚合度增大　交联（橡胶硫化、不饱和聚酯固化）；扩链（聚氨酯合成、环氧树脂固化）；接枝（活性侧基引发、链转移、功能基反应）。

（2）聚合度变小　热降解（无规降解、解聚、侧链断裂）；化学与生物降解（废旧涤纶、聚乳酸、淀粉）；机械降解（粉碎、塑炼、强力搅拌等）；聚合物老化（光、氧、热等）。

1. 解释下列高分子概念

(1) 功能高分子；　(2) 橡胶的硫化；　(3) 接枝；　　(4) 扩链；

(5) 聚合物的老化；(6) 降解和解聚；　(7) 遥爪聚合物；(8) 离子交换树脂。

2. 写出合成下列聚合物的反应方程式，并标明主要条件。

(1) 维纶；(2) 甲基纤维素；(3) 壳聚糖；

(4) 聚乙烯醇；(5) 氯磺酰化聚乙烯；(6) 阳、阴离子型聚丙烯酰胺。

3. 聚合物化学反应有哪些特征？与低分子化学反应有什么区别？影响聚合物化学反应的因素有哪些？试举例简要说明。

4. 概率效应和邻近基团效应对聚合物基团反应有什么影响？各举一例说明。

5. 聚合态对聚合物化学反应影响的核心问题是什么？举一例子来说明促使反应顺利进行的措施。

6. 从乙酸乙烯酯出发制取聚乙烯醇缩甲醛。

(1) 写出各步反应式并注明各步主产物的名称及用途；

(2) 纤维用和悬浮聚合用的聚乙烯醇有何用途；

(3) 下列合成路线是否可行？请说明理由：

乙酸乙烯酯 $\xrightarrow{水解}$ 乙烯醇 $\xrightarrow{聚合}$ 聚乙烯醇 $\xrightarrow{缩醛化}$ 产物

(4) 写出要点和关键。

7. 乙酸乙烯酯聚合、水解和丁醛反应得到可溶性聚合物，试问：

(1) 可否先水解再聚合？

(2) 这三步反应产物有什么性质和用途？

8. 举例说明什么是聚合度变大的化学转变？

9. 下列聚合物用哪一种交联剂进行交联？

(1) 不饱和聚酯；　　(2) 聚异戊二烯；　(3) 聚乙烯；　　(4) 乙丙二元胶；

(5) 环氧树脂；　　　(6) 线形酚醛树脂；　(7) 纤维素。

10. 简述黏胶纤维的合成原理。

11. 由纤维素合成部分取代的醋酸纤维素、甲基纤维素、羧甲基纤维素，写出反应式，简述合成原理要点。

12. 在聚合物基团反应中，各举一例来说明基团变换、引入基团、消去基团、环化反应。

13. 试就高分子功能化和功能基团高分子化，各举一例来说明功能高分子的合成方法。

14. 聚乳酸为什么可以用作外科缝合线，伤口愈合后不必拆线？

15. 橡胶为什么要经过塑炼后再进一步加工？

16. 试解释为什么聚氯乙烯在 200℃ 以上热加工会使产品颜色变深？

17. 将 PMMA、PAN、PE、PVC 四种聚合物进行热降解反应，分别得到何种产物？

18. 利用热降解回收有机玻璃边角料时，如该边角料中混有 PVC 杂质，则使 MMA 的产率降低、质量变差，试用化学反应式说明其原因。

19. 橡胶制品常填充炭黑，试说明其道理。

20. 有些聚合物老化后龟裂变黏，有些则变硬发脆，这是为什么？

21. 为什么聚氯乙烯加工中一定要加稳定剂？查文献，叙述聚氯乙烯的热稳定机理。

22. 为什么高分子材料常需要添加抗氧化剂？查文献，举例说明一种主要的抗氧剂的结构和抗氧机理。

附　录

附录 1　常见聚合物的英文名称、缩写

附表 1　常见聚合物的英文名称、缩写

聚合物名称	英文缩写	聚合物英文名称
聚烯烃	PO	polyolefin
聚乙烯(低密度)	LDPE	low density polyethylene
聚乙烯(高密度)	HDPE	high density polyethylene
氯化聚乙烯	CPE	chlorinated polyethylene
聚丙烯	PP	polyropylene
聚异丁烯	PIB	polyisobutylene
聚苯乙烯	PS	polystyrene
高抗冲聚苯乙烯	HIPS	high impact polystyrene
聚氯乙烯	PVC	poly(vinyl chloride)
氯化聚乙烯	CPVC	chlorinated polyvinylchloride
聚四氟乙烯	PTFE	poly(tetrafluoroethylene)
聚三氟氯乙烯	PCTFE	poly(trifluoro-chloro-ethylene)
聚偏二氯乙烯	PVDC	poly(vinylidene chloride)
聚乙酸乙烯酯	PVAc	poly(vinyl acetate)
聚乙烯醇	PVA	poly(vinyl alcohol)
聚乙烯醇缩甲醛	PVFM	poly(vinyl formal)
聚丙烯腈	PAN	polyacrylnitrile
聚丙烯酸	PAA	poly(acrylic acid)
聚丙烯酸甲酯	PMA	poly(methyl acrylate)
聚丙烯酸乙酯	PEA	poly(ethyl acrylate)
聚丙烯酸丁酯	PBA	poly(butyl acrylate)
聚丙烯酸-β-羟乙酯	PHEA	poly(hydroxyethyl acrylate)
聚丙烯酸缩水甘油酯	PGA	poly(glycidyl acrylate)
聚甲基丙烯酸	PMAA	poly(methacrylic aicd)
聚甲基丙烯酸甲酯	PMMA	poly(methyl methacrylate)
聚甲基丙烯酸乙酯	PEMA	poly(ethyl methacrylate)
聚甲基丙烯酸正丁酯	PnBMA	poly(n-butyl methacrylate)
聚丙烯酰胺	PAAM	polyacrylamide
聚 N-异丙基丙烯酰胺	PNIPAM	poly(n-iopropylacrylamide)
聚乙烯基吡咯烷酮	PVP	poly(vinyl pyrrolidone)
天然橡胶	NR	natural rubber
丁二烯橡胶	BR	butadiene rubber
异戊橡胶	IR	isoprene rubber
聚异戊二烯(顺式)	CPI	*cis*-polyisoprene
聚异戊二烯(反式)	TPI	trans-polyisoprene
丁腈橡胶	NBR(ABR)	nitril-butadiene rubber
丁苯橡胶	SBR(PBS)	styrene-butadiene rubber
氯丁橡胶	CR	chloroprene rubber
乙丙橡胶	EPR	ethylene-propylene copolymer
ABS 树脂	ABS	acrylonitri-butadiene-styrene copolymer
涤纶纤维	PET	poly(ethylene terephthalate)
聚碳酸酯	PC	polycarbonate
不饱和树脂	UP	unsaturated polyesters

聚合物名称	英文缩写	聚合物英文名称
聚酰胺	PA	polyamide
聚氨酯	AU(PUR)	polyurathane
环氧树脂	EP	epoxy resin
脲醛树脂	UF	urea-fomaldehyde resins
三聚氰胺-甲醛树脂	MF	melamine-formaldehyde resins
酚醛树脂	PF	phenol-fomaldehyde resins
聚硅氧烷	SI	silicones
聚苯醚	PPO	poly(phenylene oxide)
聚苯硫醚	PPS	poly(phenylene sulfide)
聚芳砜	PASU	polyarylsulfone
聚酰亚胺	PI	polyimide
聚苯并咪唑	PBI	polybenzimidazole
聚氧化乙烯	PEO	poly(ethylene oxide)
聚氧化丙烯	PPO	poly(propylene oxide)
乙酸纤维素	CA	cellulose acetate
硝酸纤维素	CN	cellulose nitrate
羟甲基纤维素	CMC	carboxymethyl cellulose
甲基纤维素	MC	methyl cellulose

附录2　普通高分子材料的简易鉴别方法

日常生活中常常会遇到这样的问题，即手边没有任何实验检测条件却需要对聚合物的种类作出快速的判断。对于一个有经验的高分子工作者，应该学会利用一些简单的方法对聚合物的类别作出判断。这些方法包括观察比较、燃烧和溶解实验等，这里作一简要介绍。

方法一：观察比较

各种聚合物都具有各自的外观形状特征，可以依据这些特征对聚合物进行初步的鉴别。

(1) 塑料薄膜　主要有 PE、PP、PVC、PET（聚酯）、黏胶纤维膜和醋酸纤维膜六种，它们各自的特点如下。

① PET 薄膜。多用于制作照相底片、电影胶片、幻灯投影片等。其特点是较硬，拿在手中快速晃动能发出"哗哗"的响声，受力折叠后易留下折叠痕迹。

② PVC 薄膜。多用于农村的地膜、大宗化肥、固体化学品的包装袋。特别是那些着色的薄膜基本上都是聚氯乙烯薄膜。按食品卫生法规定：普通悬浮聚合聚氯乙烯由于单体残留量较高而不允许作为食品包装。不过允许单体含量较低的本体聚合聚氯乙烯用于食品包装。仔细比较可以发现，聚氯乙烯薄膜比聚乙烯薄膜稍硬，但是最准确的鉴别还是下面介绍的燃烧法。

③ PP 和 PE 薄膜。目前主要是以高压聚乙烯（即低密度聚乙烯）制作的食品包装膜。聚丙烯薄膜由于其结晶度较高而表现明显的各向异性，如日常作为捆绑用的薄膜带，其横向很容易撕裂而纵向的强度却很高。

④ 黏胶纤维膜和醋酸纤维膜（俗称"玻璃纸"）。前者是天然纤维素经碱化以后再与二硫化碳反应生成水溶性的纤维素黄原酸盐，最后在硫酸浴中通过狭缝成膜；后者是纤维素经乙酰化以后采用溶液法成膜。黏胶纤维膜是一类最传统、最安全的糖果包装透明薄膜，它的特点是没有 PE 膜那么柔软，与聚酯薄膜相比，黏胶纤维薄膜在不怎么受力的情况下也很容易起皱纹，整理过程中同样能发生声音。燃烧试验能够闻到与燃烧棉纤维类似的气味。

(2) 塑料板及其他型材 主要包括 PMMA、PS、PVC 和 PE 四种，它们的特点如下。

① PMMA 板和 PS 板。两者都是无色透明的，不严格的时候都被叫作有机玻璃。不过前者稍软而后者稍硬，轻轻敲击时前者响声较低沉，后者声音较清脆。另外真正的有机玻璃聚甲基丙烯酸甲酯的韧性较好而聚苯乙烯却较脆。

② PVC 板和 PE 板。一般聚乙烯板都比较薄，呈乳白色半透明，显得相当绵软。聚氯乙烯板通常都有着各种颜色（以灰蓝色为主），不透明，硬度高于聚乙烯板，厚度从 1mm 到 50mm，可采用热空气焊接加工成各种耐腐蚀容器。

(3) 泡沫塑料 主要分为聚苯乙烯泡沫和聚氨酯泡沫两种，它们各自的特点如下。

① 聚苯乙烯泡沫。多作为各种家电、仪器等的内隔离、固定、防震的包装材料，质地较硬而弹性不足，抗压强度较高，但是容易撕成小块，握于手中有一种温热感。另外肉眼可见其内部数毫米粒径的颗粒结构。其最大特点是纯白色不会随时间的推移而变黄。

② 聚氨酯泡沫。多作为沙发、床垫、车船飞机坐垫的内胆，柔软而富于弹性。与聚苯乙烯泡沫的明显差异是其内部纹理均匀而不容易撕成小块，刚生产出来时聚氨酯泡沫基本上是白色或浅黄色，但是它在空气中颜色会慢慢变深。

方法二：燃烧试验

不同种类聚合物具有不同的燃烧特征和气味，依据此特征可以有效鉴别聚合物，下面列于附表 2 以比较。

附表 2　各种聚合物燃烧试验的现象及气味比较

聚合物	着燃难易	燃烧特征及现象	燃烧气味
聚乙烯	相当容易	燃烧部位熔化滴落	似燃烧蜡烛气味
聚丙烯	相当容易	燃烧部位熔化滴落	似燃烧蜡烛气味
聚氯乙烯	不容易	部分变黑、不滴落	有氯化氢味
尼龙纤维	容易	不熔、变黑、不滴落	有燃烧毛发气味
涤纶纤维	容易	熔化、不变黑、不滴落	无燃烧毛发气味
腈纶纤维	不容易	不熔化、变黑、不滴落	有刺激性气味
黏胶	容易	不熔化、变黑、不滴落	有燃烧棉纤维气味
聚苯乙烯	容易	熔化、稍变黑、不滴落	有苯乙烯特别气味

方法三：溶解试验

各种聚合物的溶剂和溶解特性各不相同，可以根据它们在常见溶剂中的溶解表现作出初步鉴别，现列于附表 3 以比较。

附表 3　一些聚合物在常见溶剂中的溶解性能比较

聚合物	特征性溶剂	溶解速度
聚乙烯	沸腾十氢萘、甲苯＋苯	较慢
聚丙烯	沸腾十氢苯、甲苯＋苯	慢
聚氯乙烯	THF、环己酮	很慢
聚苯乙烯	甲苯、苯	快
有机玻璃	芳烃、卤代烃、丙酮	快
聚乙酸乙烯酯	乙醇、丙酮	快
尼龙-66	浓度≥10％的盐酸、苯酚水溶液等	慢
涤纶	氯仿	慢
聚丙烯腈	DMF、饱和 NaSCN 水溶液	慢

参 考 文 献

［1］ 潘祖仁. 高分子化学. 第四版. 北京：化学工业出版社，2007.

［2］ 王槐三，寇晓康. 高分子化学教程. 第二版. 北京：科学出版社，2007.

［3］ Odian George. Principle of Polymerization. 4nd. New York：John Wiley & Sons, Inc. , 2004.

［4］ Ravve A. Principles of Polymer Chemistry. 2nd. New York：Plenum Press，2000.

［5］ 张兴英，程钰，赵京波. 高分子化学. 北京：化学工业出版社，2006.

［6］ 董炎明，张海良. 高分子化学简明教程. 北京：科学出版社，2008.

［7］ 卢江，梁晖. 高分子化学. 北京：化学工业出版社，2005.

［8］ 潘祖仁. 高分子化学. 增强版. 北京：化学工业出版社，2007 .

［9］ 代丽军，张玉军，姜华君. 高分子概论. 北京：化学工业出版社，2006.

［10］ 程晓敏，史初例. 高分子材料导论. 合肥：安徽大学出版社，2006.

［11］ 于红军. 高分子化学及工艺学. 北京：化学工业出版社，2000.

［12］ 周其凤，胡汉杰. 高分子化学. 北京：化学工业出版社，2001.

［13］ 董炎明，张海良. 高分子科学教程. 北京：科学出版社，2004.

［14］ 王久芬. 高分子化学. 哈尔滨：哈尔滨工业大学出版社，2004.

［15］ 高重辉，唐闻群，徐玲. 高分子化学. 北京：中国石化出版社，2005.

［16］ 焦书科，黄次沛，蔡夫柳等. 高分子化学. 北京：纺织工业出版社，1983.

［17］ 肖超渤，胡运华. 高分子化学. 武汉：武汉大学出版社，1998.

［18］ 夏炎. 高分子科学简明教程. 北京：科学出版社，1987.

［19］ 张留成，瞿雄伟，丁会利. 高分子材料基础. 北京：化学工业出版社，2002.

［20］ 张德庆，张东兴，刘立柱. 高分子材料科学导论. 哈尔滨：哈尔滨工业大学出版社，1999.

［21］ 韩冬冰，王慧敏. 高分子材料概论. 北京：中国石化出版社，2005.

［22］ 王久芬. 高聚物合成工艺. 北京：国防工业出版社，2005.

［23］ 周宁琳. 有机硅聚合物导论. 北京：科学出版社，2000.

［24］ 韦春，桑晓明. 有机高分子材料实验教程. 长沙：中南大学出版社，2009.

［25］ 梁晖，卢江. 高分子化学实验. 北京：化学工业出版社，2004.

［26］ 李树新，王佩璋. 高分子科学实验. 北京：中国石化出版社，2008.

［27］ 耿耀宗. 现代水性涂料. 北京：中国石化出版社，2003.